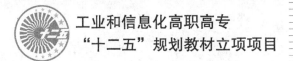

工业和信息化高职高专
"十二五"规划教材立项项目

高等职业院校
机电类"十二五"规划教材

公差配合与技术测量

（第2版）

Tolerance Fit and
Technical Measurement (2nd Edition)

◎ 张皓阳 主编
◎ 周祥国 吴爽 副主编

人民邮电出版社
北京

精品系列

图书在版编目（CIP）数据

公差配合与技术测量 / 张皓阳主编. -- 2版. -- 北京：人民邮电出版社，2015.7（2018.3重印）
高等职业院校机电类"十二五"规划教材
ISBN 978-7-115-38961-9

Ⅰ. ①公… Ⅱ. ①张… Ⅲ. ①公差－配合－高等职业教育－教材②技术测量－高等职业教育－教材 Ⅳ. ①TG801

中国版本图书馆CIP数据核字(2015)第086715号

内 容 提 要

本书采用最新国家标准，侧重于讲解标准的基本概念和实际应用，体现示范性高职教学特色，力求突出能力的培养。

本书共分 12 章，由国标规定的公差配合、技术测量基础及典型零件的公差配合与检测 3 个部分组成。内容主要包括尺寸公差与配合、几何公差、表面粗糙度、技术测量基本知识、三大误差的测量、圆锥的公差配合及测量、螺纹的公差配合及测量、滚动轴承的公差配合、键与花键的公差配合及测量、圆柱齿轮传动的公差及测量、尺寸公差设计等。

本书既适合作为高职高专、机电类等相关专业教材，还可作为中专、中技机电类各专业教学用书，也可供有关工程技术人员参考。

◆ 主　编　张皓阳
　　副主编　周祥国　吴　爽
　　责任编辑　李育民
　　责任印制　杨林杰
◆ 人民邮电出版社出版发行　　北京市丰台区成寿寺路 11 号
　　邮编　100164　电子邮件　315@ptpress.com.cn
　　网址　http://www.ptpress.com.cn
　　固安县铭成印刷有限公司印刷
◆ 开本：787×1092　1/16
　　印张：20.75　　　　　　　　2015 年 7 月第 2 版
　　字数：489 千字　　　　　　　2018 年 3 月河北第 5 次印刷

定价：46.00 元
读者服务热线：(010)81055256　印装质量热线：(010)81055316
反盗版热线：(010)81055315

Foreword
第2版
前 言

公差配合与技术测量 是高等工科职业院校，机械专业和机电一体化专业课程体系中一门重要的专业基础课 它是一门与机械工业发展紧密联系的基础学科，在生产一线具有广泛的实用性 随着近年来科技的进步与发展，大量国家标准也不断交替更新，为了适应这些新变化，依据高职高专人才培养要求，结合多年来教学实践经验，编写了本书。

《公差配合与技术测量》一书自 2012 年出版以来，受到了众多高职高专院校的欢迎 为了更好地满足广大高职高专院校的学生对知识学习的需要，我们结合近几年的教学改革实践和广大读者的反馈意见，在保留原书特色的基础上，对教材进行了全面的修订。

1．本次修订的主要内容

（1）对本书第 1 版中部分项目存在的问题进行了校正和修改。

（2）拓展知识点，增加了"第 12 章 典型零件的误差检测"，包括圆锥角、螺纹、键等零件的测量。

（3）增加了附录的内容，包括：附录Ⅰ 常用几何公差术语的英汉对照及书写符号；附录Ⅱ 常用国家标准代号；附录Ⅲ 实训报告格式范例。

（4）补充了大量有针对性的习题。

2．本书特点

（1）应用标准新 根据新的国家标准，对尺寸公差 几何形位公差 表面粗糙度等章节进行了全面修订，并更换了大量插图。介绍了圆锥、螺纹和圆柱齿轮等零件的新国家标准。

（2）注重应用性 对教学内容注意加强基础知识与新技术成果的结合，采用了大量的实训案例。内容既增加了常用量具，也介绍了精密量仪、螺旋副和圆柱齿轮的应用方法。

（3）结构组织新 为使学生明确学习目的，掌握好知识点，便于自学，本书每一章都有学习目标和小结，且各章均配备了习题和解题所需的公差表格。

（4）适应范围广 本书可作为高职高专 中专和中技机械类专业教材，也可供从事机械设计 制造及检测的工程技术人员参考，还可作为各类企业在职机械人员的培训、自学教材。

本书由沈阳职业技术学院张皓阳任主编，辽宁公安司法管理干部学院周祥国 沈阳职业技术学院吴爽任副主编。

由于作者的水平有限，不妥之处敬请专家、读者批评指正，来信请至 zhanghaoy_2008@163.com。

编 者

2015 年 3 月

目录

Contents

上篇　零件设计中的三大公差配合

下篇　典型零件的公差配合与测量

绪 论

 **互换性概述**

在日常生活中，经常会遇到零部件互换的情况，如自行车、钟表、汽车、拖拉机、缝纫机上的零部件坏了，可以迅速换上相同型号的零部件，更换后即能正常行驶或运转。之所以这样方便，就是因为这些零部件具有互相替换性。在现代化工业生产中，常采用专业化大协作组织生产的方法，即用分散制造、集中装配的方法，来提高生产率、保证产品质量和降低成本。现代化生产的产品零部件应具有互换性。

在机械工业中，互换性是指相同规格的零部件，在装配或更换时，不经挑选、调整或附加加工，就能进行装配，并且满足预定要求的性能。

零部件的互换性应包括其几何参数、力学性能和物理化学性能等方面的互换性。本课程主要研究几何参数的互换性。

1. 互换性的种类

零件的互换性按互换的程度可分为完全互换性和不完全互换性两种。

（1）完全互换性。若零部件在装配或更换时，不经挑选、调整或修配，装配后能够满足预定的要求，这样的零部件就具有完全互换性。

（2）不完全互换性。若零部件在装配或更换时，允许有附加选择或附加调整，但不允许修配，装配后能够满足预定的要求，这样的零部件具有不完全互换性。

当装配精度要求很高时，采用完全互换，将使零件的制造公差很小，加工困难，成本增高，很不经济，甚至无法加工。为此，生产上常常采用不完全互换，也就是加大零件的公差，使零件加工容易。但是，在装配前先要进行测量，再根据相配零件实际尺寸的大小，将其分成若干对应组，使对应组内尺寸差别较小，在对应组零件进行装配时，遵循大孔配大轴、小孔配小轴的原则。这样既解决了加工困难，又保证了装配精度。这种仅限于组内零部件互换的装配方式叫做分组法，属于不完全互换性。生产上还常用调整法进行装配，也属于不完全互换性。在装配过程中允许采用移动或更换某些零件，以改变其位置和尺寸的办法来达到所需的精度，称为调整法。

互换性在提高产品质量和可靠性、提高经济效益等方面具有重大的意义。互换性原则已成为现代机器制造业中普遍遵守的准则。互换性对我国机械行业的发展具有十分重要的意义，但是并不是在任何情况下，互换性都是有效的。有时零部件也采用无互换性的装配方式，这种方式通常在单件小批量生产中，特别在重型机器与高精度的仪器制造中应用较多。例如，为保证机器的装配精度要求，装配过程中允许采用钳工修配的方法来获得所需要的装配精度，称为修配法，是没有互换性的装配方式。

2. 互换性的作用

（1）设计方面。由于零部件具有互换性，就可以最大限度地采用具有互换性的标准件、通用件，可使设计工作简化，大大减少计算和绘图的工作量，缩短设计周期。

（2）制造方面。互换性是专业化协作组织生产的重要基础，整个生产过程可以采用分散加工、集中装配的方式进行。这样有利于实现加工过程和装配过程的机械化、自动化，从而可以提高劳动生产率，提高产品质量，降低生产成本。

（3）装配方面。由于装配时不须附加加工和修配，减轻了工人的劳动强度，缩短了劳动周期，并且可以采用流水作业的装配方式，大幅度地提高生产效率。

（4）使用方面。由于零部件具有互换性，生产中各种设备的零部件及人们日常使用的拖拉机、自行车、汽车、机床等有关的零部件损坏后，在最短时间内用备件加以替换，能很快地恢复其使用功能，减少了修理时间及费用，从而提高了设备的利用率，延长了它们的使用寿命。

综上所述，互换性是现代化生产基本的技术经济原则，在机器的制造与使用中具有重要的作用，因此，要实现专业化生产，必须采用互换性原则。

0.2 标准化和互换性生产

零件加工时不可能做得绝对精确，总是存在几何参数误差。零件的几何参数误差分为尺寸误差、形状误差、位置误差和表面粗糙度。

几何参数误差对零件的使用性能和互换性会有一定影响。实践证明，只要把零件的几何参数误差控制在一定的范围之内，零件的使用性能和互换性就能得到保证。为满足机械制造中零件所具有的互换性，要求加工零件的误差应在允许的公差范围之内。零件几何参数允许的变动量称为几何参数公差，简称公差。它包括尺寸公差、形状公差、位置公差等。公差是限制误差的，是误差的最大允许值，用以保证互换性的实现。因此，建立各种几何参数的公差标准，是实现对零件误差的控制和实现零部件互换性的基础。

1. 标准化

标准化是指制订标准与贯彻标准的全过程。

标准化领域很广泛，为了保证基层标准与上级标准的统一、协调，我国标准分为国家标准、部颁标准和企业标准。标准即技术上的法规。标准经主管部门颁布生效后，具有一定的法制性，不得擅自修改或拒不执行。

国家标准由国家质量技术监督局委托有关部门起草，审批后由中国质量技术监督局发布，它对全国经济、技术发展意义重大，必须在全国范围内执行。部颁标准对一个部的经济和技术发展意义重大，必须在部属范围内执行，由主管部门或有关部门联合主持并指定发布。企业标准指公司企业、行业机构制定的在本企业、本行业内实施的标准，包括地方标准、行业标准。

部颁标准、企业标准的制定和执行应该以国家标准为依据，不得超出国家标准允许的范围，即制定本部、本企业标准时，要运用自己积累的经验和数据，制定出高于国家标准的标准，也可以补充国家标准的不足，生产出高质量的产品。

标准化水平的高低体现了一个国家现代化的程度。在现代化生产中，标准化是一项重要的技术措施，因为一种机械产品的制造过程往往涉及许多部门和企业，甚至还要进行国际间协作。为了适应生产上各部门与企业在技术上相互协调的要求，必须有一个共同的技术标准。公差的标准化有利于机器的设计、制造、使用和维修，有利于保证产品的互换性和质量，有利于刀具、量具、夹具、机床等工艺装备的标准化。

我国自 1959 年起，陆续制定了各种国家标准。1978 年我国正式参加国际标准化组织，由于我国经济建设的快速发展，旧国标已不能适应现代大工业互换性生产的要求。1979 年原国家标准局统一布署，有计划、有步骤地对旧的基础标准进行了两次修订。随着改革开放的继续，从 1994 年开始，国际工作组遵循国家关于积极采用国际标准的方针，于 1998 年将标准《公差与配合》改为《极限与配合》，在术语上、内容上尽量与国际标准一一对应；2009 年国家又颁布了新标准，以尽快适应国际贸易、技术和经济的交流。本课程主要涉及几十个技术标准，多属于国家推荐性基础标准。

GB/T 1800.1—2009《产品几何技术规范（GPS）极限与配合 第 1 部分：公差、偏差和配合的基础》（代替 GB/T 1800.1—1997、GB/T 1800.2—1998 和 GB/T 1800.3—1998）。

GB/T 1800.2—2009《产品几何技术规范（GPS）极限与配合 第 2 部分：标准公差等级和孔、轴极限偏差表》（代替 GB/T 1800.4—1999）。

GB/T 1801—2009《产品几何技术规范（GPS）极限与配合 公差带和配合的选择》（代替 GB/T 1801—1999）。

GB/T1182—2008《产品几何技术规范（GPS）几何公差 形状、方向、位置和跳动公差标注》新标准宣贯，重点讲解新旧标准间的变化（代替 GB/T 1182—1996）。

GB/T 4249—2009《公差原则》新标准宣贯（代替 GB/T 4249—1996）。

GB/T 16671—2009《产品几何技术规范（GPS）几何公差 最大实体要求、最小实体要求和可逆要求》新标准宣贯（代替 GB/T 16671—1996）。

GB/T 17851—2009《产品几何技术规范（GPS）几何公差 基准和基准体系》（代替 GB/T 17851—1999）。

这些新国家标准（简称新国标）的颁布，对我国的机械制造业起着越来越大的作用。

产品几何技术规范（简称 GPS）是一套关于产品几何参数的完整技术标准体系，包括尺寸公差、几何（形状、方向、位置、跳动）公差以及表面结构等方面的标准。它是规范产品从宏观几何特征到微观几何特征的一整套几何技术标准，涉及产品设计、制造、验收、使用以及维修、报废等产品生命周期的全过程，应用领域涉及整个工业部门乃至国民经济的各部门。GPS 标准体系不仅是为了达到产品功能要求所必须遵守的技术依据和产品信息传递与交换的基础标准，而且是进行产品合格评定和技术交流的重要工具，也是签订生产合约、承诺质量保证的重要基础。GPS 标准是影响最广、最重要的基础标准之一。GPS 标准的水平对一个国家制造业的发展和水平提高有着至关重要的作用。

2．优先数系和优先数

为了保证互换性，必须合理地确定零件公差。公差数值标准化的理论基础，即为优先数系和优先数。

在制定公差标准及设计零件的结构参数时，都需要通过数值表示。任一产品的技术参数不仅与自身的技术特性参数有关，而且还直接或间接地影响到与其配套的一系列产品的参数。例如，减速器汽缸盖的紧固螺钉，按受力载荷算出所需的螺钉大径之后，即公称直径一定，则箱体的螺孔数值一定，与之相匹配的螺钉尺寸，加工用的钻头、铰刀、丝锥尺寸，检测用的塞规、螺纹样板尺寸也随之而定，与之有关的配件，如垫圈尺寸、加工安装用的附具等也随之而定。为了避免产品数值的杂乱无章、品种规格过于繁多，减少给组织生产、管理与使用等带来的困难，必须把数值限制在较小范围内，并进行优选、协调、简化和统一。

实践证明，优先数系和优先数就是对各种技术参数的数值进行协调、简化和统一的一种科学的数值标准。

优先数系是一种十进制几何级数。所谓十进制，即几何级数的各项数值中包括 1，10，10^2，…，10^n 和 10^{-1}，10^{-2}，10^{-3}，…，10^{-n} 组成的级数（n 为正整数）。几何级数的特点是任意相邻两项之比为一常数，即公比。优先数系中的任何一个数值为优先数。

国家标准 GB 321—2005 与 ISO 推荐了 5 个系列，其代号为 R，分别为 R_5、R_{10}、R_{20}、R_{40} 和 R_{80} 系列，各系列公比如下所示。

R_5 系列： 公比为 $q_5 \approx 1.60$；

R_{10} 系列：公比为 $q_{10} \approx 1.25$；

R_{20} 系列：公比为 $q_{20} \approx 1.12$；

R_{40} 系列：公比为 $q_{40} \approx 1.06$；

R_{80} 系列：公比为 $q_{80} \approx 1.03$。

按公比计算得到优先数的理论值，近似圆整后应用到实际工程技术中（见表 0-1）。

3．技术测量

已加工好的零件是否满足公差要求，要通过技术测量及检测来判断。在机械制造中，加工与测量是相互依存的。如果只规定零部件公差，而缺乏相应的检测措施，则互换性生产是不可能实现的。因此，会正确地选择、使用测量工具是制造和检测的基本要求，也是必须掌握的技能。检测不仅用于评定零件合格与否，也常用于分析零件不合格的原因，以便及时调整生产工艺，预防废品产生。因此，技术测量措施是实现互换性的另一个必备条件。这样，零件的使用功能和互换性才能得到保证。

在计量工作方面，1955 年我国成立了国家计量局；1977 年我国正式参加国际米制公约组织，同年，国务院颁发《中华人民共和国计量管理条例（试行）》，其中规定我国要逐步采用国际单位制；1981 年国务院正式批准《中华人民共和国计量单位名称与符号方案（试行）》；1984 年颁布了《中华人民共和国法定计量单位》；1985 年颁布了《中华人民共和国计量法》；1988 年 3 月，国务院决定在原国家计量局、国家标准局和国家经委质量局的基础上，组建国家技术监督局。

科学技术的迅猛发展为技术测量的现代化创造了条件，长度计量器具的精度已由 0.01mm 级提高到 0.001mm 级，有的甚至提高到 0.000 1mm 级；测量空间已由二维空间发展到三维空间。测量的自动化程度已由人工读数测量发展到计算机数据处理，电子测量从独立的单台手工操作向大规模自动测试系统发展。

表 0-1　　优先数系基本系列的常用值（摘自 GB/T 321—2005）

R_5	R_{10}	R_{20}	R_{40}	R_5	R_{10}	R_{20}	R_{40}	R_5	R_{10}	R_{20}	R_{40}
1.00	1.00	1.00	1.00			2.24	2.24		5.00	5.00	5.00
			1.06				2.36				5.30
		1.12	1.12	2.50	2.50	2.50	2.50			5.60	5.60
			1.18				2.65				6.00
	1.25	1.25	1.25			2.80	2.80	6.30	6.30	6.30	6.30
			1.32				3.00				6.70
		1.40	1.40		3.15	3.15	3.15			7.10	7.10
			1.50				3.35				7.50
1.60	1.60	1.60	1.60			3.55	3.55		8.00	8.00	8.00
			1.70				3.75				8.50
		1.80	1.80	4.00	4.00	4.00	4.00			9.00	9.00
			1.90				4.25				9.50
	2.00	2.00	2.00			4.50	4.50	10.00	10.00	10.00	10.00
			2.12				4.75				

0.3　课程的性质、任务和要求

"公差配合与技术测量"课程是高等工科院校机械类、近机类专业必修的一门重要的专业技术基础课程之一，是学生学习专业技术基础课向专业课过渡的桥梁，与许多课程，诸如画法几何及机械制图、机械工程材料、材料成型技术基础、机械原理、机械设计、机械制造基础等具有密切关系。它在机械专业教学计划中起着承上启下的作用。本课程涉及产品的设计、制造、检测、质量控制等诸多方面，对生产实际中机械产品能否满足功能要求，能否在保证产品质量的前提下实现低成本生产制造，产品零部件的制造精度起着举足轻重的作用。正确合理地精度应用是企业获得最佳经济效益，增强市场竞争能力的关键所在，因此，本课程是机械工程技术人员和管理人员必须掌握的一门综合性应用技术基础课程。本课程的一些内容还必须通过后续课程即课程设计、毕业设计等实践性环节进一步巩固和掌握。

通过本课程的教学，使学生掌握标准化和互换性的基本概念及有关的基本术语和定义；掌握本课程中几何量公差标准的主要内容；学会根据机器和零件的功能要求，选用几何公差与配合；掌握技术测量的基本概念、基本规定；掌握常用测量器具的种类、应用范围和检测方法；了解与本课程有关的技术政策和法规；具有与本课程有关的识图、标注、执行国家标准、使用技术资料的能力；具备正确选用现场计量器具检测产品的基本技能及分析零件质量的初步能力。

　　本课程具有学科交叉性强、实践性强、综合应用性强的特点。提高本课程的教学质量，加大课程建设力度，对于我国制造业的发展，对于实现高职教育的培养目标——具有熟练的职业技能和可持续发展能力的应用人才的培养，具有重要意义。

　　本章讲述了互换性在现代工业制造中的重要意义；零件互换性的分类包括完全互换和不完全互换；要实现互换性生产，国家制定了公差标准；合理适用公差和正确进行检测是保证产品质量、实现互换性生产的两个必备的条件和手段；互换性要通过标准化来实现，标准化是现代化生产的重要手段之一；优先数系在公差标准中得到了广泛的应用等内容。

1. 填空题

（1）互换性是指_____的一批零件或部件，在装配或更换时不需作任何_____、_____或_____，就能进行装配，并能满足机械产品的_____的一种特性。

（2）互换性可分为两大类：_____和_____。

（3）制定和贯彻_____是实现互换性的基础，对零件的_____是保证互换性生产的重要前提。

2. 简答题

（1）简述互换性在机械制造业中的重要意义。

（2）什么是优先数系？为什么要采用优先数？

（3）生产中常用的互换有几种？采用不完全互换的条件和意义是什么？

（4）如果没有公差标准，也能按互换性原则进行生产吗？为什么？

上　篇

零件设计中的三大
公差配合

第1章

| 尺寸公差与配合 |

【学习目标】

1. 理解孔、轴、尺寸、公差、偏差、配合等基本术语及定义。
2. 掌握孔轴极限尺寸与配合，标准公差与极限偏差的标准表格应用，并能熟练查取。
3. 掌握基本偏差，标准公差系列，孔、轴的常用公差带和优先常用配合，基准制、标准公差等级和配合种类的选择。

现代化的机械工业要求机器零部件具有互换性。互换性要求尺寸一致，而机械零部件在加工过程中总是存在加工误差，不可能精确地加工成一个指定尺寸。实际上只要满足零部件的最终尺寸处在一个合理尺寸的变动范围即可。对于相互配合的零件，这个合理尺寸范围既要保证相互结合的尺寸之间形成一定的关系，以满足不同的使用要求，又要在制造时经济合理，这样就形成了"极限与配合"的概念。由此可见，"极限"用于协调机器零件使用要求与制造经济性之间的矛盾，"配合"则是反映相互结合零件间的相互关系。

极限与配合的标准化有利于产品的设计、制造、使用和维修；有利于保证产品精度、使用性能和寿命等各项使用要求；也有利于刀具、夹具、量具、机床等工艺装备的标准化。

国家标准 GB/T 1800.1—1804 采用了国际极限与配合制，其主要特点是将"公差带大小"与"公差带位置"两个构成公差带的基本要素分别标准化，形成标准公差系列和基本偏差系列，且二者原则上是独立的，二者结合构成孔或轴的公差带，再由不同的孔、轴公差带形成配合。国际极限与配合制的另一个重要特点是，它不但包括极限与配合制，还包括测量与检验制，这样有利于保证极限与配合标准的贯彻，并形成一个比较完整的体系。

 尺寸公差与配合的基本术语及定义

1.1.1　有关尺寸的术语及定义

尺寸是指以特定单位表示线性尺寸值的数值。尺寸表示长度的大小，由数字和长度单位组成，包括直径、长度、宽度、高度、厚度以及中心距等，图样上标注尺寸时常以 mm 为单位，这时只标数字，省去单位。当采用其他单位时，必须标注单位。尺寸通常有两种分类方式：一是分为轴尺寸和孔尺寸；二是分为公称尺寸、局部尺寸和极限尺寸。

1. 轴（尺寸）和孔（尺寸）

（1）轴。轴主要是指工件的圆柱形外尺寸要素，也包括非圆柱形外尺寸要素（由两平行平面或切面形成的被包容面）。

（2）孔。孔主要是指工件圆柱形的内尺寸要素，也包括非圆柱形内尺寸要素（由两平行平面或切面形成的包容面）。

标准中定义的轴、孔是广义的。从装配上来讲，轴是被包容面，它之外没有材料；孔是包容面，它之内没有材料。例如，圆柱、键等都是轴，圆柱孔、键槽等都是孔，如图 1-1 所示。

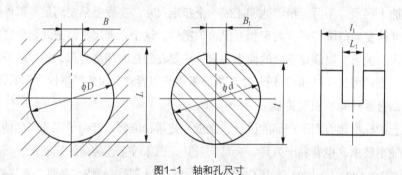

图1-1　轴和孔尺寸

2. 尺寸

（1）公称尺寸（D，d）。是指由图样规范确定的理想形状要素的尺寸（见图 1-2）。

它的数值可以是一个整数或一个小数值，例如 32，8.75，3.5，⋯⋯通常大写字母 D 表示孔的公称尺寸，小写字母 d 表示轴的公称尺寸。

（2）提取组成要素的局部尺寸（D_a，d_a）。是指一切提取组成要素上两对应点之间距离的统称。在以前的版本中，提取组成要素的局部尺寸被称为实际尺寸。

注：为方便起见，可将提取组成要素的局部尺寸简称为提取要素的局部尺寸。

① 提取圆柱面的局部尺寸。指要素上两对应点之间的距离。

其中，两对应点之间的连线通过拟合圆圆心；横截面垂直于由提取表面得到的拟合圆柱面的轴线。

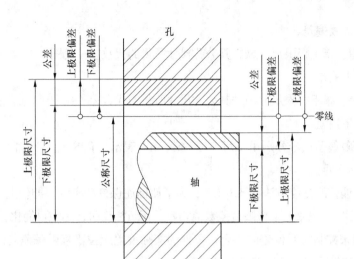

图1-2　公称尺寸、极限偏差和极限尺寸

② 两平行提取表面的局部尺寸。指两平行对应提取表面上两对应点之间的距离。

其中，所有对应点的连线均垂直于拟合中心平面；拟合中心平面是由两平行提取表面得到的两拟合平行平面的中心平面（两拟合平行平面之间的距离可能与公称距离不同）。

提取要素的局部尺寸采用两点法测量。由于几何形状误差是客观存在的，所以按同一图样尺寸加工的一批零件局布尺寸，往往也是不相等的，即使是同一零件不同部位的局布尺寸，往往也是不相等的。由于测量误差是客观存在的，所以局布尺寸不是尺寸真值。

（3）极限尺寸。指尺寸要素允许的尺寸的两个极端。提取组成要素的局部尺寸应位于其中，也可达到极限尺寸。

① 上极限尺寸（D_{max}，d_{max}）。指尺寸要素允许的最大尺寸（见图 1-2）。在以前的版本中，上极限尺寸被称为最大极限尺寸。

② 下极限尺寸（D_{min}，d_{min}）。指尺寸要素允许的最小尺寸（见图 1-2）。在以前的版本中，下极限尺寸被称为最小极限尺寸。

极限尺寸是根据设计要求，以公称尺寸为基础给定的，是用来控制局布尺寸变动范围的，局布尺寸如果小于等于上极限尺寸，大于等于下极限尺寸，则零件合格。

1.1.2　有关偏差、公差的术语与定义

1. 偏差

（1）零线。指在极限与配合图解中，表示公称尺寸的一条直线，以其为基准确定偏差和公差。通常，零线沿水平方向绘制，正偏差位于其上，负偏差位于其下（见图 1-3）。

（2）偏差。指某一尺寸减去其公称尺寸所得的代数差。偏差可能为正值、负值或零，书写或标注时，正、负号或零都要写出并标注。

（3）极限偏差。是指极限尺寸减去其公称尺寸所得的代数差。包

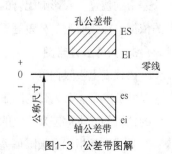

图1-3　公差带图解

括上极限偏差和下极限偏差。

① 上极限偏差。指上极限尺寸减去其公称尺寸所得的代数差（见图1-2）。在以前的版本中，上极限偏差被称为上偏差。

② 下极限偏差。指下极限尺寸减去其公称尺寸所得的代数差（见图1-2）。在以前的版本中，下极限偏差被称为下偏差。

轴的上、下极限偏差代号分别用小写字母"es、ei"表示，孔的上、下极限偏差代号分别用大写字母 ES、EI 表示（见图1-3）。

在图样上极限偏差的标注方法如 $\phi 20^{+0.006}_{-0.015}$；为了使标注保持严密性，即使上下偏差是零，也要进行标注，如 $\phi 20^{+0.006}_{0}$；如果上下极限偏差数值相等，正负相反时，标注可简化，如 $\phi 20 \pm 0.012$。

极限偏差是用来控制实际偏差的，合格零件的实际偏差应位于极限偏差之内。在实际中常用孔、轴的公称尺寸和极限偏差计算其极限尺寸。

【例1-1】 求标注为 $\phi 20^{+0.006}_{-0.015}$ 孔的上、下极限尺寸。

解：上极限尺寸　　$D_{max} = [\phi 20+(+0.006)]mm= \phi 20.006mm$

　　　　下极限尺寸　　$D_{min} = [\phi 20+(-0.015)]mm= \phi 19.985mm$

（4）**基本偏差**。指在本标准极限与配合制中，确定公差带相对零线位置的那个极限偏差（见图1-3）。它可以是上极限偏差或下极限偏差，一般为靠近零线的那个偏差。如图1-3所示，基本偏差为孔的下极限偏差和轴的上极限偏差。

2. 尺寸公差

① 尺寸公差（简称公差）。上极限尺寸与下极限尺寸之差，或上极限偏差与下极限偏差之差。它是允许尺寸的变动量。尺寸公差是一个没有符号的绝对值。

② 标准公差。指在标准 GB/T 1800.1 极限与配合制中，所规定的任一公差。

公差是控制误差的，加工误差是不可避免的，显然公差应该大于零（负公差、零公差没有意义）。

孔的公差：$T_h = |D_{max}-D_{min}| = |ES-EI|$

轴的公差：$T_s = |d_{max}-d_{min}| = |es-ei|$

从使用角度和加工的角度考虑，公差与偏差是两个不同概念。公差用于控制一批零件实际尺寸的差异程度，反映加工难易程度。公差值越大，零件精度越低，越容易加工；反之，零件精度越高，越难加工。极限偏差是判断完工零件尺寸合格与否的根据，表示与基本尺寸偏离的程度。确定公差带的位置，会影响配合的松紧。从工艺上看，极限偏差是决定加工时切削工具与零件相对位置的依据。在数值上，公差等于两极限偏差之差的绝对值。

3. 尺寸公差带图

由代表上极限偏差和下极限偏差或上极限尺寸和下极限尺寸的两条直线所限定的一个区域，称为尺寸公差带。公差带的图解方式称为公差带图，如图1-3所示。公差带是由公差大小和其相对零线的位置的基本偏差来确定的。

零线。是指确定极限偏差的基准线。它所指的尺寸为公称尺寸，是极限偏差的起始线。零线上方表示正极限偏差，零线下方表示负极限偏差，画图时一定要标注相应的符号，如“0”、“+”和“–”。零线下方的单箭头必须与零线靠紧（紧贴），并标注公称尺寸的数值，如$\phi50$、$\phi80$ 等。由图 1-4 可知，公差带图由零线和公差带组成。

【例 1-2】 已知孔$\phi40^{+0.025}_{0}$，轴$\phi40^{-0.010}_{-0.026}$，求孔、轴的极限偏差与公差。

解：（1）公差带图解法：如图 1-4 所示。

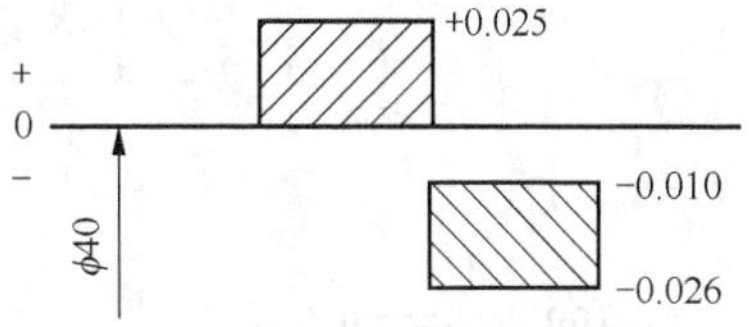

图1–4 公差带图

孔的极限尺寸为 $D_{max} = \phi40.025$ mm

$D_{min} = \phi40$ mm

轴的极限尺寸为 $d_{max} = \phi39.990$ mm

$d_{min} = \phi39.974$ mm

孔公差为 $T_h = 0.025$ mm

轴公差为 $T_s = 0.016$ mm

（2）公式法：利用公式来解。

$$D_{max} = D + ES = (\phi40 + 0.025)\text{mm} = \phi40.025\text{ mm}$$

$$D_{min} = D + EI = (\phi40 + 0)\text{mm} = \phi40\text{ mm}$$

$$d_{max} = d + es = (\phi40 - 0.010)\text{mm} = \phi39.990\text{ mm}$$

$$d_{min} = d + ei = (\phi40 - 0.026)\text{mm} = \phi39.974\text{ mm}$$

$$T_h = |D_{max} - D_{min}| = |\phi40.025 - \phi40| = 0.025\text{ mm}$$

$$T_s = |es - ei| = |-0.010 - (-0.026)| = 0.016\text{ mm}$$

1.1.3 有关配合的术语及定义

1. 配合

配合是指公称尺寸相同的，相互结合的孔和轴公差带之间的关系。

定义说明相配合的孔和轴公称尺寸必须相同，而相互结合的孔和轴公差带之间的不同关系决定了孔和轴配合的松紧程度，也决定了孔和轴的配合性质。

2. 间隙和过盈

孔的尺寸减去相配合的轴的尺寸所得的代数差，此差值为正时叫做间隙，间隙用 X 表示。此差值为负时叫做过盈，过盈用 Y 表示。

3. 配合的种类

根据相互结合的孔和轴公差带之间的位置关系，配合分为间隙配合、过盈配合和过渡配合 3 类。

（1）间隙配合。指具有间隙（包括最小间隙等于零）的配合。此时，孔的公差带在轴的公差带之上，通常指孔大、轴小的配合，也可以是零间隙配合。

在间隙配合中，间隙包括最大间隙 X_{max} 和最小间隙 X_{min}。由于孔、轴的实际尺寸允许在各自的公差带内变动，所以孔、轴配合后的间隙也是变动的。当孔为上极限尺寸而轴为下极限尺寸时，装配后的孔、轴为最松的配合状态，此时即为最大间隙；当孔为下极限尺寸而轴为上极限尺寸时，装配后的孔、轴为最紧的配合状态，此时即为最小间隙，如图 1-5 所示。

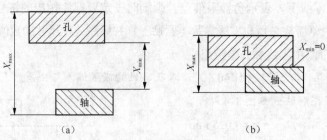

图1-5　间隙配合

极限间隙公式如下：

$$X_{\max} = D_{\max} - d_{\min} = \mathrm{ES} - \mathrm{ei}$$
$$X_{\min} = D_{\min} - d_{\max} = \mathrm{EI} - \mathrm{es}$$

平均间隙是指最大间隙与最小间隙的算术平均值，在数值上等于最大间隙与最小间隙之和的一半，用 X_{av} 表示。公式如下：

$$X_{\mathrm{av}} = \frac{X_{\max} + X_{\min}}{2}$$

（2）过盈配合。指具有过盈（包括最小过盈等于零）的配合。此时，孔的公差在轴公差带之下，通常是指孔小、轴大的配合。

在过盈配合中，过盈包括最大过盈和最小过盈。当孔的上极限尺寸减轴的下极限尺寸时，所得的差值为最小过盈 $Y_{\min}$，此时是孔、轴配合的最松状态；当孔的下极限尺寸减轴的上极限尺寸时，所得的差值为最大过盈 $Y_{\max}$，此时是孔、轴配合的最紧状态，如图1-6所示。

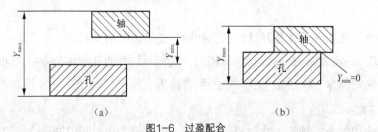

图1-6　过盈配合

极限过盈公式如下：

$$Y_{\max} = D_{\min} - d_{\max} = \mathrm{EI} - \mathrm{es}$$
$$Y_{\min} = D_{\max} - d_{\min} = \mathrm{ES} - \mathrm{ei}$$

平均过盈是指最大过盈与最小过盈的算术平均值，在数值上等于最大过盈与最小过盈之和的一半，用 Y_{av} 表示。公式如下：

$$Y_{\mathrm{av}} = \frac{Y_{\max} + Y_{\min}}{2}$$

（3）过渡配合。指可能具有间隙或过盈的配合。此时，孔的公差带和轴的公差带相互交叠。过渡配合是介于间隙配合与过盈配合之间的配合。当孔的上极限尺寸减轴的下极限尺寸时，所得的差

值为最大间隙 X_{max}，此时是孔、轴配合的最松状态；当孔的下极限尺寸减轴的上极限尺寸时，所得的差值为最大过盈 Y_{max}，此时是孔、轴配合的最紧状态，但其间隙或过盈的数值都较小，如图 1-7 所示。

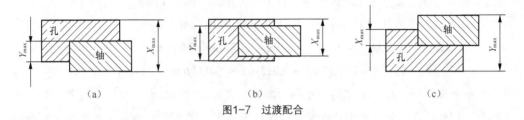

（a） （b） （c）

图1-7 过渡配合

极限间隙公式如下：

$$X_{max} = D_{max} - d_{min} = ES - ei$$

极限过盈公式如下：

$$Y_{max} = D_{min} - d_{max} = EI - es$$

平均间隙 X_{av}/平均过盈 Y_{av} 是指最大间隙与最大过盈的算术平均值。公式如下：

$$X_{av} / Y_{av} = \frac{X_{max} + Y_{max}}{2}$$

结果为正时是平均间隙，为负时是平均过盈。

4. 配合公差

配合公差 T_f 是组成配合的孔与轴公差之和。它是允许间隙或过盈的变动量。配合公差越大，配合时形成的间隙或过盈的变化量就越大，配合后松紧变化程度就越大，配合精度就越低，反之，配合精度高。因此，要想提高配合精度，就要减小孔、轴的尺寸公差。

配合公差 T_f 的计算公式为

间隙配合：$T_f = |X_{max} - X_{min}| = |(D_{max} - d_{min}) - (D_{min} - d_{max})| = T_h + T_s$

过盈配合：$T_f = |Y_{min} - Y_{max}| = |(D_{max} - d_{min}) - (D_{min} - d_{max})| = T_h + T_s$

过渡配合：$T_f = |X_{max} - Y_{max}| = T_h + T_s$

【例 1-3】 求下列 3 种孔、轴配合的极限间隙或过盈、配合公差，并绘制公差带图。

（1）孔 $\phi 20^{+0.021}_{0}$ 与轴 $\phi 20^{-0.020}_{-0.033}$ 相配合；

（2）孔 $\phi 20^{+0.021}_{0}$ 与轴 $\phi 20^{+0.041}_{+0.028}$ 相配合；

（3）孔 $\phi 20^{+0.021}_{0}$ 与轴 $\phi 20^{+0.015}_{+0.002}$ 相配合。

解：（1）最大间隙 $X_{max} = ES - ei = [+0.021 - (-0.033)]mm = +0.054 \ mm$

最小间隙 $X_{mix} = EI - es = [0 - (-0.020)]mm = +0.020 \ mm$

配合公差 $T_f = |X_{max} - X_{min}| = |0.054 - 0.020|mm = 0.034 \ mm$

或 $T_f = T_h + T_s = (0.021 + 0.013)mm = 0.034 \ mm$

（2）最小过盈 $Y_{min} = ES - ei = (+0.021 - 0.028)mm = -0.007 \ mm$

$$最大过盈 \quad Y_{max} = EI - es = (0 - 0.041)mm = -0.041\,mm$$

$$配合公差 \quad T_f = |Y_{min} - Y_{max}| = |-0.007 + 0.041|mm = 0.034\,mm$$

$$或 \quad T_f = T_h + T_s = (0.021 + 0.013)mm = 0.034\,mm$$

（3）最大间隙 $\quad X_{max} = ES - ei = (+0.021 - 0.002)mm = +0.019\,mm$

$$最大过盈 \quad Y_{max} = EI - es = (0 - 0.015)mm = -0.015\,mm$$

$$配合公差 \quad T_f = |X_{max} - Y_{max}| = |0.019 + 0.015|mm = 0.034\,mm$$

$$或 \quad T_f = T_h + T_s = (0.021 + 0.013)mm = 0.034\,mm$$

图 1-8 所示为同一孔与 3 个不同尺寸轴的配合，左边为间隙配合，中间为过盈配合，右边则为过渡配合。计算后得知轴的公差均相同，只是位置不同，因此可以构成 3 类配合。配合的种类是由孔、轴公差带的相互位置所决定的，而公差带的大小和位置又分别由标准公差与基本偏差所决定。

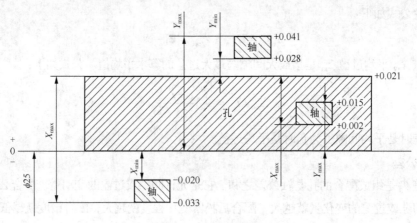

图1-8　配合公差带图

1.2 尺寸公差与配合的国家标准

1.2.1 标准公差系列

为实现互换性和满足各种使用要求，公差值必须标准化，标准公差值是由国家标准统一规定的。

1. 标准公差值

公差值的大小与公差等级及公称尺寸有关。公差等级是确定尺寸精确程度的等级。国家标准的公差等级共分 20 级，各级标准公差用 IT01、IT0、IT1、IT2、IT3、…、IT18 来表示（IT：International Tolerance，国际标准公差），常用的公差等级为 IT5～IT13。从 IT01 到 IT18，精度依次降低，公差值按几何级数增大。同时，标准公差值还随公称尺寸的大小而增减。

2. 标准公差值的计算

标准公差的计算公式见表 1-1, 表中的高精度等级 IT01、IT0、IT1 的公式, 主要考虑测量误差; IT2～IT4 是在 IT1～IT5 之间插入 3 级, 使 IT1、IT2、IT3、IT4、IT5 成等比数列。

表 1-1   尺寸不大于 500 mm 的标准公差计算公式

公差等级	公　　式	公差等级	公　　式	公差等级	公　　式
IT01	$0.3+0.008D$	IT6	$10i$	IT13	$250i$
IT0	$0.5+0.012D$	IT7	$16i$	IT14	$400i$
IT1	$0.8+0.020D$	IT8	$25i$	IT15	$640i$
IT2	$(IT1)(IT5/IT1)^{1/4}$	IT9	$40i$	IT16	$1\,000i$
IT3	$(IT1)(IT5/IT1)^{2/4}$	IT10	$64i$	IT17	$1\,600i$
IT4	$(IT1)(IT5/IT1)^{3/4}$	IT11	$100i$	IT18	$2\,500i$
IT5	$7i$	IT12	$160i$		

公差等级 IT5～IT18 的标准公差计算公式如下:

$$IT = ai$$

式中, a 是公差等级系数; i 为公差单位 (公差因子), 是以基本尺寸为自变量的函数。

(1) 公差单位 i。公差单位随公称尺寸而变化, 是用来计算标准公差的一个基本单位, 利用统计学分析加工误差与公称尺寸的关系, 从而得出公差单位与公称尺寸的关系公式。当公称尺寸小于等于 500mm 时, $i=0.45\sqrt[3]{D}+0.001D$, 式中 D 以 mm 计, i 以 μm 计。当公称尺寸范围大于 500 mm, 小于等于 3 150 mm 时, $i=0.004D+2.1$, 式中 D 以 mm 计, i 以 μm 计。

(2) 公差等级系数 a。等级系数 a 在一定程度上反映加工的难易程度, 为了使公差值标准化, 公差等级系数 a 选取优先数系 R_5 系列, 即公比 $q_5=1.6$, 从 IT6 开始, 每隔 5 项公差数值增长 10 倍, IT5 的 a 值为 7, 是从旧标准最高的 1 级精度取来的。

(3) 公称尺寸分段。计算标准公差值时, 如果每一个公称尺寸都对应一个公差值, 就会形成一个庞大的公差数值表, 给企业的生产带来不少麻烦, 同时不利于公差值的标准化、系列化。为了减少标准公差的数目, 统一公差值, 简化公差表格, 以利于生产实际应用, 国家标准对公称尺寸进行了分段计算, 即在一个尺寸段内用几何平均尺寸来计算公差值。在小于 3 150mm 的尺寸中共分成 21 个尺寸段 (见表 1-2), 以简化公差表格。

分段后的标准公差计算公式中的公称尺寸 D 或 d, 应按每一尺寸段首尾两尺寸的几何平均值代入计算。如计算大于 18 mm, 小于等于 30 mm 尺寸段的 6 级标准公差值时, 其对应几何平均尺寸 $D=\sqrt{18\times30}\,\text{mm} \approx 23.24\,\text{mm}$, 则公差单位 i 由 (1) 中公式得

$$i = 0.45\sqrt[3]{D} + 0.001D = (0.45\times\sqrt[3]{23.24} + 0.001\times23.24)\text{μm} \approx 1.31\text{μm}$$

查表 1-1 得: IT6 $= 10\,i$, 故

$$IT6 = 10i = (10\times1.31)\text{μm} = 13.1\text{μm} \approx 13\text{μm}$$

计算得出公差数值的尾数要经过科学的圆整, 从而编制出标准公差数值表, 见表 1-2。

表 1-2　　公称尺寸至 3 150 mm 的标准公差值（摘自 GB/T1800.1—2009）

公称尺寸 (mm)		标准公差等级																	
大于	至	IT1	IT2	IT3	IT4	IT5	IT6	IT7	IT8	IT9	IT10	IT11	IT12	IT13	IT14	IT15	IT16	IT17	IT18
		μm											mm						
—	3	0.8	1.2	2	3	4	6	10	14	25	40	60	0.1	0.14	0.25	0.4	0.6	1	1.4
3	6	1	1.5	2.5	4	5	8	12	18	30	48	75	0.12	0.18	0.3	0.48	0.75	1.2	1.8
6	10	1	1.5	2.5	4	6	9	15	22	36	58	90	0.15	0.22	0.36	0.58	0.9	1.5	2.2
10	18	1.2	2	3	5	8	11	18	27	43	70	110	0.18	0.27	0.43	0.7	1.1	1.8	2.7
18	30	1.5	2.5	4	6	9	13	21	33	52	84	130	0.21	0.33	0.52	0.84	1.3	2.1	3.3
30	50	1.5	2.5	4	7	11	16	25	39	62	100	160	0.25	0.39	0.62	1	1.6	2.5	3.9
50	80	2	3	5	8	13	19	30	46	74	120	190	0.3	0.46	0.74	1.2	1.9	3	4.6
80	120	2.5	4	6	10	15	22	35	54	87	140	220	0.35	0.54	0.87	1.4	2.2	3.5	5.4
120	180	3.5	5	8	12	18	25	40	63	100	160	250	0.4	0.63	1	1.6	2.5	4	6.3
180	250	4.5	7	10	14	20	29	46	72	115	185	290	0.46	0.72	1.15	1.85	2.9	4.6	7.2
250	315	6	8	12	16	23	32	52	81	130	210	320	0.52	0.81	1.3	2.1	3.2	5.2	8.1
315	400	7	9	13	18	25	36	57	89	140	230	360	0.57	0.89	1.4	2.3	3.6	5.7	8.9
400	500	8	10	15	20	27	40	63	97	155	250	400	0.63	0.97	1.55	2.5	4	6.3	9.7
500	630	9	11	16	22	32	44	70	110	175	280	440	0.7	1.1	1.75	2.8	4.4	7	11
630	800	10	13	18	25	36	50	80	125	200	320	500	0.8	1.25	2	3.2	5	8	12.5
800	1000	11	15	21	28	40	56	90	140	230	360	560	0.9	1.4	2.3	3.6	5.6	9	14
1000	1250	13	18	24	33	47	66	105	165	260	420	660	1.05	1.65	2.6	4.2	6.6	10.5	16.5
1250	1600	15	21	29	39	55	78	125	195	310	500	780	1.25	1.95	3.1	5	7.8	12.5	19.5
1600	2000	18	25	35	46	65	92	150	230	370	600	920	1.5	2.3	3.7	6	9.2	15	23
2000	2500	22	30	41	55	78	110	175	280	440	700	1 100	1.75	2.8	4.4	7	11	17.5	28
2500	3150	26	36	50	68	96	135	210	330	540	860	1 350	2.1	3.3	5.4	8.6	13.5	21	33

注 1：公称尺寸大于 500mm 的 IT1～IT5 的标准公差数值为试行的。

　　2：公称尺寸小于或等于 1mm 时，无 IT14～IT18。

1.2.2　基本偏差系列

1. 基本偏差代号及特点

（1）基本偏差的确定。基本偏差是指确定零件公差带相对零线位置的上极限偏差或下极限偏差，它是公差带位置标准化的唯一指标，一般为靠近零线的那个偏差。当公差带位置在零线以上时，其基本偏差为下极限偏差；当公差带位置在零线以下时，其基本偏差为上极限偏差。当公差带位置与零线相交时，其基本偏差为距离零线近的那个极限偏差。以孔为例，基本偏差如图 1-9 所示。

（2）基本偏差代号。国家标准已将基本偏差标准化，规定了孔、轴各有 28 种基本偏差，图 1-10 所示为基本偏差系列图。基本偏差的代号用拉丁字母（按英文字母读音）表示，大写字母表示孔，小写字母表示轴。在 26 个英文字母中去掉易与其他学科的参数相混淆的 5 个字母 I、L、O、Q、W（i、l、o、q、w）外，国家标准规定采用 21 个，再加上 7 个双写字母 CD、EF、FG、JS、ZA、ZB、

ZC（cd、 ef、fg、js、za、zb、zc），共有 28 个基本偏差代号，构成孔或轴的基本偏差系列。图 1-10 反映了 28 种公差带相对于零线的位置。

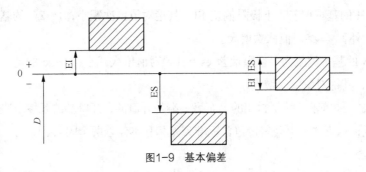

图1-9 基本偏差

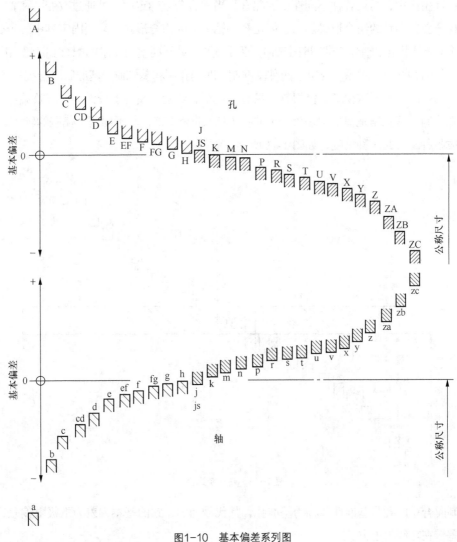

图1-10 基本偏差系列图

（3）基本偏差代号特点。

H 的基本偏差为 EI=0，公差带位于零线之上；h 的基本偏差为 es=0，公差带位于零线之下。

JS（js）与零线完全对称，上极限偏差 ES（es）= +IT/2，下极限偏差 EI（ei）= − IT/2。上、下偏差均可作为基本偏差。

对于孔：A～H 的基本偏差为下极限偏差 EI，其绝对值依次减小；J～ZC 的基本偏差为上极限偏差 ES（J、JS 除外），其绝对值依次增大。

对于轴：a～h 的基本偏差为上极限偏差 es，其绝对值依次减小；j～zc 的基本偏差为下极限偏差 ei（j、js 除外），其绝对值依次增大。

由图 1-10 可知，公差带一端是封闭的，而另一端是开口的，开口端的长度取决于公差值的大小或公差等级的高低，这正体现了公差带包含标准公差和基本偏差两个因素。

2. 基准制配合

在互换性生产中，需要各种不同性质的配合，当配合公差确定后，可通过改变孔和轴的公差带位置，使配合获得多种的组合形式。为了简化孔、轴公差的组合形式，只要固定其中一个公差带，变更另一个（无须将孔、轴公差带同时变动），便可得到满足不同使用要求的配合。因此，国标对孔、轴公差带之间的相互位置关系，规定了两种基准制，即基孔制和基轴制。基准制配合统一了孔（轴）公差带的评判基准，从而减少了定值刀具、量具的规格、数量，获得了最大的经济效益。

（1）基孔制。基孔制是基本偏差为一定的孔（H）的公差带，与不同基本偏差的轴（a～zc）的公差带形成各种配合的一种制度，如图 1-11 所示。

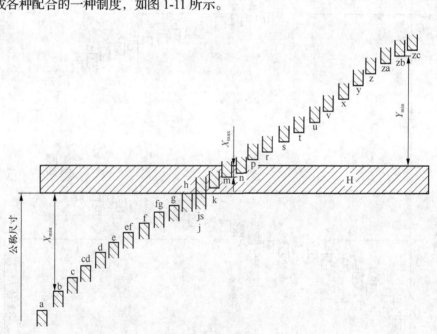

图1-11　基孔制配合

基孔制配合中的孔是基准件，称为基准孔，其代号为 H，它的基本偏差为下极限偏差，其数值为零，公差带在零线的上方。

（2）基轴制。基轴制是基本偏差为一定的轴（h）的公差带，与不同基本偏差的孔（A～ZC）的公差带形成各种配合的一种制度，如图 1-12 所示。

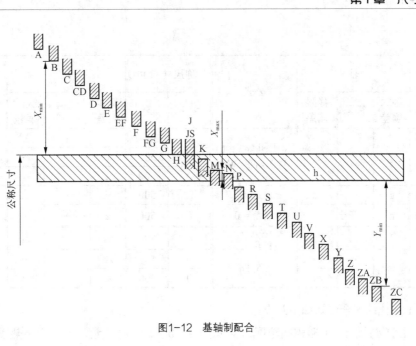

图1-12　基轴制配合

基轴制配合中的轴是基准件，称为基准轴，其代号为 h，它的基本偏差为上极限偏差，其数值为零，公差带在零线的下方。

3. 轴的基本偏差数值

轴的基本偏差数值是以基孔制配合为基础，按照配合要求，再根据生产实践经验和统计分析结果得出的一系列公式（见表 1-3），经计算后圆整成尾数而得出的。

表 1-3　　　　　　公称尺寸不大于 500 mm 的轴的基本偏差计算公式

公称尺寸（mm）		轴			公式	公称尺寸（mm）		轴			公式
大于	至	基本偏差	符号	极限偏差		大于	至	基本偏差	符号	极限偏差	
1	120	a	−	es	$265+1.3D$	0	500	k	+	ei	$0.6\sqrt[3]{D}$
120	500				$3.5D$	500	3 150		无符号		偏差=0
1	160	b	−	es	$\approx 140+0.85D$	0	500	m	+	ei	IT7-IT6
160	500				$\approx 1.8D$	500	3 150				$0.024D$ 112.6
0	40	c	−	es	$52D^{0.2}$	0	500	n	+	ei	$5D^{0.34}$
40	500				$95+0.8D$	500	3 150				$0.04D+21$
0	10	cd	−	es	C、c 和 D、d 值的几何平均值	0	500	p	+	ei	IT7+0～5
						500	3 150				$0.072D+37.8$
0	3 150	d	−	es	$16D^{0.44}$	0	3 150	r	+	ei	P、p 和 S、s 值的几何平均值
0	3 150	e	−	es	$11D^{0.41}$						
0	10	ef	−	es	E、e 和 F、f 值的几何平均值	0	50	a	+	ei	IT8+1～4
						50	3 150				IT7+0.4D
0	3 150	f	−	es	$5.5D^{0.41}$	24	3 150	t	+	ei	IT7+0.63D

续表

公称尺寸（mm）		轴			公式	公称尺寸（mm）		轴			公式
大于	至	基本偏差	符号	极限偏差		大于	至	基本偏差	符号	极限偏差	
0	10	fg	−	es	F、f和G、g值的几何平均值	0	3150	u	+	ei	IT7+D
						14	500	v	+	ei	IT7+1.25D
						0	500	x	+	ei	IT7+1.6D
0	3 150	g	−	es	2.5$D^{0.34}$	18	500	y	+	ei	IT7+2D
0	3 150	h	无符号	es	偏差＝0	0	500	z	+	ei	IT7+2.5D
0	500	J			无公式	0	500	zs	+	ei	IT8+3.15D
0	3 150	Js	+	es	0.5ITn	0	500	zb	+	ei	IT9+4D
			−	ei		0	500	zc	+	ei	IT10+5D

从图 1-11 基孔制配合可知如下几点。

① 基准孔 H 与轴 a～h 形成间隙配合。其中 a、b、c 间隙较大，主要用于热动配合，考虑到热膨胀的影响，确定基本偏差数值要增大间隙；d、e、f 主要用于旋转运动的间隙配合，为保证良好的液体摩擦，同时考虑到表面粗糙度磨损的影响，确定基本偏差数值要减小间隙；g 主要用于滑动或定心配合的半液体摩擦，要求间隙要小；h 是最小间隙为零的一种间隙配合，用于定位配合。

② 基准孔 H 与轴 j～n 一般形成过渡配合。其中 j 目前主要用于与滚动轴承配合，其基本偏差数值根据经验数据确定；k、m、n 为过渡配合，以保证有较好的对中及定心，装拆也不困难，一般用统计方法来确定其基本偏差数值。

③ 基准孔 H 与轴 p～zc 通常形成过盈配合，常按配合所需的最小过盈和相配基准孔的公差等级来确定基本偏差数值。基本偏差数值按优先数系有规律增长。

归纳以上经验，可得表 1-3 轴的基本偏差计算公式，由表 1-3 中公式计算出表 1-4 轴的基本偏差数值。

4．孔的基本偏差数值

孔的基本偏差是从轴的基本偏差换算得出的。换算原则为：在孔、轴为同一公差等级或孔比轴低一级配合的条件下，当基孔制配合中轴的基本偏差代号与基轴制配合中孔的基本偏差代号相当（例如，将 $\phi 60 \dfrac{H7}{f6}$ 换成 $\phi 60 \dfrac{F7}{h6}$，$\phi 60 \dfrac{H9}{m9}$ 换成 $\phi 60 \dfrac{M9}{h9}$，$\phi 60 \dfrac{H7}{p7}$ 换成 $\phi 60 \dfrac{P7}{h7}$），换同名字母时，配合性质要完全相同。

根据上述换算原则，孔的基本偏差的计算方法如下。

（1）间隙配合（A～H）。采用同一字母表示孔、轴的基本偏差要绝对值相等、符号相反。孔的基本偏差（A～H）是轴基本偏差（a～h）相对于零线的倒影，所以又称倒影规则。其公式为：EI＝−es。

表 1-4　公称尺寸至 3 150 mm 轴（a~js）的基本偏差值

单位：μm

基本偏差数值（上极限偏差 es）

基本尺寸(mm) 大于	至	a	b	c	cd	d	e	ef	f	fg	g	h	js
—	3	-270	-140	-60	-34	-20	-14	-10	-6	-4	-2	0	偏差 $= \pm \dfrac{IT_a}{2}$，式中 IT_a 是 IT 值数
3	6	-270	-140	-70	-46	-30	-20	-14	-10	-6	-4	0	
6	10	-280	-150	-80	-56	-40	-25	-18	-13	-8	-5	0	
10	14	-290	-150	-95		-50	-32		-16		-6	0	
14	18	-290										0	
18	24	-300	-160	-110		-65	-40		-20		-7	0	
24	30	-300										0	
30	40	-310	-170	-120		-80	-50		-25		-9	0	
40	50	-320	-180	-130								0	
50	65	-340	-190	-140		-100	-60		-30		-10	0	
65	80	-360	-200	-150								0	
80	100	-380	-220	-170		-120	-72		-36		-12	0	
100	120	-410	-240	-180								0	
120	140	-460	-260	-200		-145	-85		-43		-14	0	
140	160	-520	-280	-210								0	
160	180	-580	-310	-230								0	
180	200	-660	-340	-240		-170	-100		-50		-15	0	
200	225	-740	-380	-260								0	
225	250	-820	-420	-280								0	
250	280	-920	-480	-300		-190	-110		-56		-17	0	
280	315	-1 050	-540	-330								0	
315	355	-1 200	-600	-360		-210	-125		-62		-18	0	
355	400	-1 350	-680	-400								0	
400	450	-1 500	-760	-440		-230	-135		-68		-20	0	
450	500	-1 650	-840	-480								0	
500	560					-260	-145		-76		-22	0	
560	630											0	
630	710					-290	-160		-80		-24	0	
710	800											0	
800	900					-320	-170		-86		-26	0	
900	1000											0	
1000	1120					-350	-195		-98		-28	0	
1120	1250											0	
1250	1400					-390	-220		-110		-30	0	
1400	1600											0	
1600	1800					-430	-240		-120		-32	0	
1800	2000											0	
2000	2240					-480	-260		-130		-34	0	
2240	2500											0	
2500	2800					-520	-290		-145		-38	0	
2800	3150											0	

所有标准公差等级

续表

基本偏差数值（下极限偏差 ei）

| 基本尺寸 (mm) | | j | | | k | | 所有标准公差等级 | | | | | | | | | | | | | |
大于	至	IT5和IT6	IT7	IT8	IT4~IT7	≤IT3>IT7	m	n	p	r	s	t	u	v	x	y	z	za	zb	zc
—	3	-2	-4	-6	0	0	+2	+4	+6	+10	+14		+18		+20		+26	+32	+40	+60
3	6	-2	-4		+1	0	+4	+8	+12	+15	+19		+23		+28		+35	+42	+50	+80
6	10	-2	-5		+1	0	+6	+10	+15	+19	+23		+28		+34		+42	+52	+67	+97
10	14	-3	-6		+1	0	+7	+12	+18	+23	+28		+33		+40		+50	+64	+90	+130
14	18	-3	-6		+1	0	+7	+12	+18	+23	+28		+33	+39	+45		+60	+77	+108	+150
18	24	-4	-8		+2	0	+8	+15	+22	+28	+35		+41	+47	+54	+63	+73	+98	+136	+188
24	30	-4	-8		+2	0	+8	+15	+22	+28	+35	+41	+48	+55	+64	+75	+88	+118	+160	+218
30	40	-5	-10		+2	0	+9	+17	+26	+34	+43	+48	+60	+68	+80	+94	+112	+148	+200	+274
40	50	-5	-10		+2	0	+9	+17	+26	+34	+43	+54	+70	+81	+97	+114	+136	+180	+242	+325
50	65	-7	-12		+2	0	+11	+20	+32	+41	+53	+66	+87	+102	+122	+144	+172	+226	+300	+405
65	80	-7	-12		+2	0	+11	+20	+32	+43	+59	+75	+102	+120	+146	+174	+210	+274	+360	+480
80	100	-9	-15		+3	0	+13	+23	+37	+51	+71	+91	+124	+146	+178	+214	+258	+335	+445	+585
100	120	-9	-15		+3	0	+13	+23	+37	+54	+79	+104	+144	+172	+210	+254	+310	+400	+525	+690
120	140	-11	-18		+3	0	+15	+27	+43	+63	+92	+122	+170	+202	+248	+300	+365	+470	+620	+800
140	160	-11	-18		+3	0	+15	+27	+43	+65	+100	+134	+190	+228	+280	+340	+415	+535	+700	+900
160	180	-11	-18		+3	0	+15	+27	+43	+68	+108	+146	+210	+252	+310	+380	+465	+600	+780	+1000
180	200	-13	-21		+4	0	+17	+31	+50	+77	+122	+166	+236	+284	+350	+425	+520	+670	+880	+1150
200	225	-13	-21		+4	0	+17	+31	+50	+80	+130	+180	+258	+310	+385	+470	+575	+740	+960	+1250
225	250	-13	-21		+4	0	+17	+31	+50	+84	+140	+196	+284	+340	+425	+520	+640	+820	+1050	+1350
250	280	-16	-26		+4	0	+20	+34	+56	+94	+158	+218	+315	+385	+475	+580	+710	+920	+1200	+1550
280	315	-16	-26		+4	0	+20	+34	+56	+98	+170	+240	+350	+425	+525	+650	+790	+1000	+1300	+1700
315	355	-18	-28		+4	0	+21	+37	+62	+108	+190	+268	+390	+475	+590	+730	+900	+1150	+1500	+1900
355	400	-18	-28		+4	0	+21	+37	+62	+114	+208	+294	+435	+530	+660	+820	+1000	+1300	+1650	+2100
400	450	-20	-32		+5	0	+23	+40	+68	+126	+232	+330	+490	+595	+740	+920	+1100	+1450	+1850	+2400
450	500	-20	-32		+5	0	+23	+40	+68	+132	+252	+360	+540	+660	+820	+1000	+1250	+1600	+2100	+2600
500	560				0	0	+26	+44	+78	+150	+280	+400	+600							
560	630				0	0	+26	+44	+78	+155	+310	+450	+660							
630	710				0	0	+30	+50	+88	+175	+340	+500	+740							
710	800				0	0	+30	+50	+88	+185	+380	+560	+840							
800	900				0	0	+34	+56	+100	+210	+430	+620	+940							
900	1000				0	0	+34	+56	+100	+220	+470	+680	+1050							
1000	1120				0	0	+40	+66	+120	+250	+520	+780	+1150							
1120	1250				0	0	+40	+66	+120	+260	+580	+840	+1300							
1250	1400				0	0	+48	+78	+140	+300	+640	+960	+1450							
1400	1600				0	0	+48	+78	+140	+330	+720	+1050	+1600							
1600	1800				0	0	+58	+92	+170	+370	+820	+1200	+1850							
1800	2000				0	0	+58	+92	+170	+400	+920	+1350	+2000							
2000	2240				0	0	+68	+110	+195	+440	+1000	+1500	+2300							
2240	2500				0	0	+68	+110	+195	+460	+1100	+1650	+2500							
2500	2800				0	0	+76	+135	+240	+550	+1250	+1900	+2900							
2800	3150				0	0	+76	+135	+240	+580	+1400	+2100	+3200							

注：基本尺寸小于或等于 1mm 时，基本偏差 a 和 b 均不采用，公差带 Js7～Js11，若 IT_a 值数是奇数，则取偏差 $=\pm\dfrac{IT_a-1}{2}$ 。

【例 1-4】　试将 $\phi60\dfrac{\text{H7}}{\text{f6}}$ 换成 $\phi60\dfrac{\text{F7}}{\text{h6}}$。

解：① 查标准公差：IT6=0.019mm，IT7=0.030mm。

② 计算极限偏差。

基孔制：$\phi60\text{H7}\left(^{+0.03}_{0}\right)$，$\phi60\text{f6}$ 的基本偏差 es= − 0.03mm；

另一偏差：ei=es − IT6=(− 0.03 − 0.019)mm = − 0.049mm；故写作 $\phi60\text{f6}\left(^{-0.03}_{-0.049}\right)$。

基轴制：$\phi60\text{h6}\left(^{0}_{-0.019}\right)$，$\phi60\text{F7}$ 的基本偏差 EI= −es =−(−0.03)mm = + 0.03mm；

另一偏差：ES=EI + IT7=(+ 0.03+0.03)mm= + 0.06mm；故写作 $\phi60\text{F7}\left(^{+0.06}_{+0.03}\right)$。

③ 计算极限间隙。

基孔制：$X_{\max} = \text{ES} - \text{ei} = [+0.03 - (-0.049)]\text{mm} = +0.079\text{mm}$

$\qquad\qquad X_{\min} = \text{EI} - \text{es} = [0 - (-0.03)]\text{mm} = +0.03\text{mm}$

基轴制：$X_{\max} = \text{ES} - \text{ei} = [+0.06 - (-0.019)]\text{mm} = +0.079\text{mm}$

$\qquad\qquad X_{\min} = \text{EI} - \text{es} = (+0.03 - 0)\text{mm} = +0.03\text{mm}$

从以上的计算结果可知，极限间隙完全相同，同名字母 f、F 换算成功，证明了 EI= −es。

（2）过渡配合（J～N）。同理，由于 J～N 都是靠近零线，而且与 j～n 形成倒影，即在孔的较高精度（≤IT8）配合时，国家标准推荐采用孔比轴低一级的配合，从而就形成了孔的基本偏差在 −ei 的基础上加一个 Δ。若孔与轴的配合为同级配合，则 Δ 为零，正如倒影图里的体现：大小相等，符号相反。

其公式为：$\quad \text{ES} = -\text{ei} + \varDelta, \quad \varDelta = \text{IT}_n - \text{IT}_{n-1} = T_\text{h} - T_\text{s}$。

【例 1-5】　将 $\phi60\dfrac{\text{H9}}{\text{m9}}$ 换成 $\phi60\dfrac{\text{M9}}{\text{h9}}$。

解：① 查标准公差：因为孔、轴同级，IT9=0.074mm。

② 计算极限偏差。

基孔制：$\phi60\text{H9}\left(^{+0.074}_{0}\right)$，$\phi60\text{m9}$ 的基本偏差 ei = + 0.011mm；

另一偏差：es=ei + IT9 = (+0.011 + 0.074)mm= + 0.085mm；故写作 $\phi60\text{m9}\left(^{+0.085}_{+0.011}\right)$。

基轴制：$\phi60\text{h9}\left(^{0}_{-0.074}\right)$，$\phi60\text{M9}$ 的基本偏差 ES = − ei + $\varDelta$ =(− 0.011+0)mm=−0.011mm；

另一偏差：EI = ES − IT9 =(− 0.011−0.074)mm=− 0.085mm；故写作 $\phi60\text{M9}\left(^{-0.011}_{-0.085}\right)$。

③ 计算极限间隙（或过盈）。

基孔制：$X_{\max} = \text{ES} - \text{ei} = (0.074 - 0.011)\text{mm} = +0.063\text{mm}$

$\qquad\qquad Y_{\max} = \text{EI} - \text{es} = (0 - 0.085)\text{mm} = -0.085\text{mm}$

基轴制：$X_{\max} = \text{ES} - \text{ei} = [-0.011 - (-0.074)]\text{mm} = +0.063\ \text{mm}$

$\qquad\qquad Y_{\max} = \text{EI} - \text{es} = (-0.085 - 0)\text{mm} = -0.085\ \text{mm}$

从以上的计算结果可知：$X_{\max}$、$Y_{\max}$ 在两种基准制下都完全相同。此时基孔制的 m9 就换成基轴制 M9 了，证明了 ES = − ei + $\varDelta$，$\varDelta$ = 0。

（3）过盈配合（P～ZC）。同样，P～ZC 与 p～zc 形成倒影，但不能简单理解成大小相等，符号相反。必须注意的是，过盈配合采用的公式与过渡配合一样。

【例 1-6】　试将 $\phi 60 \dfrac{\text{H7}}{\text{p6}}$ 换成 $\phi 60 \dfrac{\text{P7}}{\text{h6}}$。

解： ① 查标准公差：IT6 = 0.019mm，IT7 = 0.030mm。

② 计算极限偏差。

基孔制：$\phi 60\text{H7}\left(^{+0.030}_{0}\right)$，$\phi 60\text{p6}$ 的基本偏差 ei=+0.032mm;

另一个极限偏差：es =ei +IT6 = +0.051mm；故写作 $\phi 60\text{p6}\left(^{+0.051}_{+0.032}\right)$。

基轴制：$\phi 60\text{h6}\left(^{0}_{-0.019}\right)$，$\phi 60\text{P7}$ 的基本偏差 ES=−ei+Δ=(−0.032 + 0.011)mm=−0.021mm [Δ=IT7−IT6=(0.030−0.019)mm=0.011mm];

另一个极限偏差：EI=ES − IT7=(−0.021−0.030)mm=−0.051mm；故写作 $\phi 60\text{P7}\left(^{-0.021}_{-0.051}\right)$。

③ 计算极限过盈。

基孔制：　$Y_{\min}$ = ES − ei = (+0.03 − 0.032)mm = −0.002 mm

　　　　　　$Y_{\max}$ = EI − es = (0 − 0.051)mm = −0.051 mm

基轴制：　$Y_{\min}$ = ES − ei = [−0.021 − (−0.019)]mm = −0.002 mm

　　　　　　$Y_{\max}$ = EI − es = (−0.051 − 0)mm = −0.051 mm

以上得出，在过渡、过盈配合的较高公差等级结合时，一般采用国标推荐的孔比轴低一级的配合，就会出现 Δ，证明了 ES = − ei + Δ，Δ= IT_n−IT_{n-1}，所以在查孔的基本偏差表时（K、M、N 高于或等于 IT8 级，P～ZC 高于或等于 IT7 级）要特别注意。

以上实例说明孔的基本偏差表（见表 1-5）是国家标准采用 ISO 同样的方法来制订的。计算出孔的基本偏差，再按一定规则化整，实际使用时，可直接查此表，不必计算。

一般说来，高于或等于 IT7 级的配合，国家标准推荐采用工艺等价（即孔比轴低一级的配合），而低于 IT8 级的配合，选用同级配合。

5．另一极限偏差数值

孔的基本偏差数值确定后，在已知公差等级的情况下，可求出孔的另一极限偏差的数值（即对公差带的另一端进行封口）。

ES = EI + IT（A～H，基本偏差 EI）

EI = ES − IT（K～ZC，基本偏差 ES）

1.2.3　尺寸公差与配合的标注

1．零件图的标注

标注时，必须标注出公差带的两要素，即基本偏差代号（位置要素）与公差等级数字（大小要素），也可附注两极限偏差值。标注时，要用同一字号的字体（即两个符号等高）。图 1-13 所示的尺寸标注为 $\phi 20\text{g6}$、$\phi 20^{-0.007}_{-0.020}$ 或 $\phi 20\text{g6}\left(^{-0.007}_{-0.020}\right)$。

表1-5 公称尺寸至3150 mm孔（A～N）的基本偏差值　　　　单位：μm

下极限偏差 EI（A～JS，所有标准公差等级）；上极限偏差 ES（J～P至ZC）。

JS 栏：偏差 $= \pm \dfrac{IT_a}{2}$，式中 IT_a 是 IT 值数。
P至ZC（≤IT7）栏：在大于 IT7 的相应数值上增加一个 Δ 值。

公称尺寸(mm) 大于	至	A	B	C	CD	D	E	EF	F	FG	G	H	JS	J IT6	J IT7	J IT8	K ≤IT8	K >IT8	M ≤IT8	M >IT8	N ≤IT8	N >IT8
—	3	+270	+140	+60	+34	+20	+14	+10	+6	+4	+2	0	$\pm IT_a/2$	+2	+4	+6	0	0	−2	−2	−4	−4
3	6	+270	+140	+70	+46	+30	+20	+14	+10	+6	+4	0		+5	+6	+10	−1+Δ	0	−4+Δ	−4	−8+Δ	0
6	10	+280	+150	+80	+56	+40	+25	+18	+13	+8	+5	0		+5	+8	+12	−1+Δ	0	−6+Δ	−6	−10+Δ	0
10	14	+290	+150	+95		+50	+32		+16		+6	0		+6	+10	+15	−1+Δ	0	−7+Δ	−7	−12+Δ	0
14	18	+290	+150	+95		+50	+32		+16		+6	0		+6	+10	+15	−1+Δ	0	−7+Δ	−7	−12+Δ	0
18	24	+300	+160	+110		+65	+40		+20		+7	0		+8	+12	+20	−2+Δ	0	−8+Δ	−8	−15+Δ	0
24	30	+300	+160	+110		+65	+40		+20		+7	0		+8	+12	+20	−2+Δ	0	−8+Δ	−8	−15+Δ	0
30	40	+310	+170	+120		+80	+50		+25		+9	0		+10	+14	+24	−2+Δ	0	−9+Δ	−9	−17+Δ	0
40	50	+320	+180	+130		+80	+50		+25		+9	0		+10	+14	+24	−2+Δ	0	−9+Δ	−9	−17+Δ	0
50	65	+340	+190	+140		+100	+60		+30		+10	0		+13	+18	+28	−2+Δ	0	−11+Δ	−11	−20+Δ	0
65	80	+360	+200	+150		+100	+60		+30		+10	0		+13	+18	+28	−2+Δ	0	−11+Δ	−11	−20+Δ	0
80	100	+380	+220	+170		+120	+72		+36		+12	0		+16	+22	+34	−3+Δ	0	−13+Δ	−13	−23+Δ	0
100	120	+410	+240	+180		+120	+72		+36		+12	0		+16	+22	+34	−3+Δ	0	−13+Δ	−13	−23+Δ	0
120	140	+460	+260	+200		+145	+85		+43		+14	0		+18	+26	+41	−3+Δ	0	−15+Δ	−15	−27+Δ	0
140	160	+520	+280	+210		+145	+85		+43		+14	0		+18	+26	+41	−3+Δ	0	−15+Δ	−15	−27+Δ	0
160	180	+580	+310	+230		+145	+85		+43		+14	0		+18	+26	+41	−3+Δ	0	−15+Δ	−15	−27+Δ	0
180	200	+660	+340	+240		+170	+100		+50		+15	0		+22	+30	+47	−4+Δ	0	−17+Δ	−17	−31+Δ	0
200	225	+740	+380	+260		+170	+100		+50		+15	0		+22	+30	+47	−4+Δ	0	−17+Δ	−17	−31+Δ	0
225	250	+820	+420	+280		+170	+100		+50		+15	0		+22	+30	+47	−4+Δ	0	−17+Δ	−17	−31+Δ	0
250	280	+920	+480	+300		+190	+110		+56		+17	0		+25	+36	+55	−4+Δ	0	−20+Δ	−20	−34+Δ	0
280	315	+1050	+540	+330		+190	+110		+56		+17	0		+25	+36	+55	−4+Δ	0	−20+Δ	−20	−34+Δ	0
315	355	+1200	+600	+360		+210	+125		+62		+18	0		+29	+39	+60	−4+Δ	0	−21+Δ	−21	−37+Δ	0
355	400	+1350	+680	+400		+210	+125		+62		+18	0		+29	+39	+60	−4+Δ	0	−21+Δ	−21	−37+Δ	0
400	450	+1500	+760	+440		+230	+135		+68		+20	0		+33	+43	+66	−5+Δ	0	−23+Δ	−23	−40+Δ	0
450	500	+1650	+840	+480		+230	+135		+68		+20	0		+33	+43	+66	−5+Δ	0	−23+Δ	−23	−40+Δ	0
500	560					+260	+145		+76		+22	0					0		−26		−44	
560	630					+260	+145		+76		+22	0					0		−26		−44	
630	710					+290	+160		+80		+24	0					0		−30		−50	
710	800					+290	+160		+80		+24	0					0		−30		−50	
800	900					+320	+170		+86		+26	0					0		−34		−56	
900	1000					+320	+170		+86		+26	0					0		−34		−56	
1000	1120					+350	+195		+98		+28	0					0		−40		−66	
1120	1250					+350	+195		+98		+28	0					0		−40		−66	
1250	1400					+390	+220		+110		+30	0					0		−48		−78	
1400	1600					+390	+220		+110		+30	0					0		−48		−78	
1600	1800					+430	+240		+120		+32	0					0		−58		−92	
1800	2000					+430	+240		+120		+32	0					0		−58		−92	
2000	2240					+480	+250		+130		+34	0					0		−68		−110	
2240	2500					+480	+250		+130		+34	0					0		−68		−110	
2500	2800					+520	+290		+145		+38	0					0		−76		−135	
2800	3150					+520	+290		+145		+38	0					0		−76		−135	

续表

公称尺寸/(mm)		基本偏差数值 上极限偏差 ES （标准公差等级大于 IT7）												Δ值 （标准公差等级）					
大于	至	P	R	S	T	U	V	X	Y	Z	ZA	ZB	ZC	IT3	IT4	IT5	IT6	IT7	IT8
—	3	−6	−10	−14		−18		−20		−26	−32	−40	−60	0	0	0	0	0	0
3	6	−12	−15	−19		−23		−28		−35	−42	−50	−80	1	1.5	1	3	4	6
6	10	−15	−19	−23		−28		−34		−42	−52	−67	−97	1	1.5	2	3	6	7
10	14	−18	−23	−28		−33		−40		−50	−64	−90	−130	1	2	3	3	7	9
14	18	−18	−23	−28		−33	−39	−45		−60	−77	−108	−150						
18	24	−22	−28	−35		−41	−47	−54	−63	−73	−98	−136	−188	1.5	2	3	4	8	12
24	30	−22	−28	−35	−41	−48	−55	−64	−75	−88	−118	−160	−218						
30	40	−26	−34	−43	−48	−60	−68	−80	−94	−112	−148	−200	−274	1.5	3	4	5	9	14
40	50	−26	−34	−43	−54	−70	−81	−97	−114	−136	−180	−242	−325						
50	65	−32	−41	−53	−66	−87	−102	−122	−144	−172	−226	−300	−405	2	3	5	6	11	16
65	80	−32	−43	−59	−75	−102	−120	−146	−174	−210	−274	−360	−480						
80	100	−37	−51	−71	−91	−124	−146	−178	−214	−258	−335	−445	−585	2	4	5	7	13	19
100	120	−37	−54	−79	−104	−144	−172	−210	−254	−310	−400	−525	−690						
120	140	−43	−63	−92	−122	−170	−202	−248	−300	−365	−470	−620	−800	3	4	6	7	15	23
140	160	−43	−65	−100	−134	−190	−228	−280	−340	−415	−535	−700	−900						
160	180	−43	−68	−108	−146	−210	−252	−310	−380	−465	−600	−780	−1 000						
180	200	−50	−77	−122	−166	−236	−284	−350	−425	−520	−670	−880	−1 150	3	4	6	9	17	26
200	225	−50	−80	−130	−180	−258	−310	−385	−470	−575	−740	−960	−1 250						
225	250	−50	−84	−140	−196	−284	−340	−425	−520	−640	−820	−1 050	−1 350						
250	280	−56	−94	−158	−218	−315	−385	−475	−580	−710	−920	−1 200	−1 550	4	4	7	9	20	29
280	315	−56	−98	−170	−240	−350	−425	−525	−650	−790	−1 000	−1 300	−1 700						
315	355	−62	−108	−190	−268	−390	−475	−590	−730	−900	−1 150	−1 500	−1 900	4	5	7	11	21	32
355	400	−62	−114	−208	−294	−435	−530	−660	−820	−1 000	−1 300	−1 650	−2 100						
400	450	−68	−126	−232	−330	−490	−595	−740	−920	−1 100	−1 450	−1 850	−2 400	5	5	7	13	23	34
450	500	−68	−132	−252	−360	−540	−660	−820	−1 000	−1 250	−1 600	−2 100	−2 600						
500	560	−78	−150	−280	−400	−600													
560	630	−78	−155	−310	−450	−660													
630	710	−88	−175	−340	−500	−740													
710	800	−88	−185	−380	−620	−840													
800	900	−100	−210	−430	−680	−940													
900	1 000	−100	−220	−470	−780	−1 050													
1 000	1 120	−120	−250	−520	−840	−1 150													
1 120	1 250	−120	−260	−580	−960	−1 300													
1 250	1 400	−140	−300	−640	−1 050	−1 450													
1 400	1 600	−140	−330	−720	−1 150	−1 600													
1 600	1 800	−170	−370	−820	−1 350	−1 850													
1 800	2 000	−170	−400	−920	−1 550	−2 000													
2 000	2 240	−195	−440	−1 000	−1 700	−2 300													
2 240	2 500	−195	−460	−1 100	−1 900	−2 500													
2 500	2 800	−240	−550	−1 250	−2 100	−2 900													
2 800	3 150	−240	−580	−1 400	−2 400	−3 200													

注1：公称尺寸小于或等于 1mm 时，基本偏差 A 和 B 及大于 IT8 的 N 均不采用，公差带 JS7 至 JS11，若 IT 值数是奇数，则取偏差 $=\pm\dfrac{IT_{n-1}}{2}$。

注2：对小于或等于 IT8 的 K、M、N 和小于或等于 IT7 的 P 至 ZC，所需 Δ 值从表内右侧选取。例如：18～30mm 段的 K7，Δ=8μm，所以 ES=−2+8μm；18～30mm 段的 S6，Δ=4μm，所以 ES=−35+4=−31μm。特殊情况：250～315mm 段的 M6，ES=−9μm（代替 −11μm）。

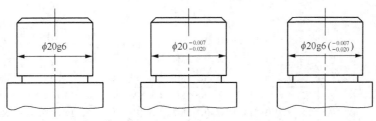

图1-13 尺寸公差带的标注法

2. 装配图的标注

在基本尺寸后标注配合代号。配合代号用分式表示，分子表示孔的公差带代号，分母表示轴的公差带代号。主要标注配合代号，即标注孔、轴的基本偏差代号及公差等级，也可附注上下偏差数值。图 1-14 采用基孔制配合，其配合标注的表示方法可用下列示例之一。

$$\phi18\frac{H7}{p6} \;、\; \phi14\frac{F8}{h7} \;、\; \phi50\begin{smallmatrix}+0.25\\0\\+0.20\\-0.50\end{smallmatrix}$$

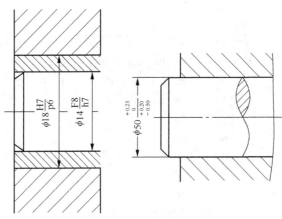

图1-14 配合公差带的标注

1.2.4 常用尺寸公差与配合的国标规定

根据国家标准提供的 20 个公差等级与 28 种基本偏差，可以组合成孔为 20×28=560 种，轴为 20×28=560 种，但由于 28 个基本偏差中，J（j）比较特殊，孔仅与 3 个公差等级组合成为 J6、J7、J8，而轴也仅与 4 个公差等级组合成为 j5、j6、j7、j8。这 7 种公差带逐渐会被 JS（js）所代替，故孔公差带有 20×27 + 3=543 种，轴公差带有 20×27 + 4=544 种。

若将上述孔与轴任意组合，就可获得近 30 万种配合，不但繁杂，而且不利于互换性生产。为了减少定值的刀具、量具和工艺装备的品种及规格，必须对公差带与配合加以选择和限制。

1. 孔、轴尺寸公差带

国标对常用尺寸段推荐了孔与轴的一般、常用、优先公差带。图 1-15 所示为孔的一般、常用、优先公差带。孔有 105 种一般公差带，其中 44 种常用公差带，13 种优先公差带。图 1-16 所示为轴的一般、常用、优先公差带。轴有 119 种一般公差带，其中 59 种常用公差带，13 种优先公差带。

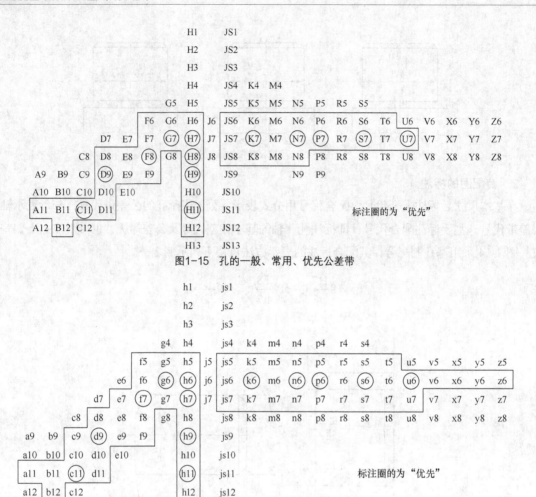

图1-15　孔的一般、常用、优先公差带

图1-16　轴的一般、常用、优先公差带

选用公差带时，应按优先、常用、一般、任意公差带的顺序选用，特别是优先和常用公差带，反映了长期生产实践中积累的较丰富的使用经验，应尽量选用。

2. 孔、轴配合公差带

表1-6中基轴制有47种常用配合，13种优先配合。表1-7中基孔制有59种常用配合，13种优先配合。选择时，应优先选用优先配合公差带，其次选择常用配合公差带。

表 1-6　　　　　　　　　　基轴制优先、常用配合

基准轴	孔																								
	A	B	C	D	E	F	G	H	JS	K	M	N	P	R	S	T	U	V	X	Y	Z
	间隙配合								过渡配合				过盈配合								
h5						$\frac{F6}{h5}$	$\frac{G6}{h5}$	$\frac{H6}{h5}$	$\frac{JS6}{h5}$	$\frac{K6}{h5}$	$\frac{M6}{h5}$	$\frac{N6}{h5}$	$\frac{P6}{h5}$	$\frac{R6}{h5}$	$\frac{S6}{h5}$	$\frac{T6}{h5}$					
h6						$\frac{F7}{h6}$	▽ $\frac{G7}{h6}$	▽ $\frac{H7}{h6}$	$\frac{JS7}{h6}$	▽ $\frac{K7}{h6}$	$\frac{M7}{h6}$	▽ $\frac{N7}{h6}$	▽ $\frac{P7}{h6}$	$\frac{R7}{h6}$	▽ $\frac{S7}{h6}$	$\frac{T7}{h6}$	▽ $\frac{U7}{h6}$				

续表

基准轴	孔																				
	A	B	C	D	E	F	G	H	JS	K	M	N	P	R	S	T	U	V	X	Y	Z
	间隙配合								过渡配合				过盈配合								
h7					$\dfrac{E8}{h7}$	▼ $\dfrac{F8}{h7}$		▼ $\dfrac{H8}{h7}$	$\dfrac{JS8}{h7}$	$\dfrac{K8}{h7}$	$\dfrac{M8}{h7}$	$\dfrac{N8}{h7}$									
h8				$\dfrac{D8}{h8}$	$\dfrac{E8}{h8}$	$\dfrac{F8}{h8}$		$\dfrac{H8}{h8}$													
h9				▼ $\dfrac{D9}{h9}$	$\dfrac{E9}{h9}$	$\dfrac{F9}{h9}$		▼ $\dfrac{H9}{h9}$													
h10				$\dfrac{D10}{h10}$				$\dfrac{H10}{h10}$													
h11	$\dfrac{A11}{h11}$	$\dfrac{B11}{h11}$	▼ $\dfrac{C11}{h11}$	$\dfrac{D11}{h11}$				▼ $\dfrac{H11}{h11}$													
h12		$\dfrac{B12}{h12}$						$\dfrac{H12}{h12}$													

注：带▼的配合为优先配合。

表 1-7　　　　　　　　基孔制优先、常用配合

基准孔	轴																				
	a	b	c	d	e	f	g	h	js	k	m	n	p	r	s	t	u	v	x	y	z
	间隙配合								过渡配合				过盈配合								
H6						$\dfrac{H6}{f5}$	$\dfrac{H6}{g5}$	$\dfrac{H6}{h5}$	$\dfrac{H6}{js5}$	$\dfrac{H6}{k5}$	$\dfrac{H6}{m5}$	$\dfrac{H6}{n5}$	$\dfrac{H6}{p5}$	$\dfrac{H6}{r5}$	$\dfrac{H6}{s5}$	$\dfrac{H6}{t5}$					
H7						▼ $\dfrac{H7}{f6}$	$\dfrac{H7}{g6}$	▼ $\dfrac{H7}{h6}$	$\dfrac{H7}{js6}$	$\dfrac{H7}{k6}$	$\dfrac{H7}{m6}$	▼ $\dfrac{H7}{n6}$	▼ $\dfrac{H7}{p6}$	$\dfrac{H7}{r6}$	$\dfrac{H7}{s6}$	$\dfrac{H7}{t6}$	▼ $\dfrac{H7}{u6}$	$\dfrac{H7}{v6}$	$\dfrac{H7}{x6}$	$\dfrac{H7}{y6}$	$\dfrac{H7}{z6}$
H8					▼ $\dfrac{H8}{e7}$	$\dfrac{H8}{f7}$	▼ $\dfrac{H8}{g7}$	▼ $\dfrac{H8}{h7}$	$\dfrac{H8}{js7}$	$\dfrac{H8}{k7}$	$\dfrac{H8}{m7}$	$\dfrac{H8}{n7}$	▼ $\dfrac{H8}{p7}$	$\dfrac{H8}{r7}$	$\dfrac{H8}{s7}$	$\dfrac{H8}{t7}$	$\dfrac{H8}{u7}$				
H8				$\dfrac{H8}{d8}$	$\dfrac{H8}{e8}$	$\dfrac{H8}{f8}$		$\dfrac{H8}{h8}$													
H9			$\dfrac{H9}{c9}$	▼ $\dfrac{H9}{d9}$	$\dfrac{H9}{e9}$	$\dfrac{H9}{f9}$		▼ $\dfrac{H9}{h9}$													
H10			$\dfrac{H10}{c10}$	$\dfrac{H10}{d10}$				$\dfrac{H10}{h10}$													
H11	$\dfrac{H11}{a11}$	$\dfrac{H11}{b11}$	▼ $\dfrac{H11}{c11}$	$\dfrac{H11}{d11}$				▼ $\dfrac{H11}{h11}$													
H12		$\dfrac{H12}{b12}$						$\dfrac{H12}{h12}$													

注：1. H6/n5、H7/p6 在基本尺寸小于或等于 3mm 和 H8/r7 在小于或等于 100mm 时，为过渡配合。

2. 标注▼的配合为优先配合。

1.2.5　线性尺寸的一般公差

一般公差是车间在普通条件下，机床设备可保证的公差。采用一般公差的尺寸，在图样上只标注其基本尺寸，不直接标出其极限偏差值。线性尺寸的一般公差主要用于较低精度的非配合尺寸。当功能上允许的公差等于或大于一般公差时，均应采用一般公差。线性尺寸的一般公差一般可不检验。

尽管只标注了基本尺寸，没有标注极限偏差，不能理解为没有公差要求，其极限偏差应按"未注公差"标准选取。

GB/T 1804—2009 规定了线性尺寸的一般公差等级和极限偏差。一般公差等级分为 4 级：f、m、c 和 v，极限偏差全部采用对称偏差值，相应的极限偏差如表 1-8 所示。

表 1-8　　　　　　线性尺寸的一般公差（摘自 GB/T 1804—2009）　　　　　　单位：mm

公差等级	尺寸分段							
	0.5～3	>3～6	>6～30	>30～120	>120～400	>400～1 000	>1 000～2 000	>2 000～4 000
f（精密级）	±0.05	±0.05	±0.1	±0.15	±0.2	±0.3	±0.5	—
m（中等级）	±0.1	±0.1	±0.2	±0.3	±0.5	±0.8	±1.2	±2
c（粗糙级）	±0.2	±0.3	±0.5	±0.8	±1.2	±2	±3	±4
v（最粗级）	—	±0.5	±1	±1.5	±2.5	±4	±6	±8

选择时，应考虑车间通常的加工精度来选取公差等级。采用一般公差的尺寸，在图样上、技术文件或标注中，用标准号和公差等级符号表示。

例如，选用中等级时，表示为 GB/T 1804—m。

1.3　尺寸公差与配合的选用

在设计产品时，选用尺寸公差与配合是必不可少的重要环节，也是确保产品质量、性能和互换性达到规定要求的一项很重要的工作。极限与配合的选用包括配合制、公差等级和配合种类的选择。这 3 个方面既是分别选取，又是相互关联和制约的。设计选用极限与配合的原则是：在满足使用要求的前提下，获得最佳的技术和经济效益。

配合的选择方法有 3 种：类比法、计算法和实验法。类比法就是通过对类似的机器、部件进行调查、研究、分析和对比后，根据前人的经验来选取公差与配合，是目前应用最多的一种方法。计算法是按照一定的理论和公式来确定需要的间隙或过盈，这种方法虽然麻烦，但比较科学，只是有时将条件理论化、简单化了，使得计算结果不完全符合实际。实验法是通过实验或统计分析来确定间隙或过盈，这种方法合理、可靠，但成本很高，只用于重要产品的配合。

1.3.1 配合制的选用

选用配合制时，应主要从零件的结构、工艺、经济等方面来综合考虑。

1. 基孔制配合——优先选用

优先选用基孔制主要是从经济性方面考虑的，同时兼顾到功能、结构、工艺等方面的要求。由于选择基孔制配合的零、部件生产成本低，经济效益好，因而基孔制配合被广泛使用。选用基孔制配合的具体理由如下。

（1）工艺方面：加工中等尺寸的孔，通常需要采用价格较贵的扩孔钻、铰刀、拉刀等定值刀具，而且一种刀具只能加工一种尺寸的孔。而加工轴则不同，一把车刀或砂轮可加工不同尺寸的轴。

（2）测量方面：一般中等精度孔的测量，必须使用内径百分表，由于调整和读数不易掌握，测量时需要有一定水平的测试技术。而测量轴则不同，可以采用通用量具（卡尺或千分尺），测量非常方便且读数也容易掌握。

2. 基轴制配合——特殊场合选用

在有些情况下，采用基轴制配合更为合理。

（1）直接采用冷拉棒料做轴，其表面不需要再进行切削加工，同样可以获得明显的经济效益。由于这种原材料具有一定的尺寸、形位、表面粗糙度精度，在农业、建筑、纺织机械中常用。

（2）有些零件由于结构上的需要，采用基轴制更合理。图 1-17（a）所示为活塞连杆机构，根据使用要求，活塞销轴与活塞孔采用过渡配合，而连杆衬套与活塞销轴则采用间隙配合。若采用基孔制，如图 1-17（b）所示，活塞销轴将加工成台阶形状，活塞销两头直径大于连杆衬套孔直径，要挤过衬套孔壁不仅困难，而且要刮伤孔的表面。另外，这种阶梯形的活塞销比无阶梯的活塞销加工困难，工艺复杂，经济效益差；而采用基轴制配合，如图 1-17（c）所示，活塞销轴可制成光轴，这种选择不仅有利于轴的加工，降低加工成本，而且能够保证合理的装配质量。

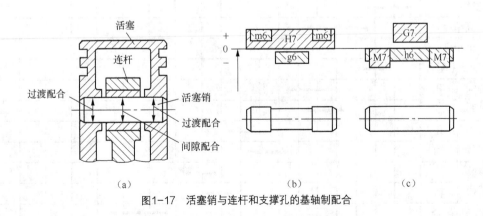

图1-17 活塞销与连杆和支撑孔的基轴制配合

3. 依据标准件选择配合制

当设计的零件需要与标准件配合时，应根据标准件来确定基准制配合。例如，与滚动轴承内

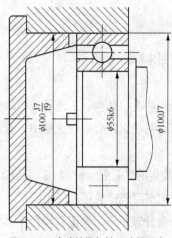

图1-18　滚动轴承与轴、孔的配合

圈配合的轴，应该选用基孔制；而与滚动轴承外圈配合的孔，则宜选用基轴制。轴承配合的标注如图 1-18 所示，与孔、轴配合的标注区别在于它仅标注非标准件的公差带。

4．非基准制配合——需要时选用

为了满足某些配合的特殊需要，国家标准允许采用任一孔、轴公差带组成的配合，即非基准制配合。如图 1-17 所示，由于滚动轴承与孔的配合已选定孔的公差带为 $\phi100J7$，轴承盖与孔的配合，定心精度要求不高，因而其配合应选用间隙配合 $\phi100J7/f9$。

1.3.2　公差等级的选用

公差等级的选择原则是，在满足使用要求的前提下，尽可能地选用较低的公差等级，以便很好地解决机器零件的使用要求与制造工艺及成本之间的矛盾。

选择公差等级可用类比法、计算法和试验法 3 种方法。实际应用中，通常采用类比法，试验法一般用于新产品或特别重要配合的选择，很少采用。

类比法是指借鉴使用效果良好的同类产品的技术资料或参考有关资料并加以分析，以确定孔、轴的公差等级。用类比法选择公差等级时，应掌握公差等级的主要应用范围和各种加工方法所能达到的公差等级。表 1-9 列出了各种公差等级的应用范围。

表 1-9　　　　　　　　　　各种公差等级的应用范围

应用场合		公差等级 IT																	
		01	0	1	2	3	4	5	6	7	8	9	10	11	12	13	14	15	16	17	18
量块		—	—	—															
量规	高精度			—	—	—	—												
	低精度							—	—	—									
配合尺寸	个别精密配合		—	—	—														
	特别重要 孔					—	—	—											
	轴				—	—	—	—											
	精密配合 孔								—	—	—								
	轴							—	—	—									
	中等精密 孔									—	—	—							
	轴									—	—	—							
	低精度配合												—	—	—				
非配合尺寸														—	—	—	—	—	—	—
原材料尺寸										—	—	—	—	—	—				

表 1-10 为各种加工方法所能达到的公差等级。

表 1-10 各种加工方法所能达到的公差等级

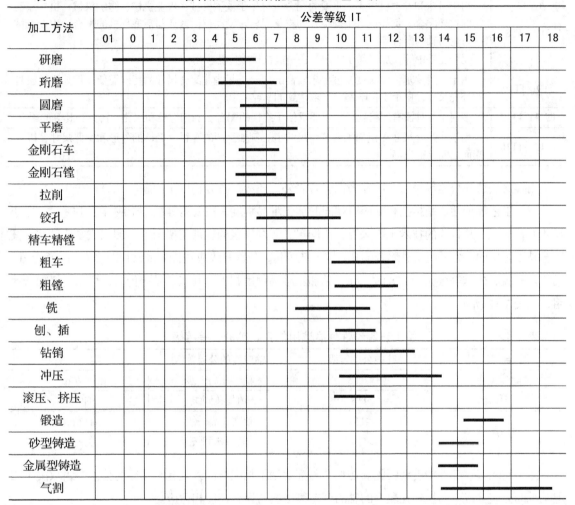

表 1-11 为公差等级的主要应用范围。

表 1-11 公差等级的主要应用范围

公差级	主要应用实例
IT01～IT1	一般用于精密标准量块。IT1 也用于检验 IT6 和 IT7 级轴用量规的校对量规
IT2～IT7	用于检验工件 IT5～IT16 的量规的尺寸公差
IT3～IT5（孔为 IT6）	用于精度要求很高的重要配合，例如机床主轴与精密滚动轴承的配合、发动机活塞销与连杆孔和活塞孔的配合。 配合公差很小，对加工要求很高，应用较少
IT6（孔为 IT7）	用于机床、发动机和仪表中的重要配合。例如机床传动机构中的齿轮与轴的配合，轴与轴承的配合，发动机中活塞与汽缸、曲轴与轴承、气阀杆与导套的配合等。 配合公差较小，一般精密加工能够实现，在精密机械中广泛应用

续表

公差级	主要应用实例
IT7，IT8	用于机床和发动机中不太重要的配合，也用于重型机械、农业机械、纺织机械、机车车辆等的重要配合。例如机床上操纵杆的支承配合、发动机活塞环与活塞环槽的配合、农业机械中齿轮与轴的配合等。 配合公差中等，加工易于实现，在一般机械中广泛应用
IT9，IT10	用于一般要求，或长度精度要求较高的配合。某些非配合尺寸的特殊需要，例如飞机机身的外壳尺寸，由于质量限制，要求达到IT9或IT10
IT11，IT12	多用于各种没有严格要求，只要求便于连接的配合。例如螺栓和螺孔、铆钉和孔等的配合
IT13～IT18	用于非配合尺寸和粗加工的工序尺寸上。例如手柄的直径、壳体的外形和壁厚尺寸，以及端面之间的距离等

用类比法选择公差等级时，除参考以上各表外，还应注意分析以下问题。

（1）工艺等价性。是指孔和轴应有相同的加工难易程度。在公差等级小于或等于1T8时，中小尺寸的孔加工，从目前的技术水平来看，比同尺寸、同等级的轴加工要困难，加工成本要高些，其工艺是不等价的。为了使组成配合的孔、轴工艺等价，公差等级应按优先或常用配合选用，而且孔、轴相差一级。公差等级大于IT8时，孔、轴加工难易程度相当，其工艺是等价的，可以同级配合使用，如表1-12所示。

表 1-12　　　　　　　按工艺等价性性质选用的孔、轴的公差等级

配合类别	孔的公差等级	轴应选的公差等级	实　例
间隙配合	≤IT8	轴比孔高一级	H7/f6
过渡配合	>IT8	轴与孔同级	H9/f9
过盈配合	≤IT7	轴比孔高一级	H7/p6
	>IT7	轴与孔同级	H8/s8

（2）相配零、部件精度要匹配。例如，与滚动轴承相配合的外壳孔和轴径的公差等级取决于相配轴承的公差等级，与齿轮孔配合的轴的公差等级要与齿轮精度相适应。

（3）非基准制配合的特殊情况。在非基准制配合中，有的零件精度要求不高，可与相配零部件的公差等级差2～3级。

计算法是指根据一定的理论和计算公式计算后，再根据极限和配合的标准来确定合理的公差等级。计算法选择公差等级的方法见1.3.3中【例1-7】。

1.3.3　配合的选用

通过前面配合制和公差等级的选择，确定了基准件的公差带以及相应的非基准件公差带的大小，因此，配合种类的选择实质上就是确定配合的种类和确定非基准件的基本偏差代号。

1. 确定配合的种类

当孔、轴有相对运动要求时，选择间隙配合；当孔、轴无相对运动时，应根据具体工作条件的不同，确定过盈（用于传递扭矩）、过渡（主要用于精确定心）配合。配合类别适用的具体场合如下。

（1）具有相对运动的场合。有时利用容易装卸的特点，用于各种静止连接，这时需要加紧固件。

（2）过渡配合主要用于精确定心，配合件间无相对运动、可拆卸的静连接。要传递扭矩时，需要加紧固件。

（3）过盈配合主要用于配合件间无相对运动、不可拆卸的静连接。当过盈量较小时，只作精确定心用，要传递扭矩时，须加紧固件；当过盈量较大时，可直接用于传递扭矩。

确定配合类别后，首先应尽可能地选用优先配合，其次是常用配合，再次是一般配合，最后若仍不能满足要求，则可以选择其他任意的配合。

2. 确定非基准件的基本偏差

配合类别确定后，基本偏差的选择有 3 种方法，也包括类比法、计算法和试验法。

（1）计算法。该方法是根据配合的性能要求，由理论公式计算出所需的极限间隙或极限过盈。如滑动轴承需要根据机械零件中的液体润滑摩擦公式，计算出保证液体润滑摩擦的最大、最小间隙。过盈配合须按材料力学中的弹性变形、许用应力公式，计算出最大、最小过盈，使其既能传递所需力矩，又不至于破坏材料。由于影响间隙和过盈的因素很多，理论计算也只是近似的，因此在实际应用中，还须经过试验来确定，一般情况下，较少使用计算法。

（2）试验法。用试验的方法来确定满足产品工作性能的间隙和过盈的范围，该方法主要用于特别重要的配合。试验法根据数据显示，使用比较可靠，但周期长、成本高，应用范围较小。

（3）类比法。参照同类型机器或结构中经过长期生产实践验证的配合，再结合所设计产品的使用要求和应用条件来确定配合，该方法应用最广泛。

用类比法选择配合，要着重掌握各种配合的特性和应用场合，尤其是对国家标准所规定的常用与优先配合的特点要熟悉。表 1-13 所示为按基孔制配合的轴的基本偏差或按基轴制配合的孔的基本偏差的特性和应用。

表 1-13　　　　　　　　　　　　　基本偏差的特性与应用

配合	基本偏差	特点及应用实例
间隙配合	a（A） b（B）	可得到特别大的间隙，应用很少，主要用于工作时温度高、热变形大的零件的配合，如发动机活塞与缸套的配合为 H9/a9
	c（C）	可得到很大的间隙，一般用于工作条件较差（如农业机械）、工作时受力变形大及装配工艺性不好的零件的配合，也适用于高温工作的间隙配合，如内燃机排气阀杆与导管的配合为 H8/c7
	d（D）	与 IT7～IT11 对应，适用于较松的间隙配合（如滑轮、空转的带轮与轴的配合），以及大尺寸滑动轴承与轴颈的配合（如涡轮机、球磨机等的滑动轴承）。活塞环与活塞槽的配合可用 H9/d9
	e（E）	与 IT6～IT9 对应，具有明显的间隙，用于大跨距及多支点的转轴与轴承的配合，以及高速、重载的大尺寸轴与轴承的配合，如大型电机、内燃机的主要轴承处的配合为 H8/e7
	f（F）	多与 IT6～IT8 对应，用于一般转动的配合，受温度影响不大，采用普通润滑油的轴与滑动轴承的配合，如齿轮箱、小电动机、泵等的转轴与滑动轴承的配合为 H7/f6

续表

配合	基本偏差	特点及应用实例
间隙配合	g（G）	多与 IT5、IT6、IT7 对应，形成配合的间隙较小，用于轻载精密装置中的转动配合，用于插销的定位配合，滑阀、连杆销等处的配合，钻套孔多用 G
	h（H）	多与 IT4～IT11 对应，广泛用于无相对转动的配合、一般的定位配合。若没有温度、变形的影响，也可用于精密滑动轴承，如车床尾座孔与滑动套筒的配合为 H6/h5
过渡配合	js（JS）	多用于 IT4～IT7 具有平均间隙的过渡配合，用于略有过盈的定位配合，如联轴节、齿圈与轮毂的配合，滚动轴承外圈与外壳孔的配合多用 JS7。一般用木槌装配
	k（K）	多用于 IT4～IT7 平均间隙接近零的配合，用于定位配合，如滚动轴承的内、外圈分别与轴颈、外壳孔的配合。用木槌装配
	m（M）	多用于 IT4～IT7 平均过盈较小的配合，用于精密定位的配合，如蜗轮的青铜缘与轮毂的配合为 H7/m6
	n（N）	多用于 IT4～IT7 平均过盈较大的配合，很少形成间隙，用于加键传递较大扭矩的配合，如冲床上齿轮与轴的配合。用槌子或压力机装配
过盈配合	p（P）	用于小过盈配合，与 H6 或 H7 的孔形成过盈配合，而与 H8 的孔形成过渡配合。碳钢和铸铁制零件形成的配合为标准压入配合，如绞车的绳轮与齿圈的配合为 H7/p6。合金钢制零件的配合需要小过盈时，可用 p 或 P
	r（R）	用于传递大扭矩或受冲击负荷而需要加键的配合，如蜗轮与轴的配合为 H7/r6。H8/r8 的配合在基本尺寸小于 100mm 时，为过渡配合
	s（S）	用于钢和铸件零件的永久性和半永久性结合，可产生相当大的结合力，如套环压在轴、阀座上用 H7/56 配合
	t（T）	用于钢和铸件零件的永久性结合，不用键可传递扭矩，须用热套法或冷轴法装配，如联轴节与轴的配合为 H7/t6
过盈配合	u（U）	用于大过盈配合，最大过盈须验算。用热套法进行装配。如火车轮毂和轴的配合为 H6/u5
	v（V）x（X）y（Y）z（Z）	用于特大过盈配合，目前使用的经验和资料很少。须经试验后才能应用。一般不推荐

配合类别确定后，再参考表 1-14 优先配合选用说明，进一步类比并确定具体的配合代号。

表 1-14　　　　　　　　　优先配合选用说明

优先配合		说　　明
基孔制	基轴制	
$\dfrac{H11}{c11}$	$\dfrac{C11}{h11}$	间隙非常大，用于很松的、转动很慢的动配合；要求大公差与大间隙的外露组件；要求装配方便的、很松的配合
$\dfrac{H9}{d9}$	$\dfrac{D9}{h9}$	间隙很大的自由转动配合，用于精度非主要要求时或有大的温度变化、高转速或大的轴颈压力时。
$\dfrac{H8}{f7}$	$\dfrac{F8}{h7}$	间隙不大的转动配合，用于中等转速与中等轴颈压力的精确转动；也用于装配较易的中等定位配合
$\dfrac{H7}{g6}$	$\dfrac{G7}{h6}$	间隙很小的滑动配合，用于不希望自由转动，但可自由移动和滑动，并精密定位时；也可用于要求明确的定位配合

续表

优先配合		说　明
基孔制	基轴制	
$\frac{H7}{h6}$	$\frac{H7}{h6}$	均为间隙定位配合，零件可自由装拆，而工作时一般相对静止不动，在最大实体条件下的间隙为零，在最小实体条件下间隙由公差等级决定
$\frac{H8}{h7}$	$\frac{H8}{h7}$	
$\frac{H9}{h9}$	$\frac{H9}{h9}$	
$\frac{H11}{h11}$	$\frac{H11}{h11}$	
$\frac{H7}{k6}$	$\frac{K7}{h6}$	过渡配合，用于精密定位
$\frac{H7}{n6}$	$\frac{N7}{h6}$	过渡配合，允许有较大过盈的更精密定位
$\frac{H7}{p6}$	$\frac{P7}{h6}$	过盈定位配合，即小过盈配合，用于定位精定特别重要时，能以最好的定位精度达到部件的刚性及对中性要求，而对内孔承受压力无特殊要求，不依靠配合的紧固性传递摩擦负荷
$\frac{H7}{s6}$	$\frac{S7}{h6}$	中等压入配合，适用于一般钢件，或用于薄壁件的冷缩配合，用于铸铁可得到最紧的配合
$\frac{H7}{u6}$	$\frac{U7}{h6}$	压入配合，适用于可以承受高压入力的零件，或不宜承受大压入力的冷缩配合

当工作条件有变化时，可参考表1-15调整间隙或过盈的大小。

3．计算法选择配合的应用

若相互配合的两零件的过盈量或间隙量确定后，可以通过计算并查表选定其配合。根据极限间隙或极限过盈确定配合的步骤如下。

（1）基准制的选择。首先确定基准制，并根据极限间隙或极限过盈（已知）计算配合公差。

表1-15　　　　　　　　调整间隙或过盈的大小

具体情况	过盈增或减	间隙增或减	具体情况	过盈增或减	间隙增或减
材料强度小	减	—	装配时可能歪斜	减	增
经常拆卸	减	—	旋转速度增高	增	增
有冲击载荷	增	减	有轴向运动	—	增
工作时孔温高于轴温	增	减	润滑油黏度增大	—	增
工作时轴温高于孔温	减	增	表面趋向粗糙	增	减
配合长度增大	减	增	单件生产相对于成批生产	减	增
配合面形状和位置误差增大	减	增			

（2）公差等级的选择。根据配合公差，查表选取孔、轴的公差等级，计算基准件的极限偏差。

（3）按公式计算非基准件的基本偏差值，反查表确定非基准件的偏差代号及配合代号。

（4）验算结果。将极限间隙或极限过盈的计算结果与已知条件比较，如不一致，返至（3）、（4）步骤重新计算。

下面以一例题说明如何应用计算法选择配合。

【例1-7】　设有公称尺寸为 ϕ30 mm 的孔、轴配合，要求配合间隙为(+0.020)mm～(+0.074)mm，试确定其配合。

解：（1）一般情况下，无特殊要求，优选基孔制，确定基准孔的偏差代号为 H。

（2）配合公差的选择。要求的配合公差 $T_f' = |X_{max} - X_{min}| = (0.074 - 0.020)$mm=0.054 mm。

查表1-1，并根据工艺等价原则和配合公差的计算公式 $T_f = T_h + T_s$，确定孔、轴的公差等级 IT8 = 0.033 mm，IT7 = 0.021 mm。若孔为 IT8，轴为 IT7，则 $T_f = (0.033 + 0.021)$mm= 0.054 mm，等于给定的配合公差 T_f'，故选择合适。若选择孔、轴的公差等级都为 IT7，则 $T_f = 2 \times 0.021$mm= 0.042 mm，小于给定的配合公差 T_f'，也满足要求。但是孔轴同级时孔加工难度加大，成本一定会提高，故不选孔轴同级。因此最佳选择是孔为 IT8，轴为 IT7。

因采用基孔制，故孔的公差带代号为 $\phi30$H8($^{+0.033}_{0}$)。

（3）计算基本偏差值。因为 X_{min}= EI−es，又选择基孔制 EI=0，es=−X_{min}=− (+0.020)mm=−0.020mm，故轴的基本偏差值为 es =−0.020 mm。

确定基本偏差代号。反查表1-4，轴的基本偏差为 f，即上极限偏差 es =−0.020 mm，轴的下极限偏差 ei=es−IT7=(−0.020 − 0.021)mm = −0.041 mm。

则轴的公差带代号为 $\phi30$f7($^{-0.020}_{-0.041}$)，配合公差带代号为 $\phi30\dfrac{H8}{f7}$。

（4）验算。由以上结果可知，孔$\phi30$H8($^{+0.033}_{0}$)，轴$\phi30$f7($^{-0.020}_{-0.041}$)，计算得：$X_{max} = + 0.074$ mm= X_{max}'，$X_{min} = + 0.020$ mm= X_{min}'。

经校核，满足设计要求。

小结

本章是本门课程的基础，主要讲述了国家标准，包括公差、偏差和配合的基本规定，标准公差和基本偏差数值表。对于公差与配合的基本术语及定义，必须牢固地掌握，并能熟练计算。标准公差和基本偏差系列是公差标准的核心，也是本章的重点。根据生产实际需要，国家标准推荐了一般、常用和优先公差配合。公差与配合的选用是本章的难点，选用时需要有一定的生产经验。本章介绍了公差与配合选用的基本方法、原则和典型实例。

1．填空题

（1）以加工形成的结果区分孔和轴：在切削过程中尺寸由大变小的是＿＿＿＿＿，在切削过程中尺寸由小变大的是＿＿＿＿＿。

（2）零件的尺寸合格时，其提取组成要素的局部尺寸应在＿＿＿＿＿和＿＿＿＿＿之间。

（3）尺寸公差是允许尺寸的＿＿＿＿＿，因此公差值前不能有＿＿＿＿＿。

（4）尺寸公差带的两个要素是＿＿＿＿＿和＿＿＿＿＿。

（5）孔的尺寸减去相配轴的尺寸之差为＿＿＿＿＿时是间隙，＿＿＿＿＿时是过盈。

（6）孔和轴的公差等级各分为 20 个等级，其中精度最低的代号为＿＿＿＿＿。

（7）孔轴之间有相对运动，定心精度较高，应选择＿＿＿＿＿的配合。

（8）公差值随基本尺寸的增大而＿＿＿＿＿。

（9）$\phi 20^{+0.006}_{-0.015}$ 轴的基本偏差为＿＿＿＿＿mm。

（10）标准公差数值由两个因素决定，它们是＿＿＿＿＿和＿＿＿＿＿。

（11）在公称尺寸相同的情况下，公差等级越高，公差值＿＿＿＿＿。

（12）国家标准设置了＿＿＿＿＿个标准公差等级，其中＿＿＿＿＿级精度最高，＿＿＿＿＿级精度最低。

（13）局部尺寸是＿＿＿＿＿得到的尺寸。

（14）当 EI−es≥0，此配合必为＿＿＿＿＿配合，当 ES−ei≤0，此配合必为＿＿＿＿＿配合。

（15）公称尺寸是＿＿＿＿＿的尺寸。

2．判断题

（1）某一零件的实际要素正好等于其公称尺寸，则该尺寸必然合格。

（2）公称尺寸必须小于或等于上极限尺寸，而大于或等于下极限尺寸。

（3）只要孔和轴装配在一起，就必然形成配合。

（4）尺寸公差通常为正值，极个别情况下也可以为负值或零。

（5）代号 JS 和 js 形成的公差带为完全对称公差带，故其上、下极限偏差也相等。

（6）$\phi 15N6$、$\phi 15N7$、$\phi 15N8$ 的上极限偏差是相等的，只是它们的下极限偏差各不相同。

3．简答题

（1）什么是公称尺寸、极限尺寸和实际尺寸？它们之间有何区别和联系？

（2）什么是公差？什么是基本偏差？公差与偏差有何区别和联系？

（3）如何选择尺寸公差等级和确定配合类别？确定非基准件基本偏差的方法有哪些？

（4）国标中规定了几种配合制（基准制）？配合制应如何选择？

（5）线性尺寸的一般公差的含义是什么？包括哪几个公差等级？

4．应用题

（1）根据表 1-16 中的数据，填写该表空格中的内容。

表 1-16

基本尺寸（mm）	孔			轴			X_{max} 或 Y_{min}	X_{min} 或 Y_{max}	平均间隙/过盈	配合公差 T_f	配合性质
	ES	EI	T_h	es	ei	T_s					
$\phi18$		0				0.010		−0.012	+0.0025		
$\phi30$		0				0.021	+0.094		+0.067		
$\phi80$			0.046	+0.011				−0.011	+0.027		

（2）使用标准公差和基本偏差值表，查出下列公差带的上、下极限偏差。

$\phi36k7$　　　　$\phi280m7$　　　　$\phi55P7$　　　　$\phi70h11$

$\phi42JS7$　　　　$\phi25N6$　　　　$\phi120v7$　　　　$\phi70s6$

（3）说明下列配合代号所表示的配合制、公差等级和配合类别，并计算其极限间隙或极限过盈，画出其尺寸公差带图。

（1）$\phi40H7/f6$　　　（2）$\phi80S9/h9$　　　（3）$\phi100G7/h6$　　　　（4）$\phi25P7/h6$

（4）已知公称尺寸为 $\phi80$ mm 的一对孔、轴配合，要求过盈在 (−0.025)～(−0.110)mm 之间，采用基孔制，试确定孔、轴的公差带代号。

（5）已知公称尺寸为 $\phi25$ mm 的一对孔、轴配合，为保证拆装方便和定心的要求，其最大间隙和最大过盈均不超过 0.020 mm，采用基孔制，试确定孔、轴的公差带代号。

（6）已知 3 对配合的孔、轴公差带为：

孔公差带　　　　　　$\phi25^{+0.021}_{0}$　　　　　$\phi25^{+0.021}_{0}$　　　　　$\phi25^{+0.021}_{0}$

轴公差带　　　　　　$\phi25^{-0.020}_{-0.033}$　　　$\phi25\pm0.006\,5$　　　$\phi25^{0}_{-0.013}$

当公称尺寸为 $\phi25$ mm 时，f 的基本偏差为−20μm，IT7=21μm，IT6=13μm，试写出上述配合代号；指出 3 种配合的异同。

Chapter 2

第2章

| 几何公差 |

【学习目标】

1. 理解几何误差的基本概念及其对零件使用性能的影响。
2. 掌握几何公差项目及几何公差带形状。
3. 掌握几何公差的图样标注。
4. 掌握公差原则。

由于机床夹具、刀具及工艺操作水平等因素的影响，零件经过机械加工后，不仅有尺寸误差，而且构成零件几何特征的点、线、面的实际形状和相互位置与理想几何体规定的形状和相互位置还不可避免地存在差异。这种形状上的差异就是形状误差，而相互位置的差异就是位置误差，统称为几何误差。

零件在加工过程中，形状和位置误差是不可避免的。形位误差不仅会影响机械产品的质量（如工作精度、连接强度、运动平稳性、密封性、耐磨性、噪声和使用寿命等），还会影响零件的互换性。例如，圆柱表面的形状误差，在间隙配合中会使间隙大小分布不均，造成局部磨损加快，从而降低零件的使用寿命；平面的形状误差，会减少配合零件的实际接触面积，增大单位面积压力，从而增加变形。再如，轴承盖上螺钉孔的位置不正确（属位置误差），会使螺钉装配不上；在齿轮传动中，两轴承孔的轴线平行度误差（也属位置误差）过大，会降低轮齿的接触精度，影响使用寿命。

为了满足零件的使用要求，保证零件的互换性和制造的经济性，设计时不仅要控制尺寸误差，还必须合理控制零件的几何误差，即对零件规定形状和位置公差。根据 GB/T 1182—2008《产品几何技术规范（GPS）几何公差通则定义符号和图样表示法》，形位公差已改为新术语几何公差。

广义上讲，GPS 标准中的"几何公差"包含尺寸公差、形状与位置公差和表面结构 3 部分内容。但本章所涉及的 GPS 标准将"几何公差"限定在形状、方向、位置和跳动公差的范围内，即以前的"形状与位置公差"。因此这里的"几何公差"均指"形状与位置公差"。

我国根据 ISO 1101 制定了有关形位公差的国家标准有以下几个。

GB/T1182—2008《产品几何技术规范（GPS）几何公差　形状、方向、位置和跳动公差标注》

（代替 GB/T 1182—1996）。

GB/T 1184—1996《形状和位置公差　未注公差值》。

GB/T 4249—2009《产品几何技术规范（GPS）公差原则》（代替 GB/T 4249—1996）。

GB/T 16671—2009《产品几何技术规范（GPS）几何公差　最大实体要求、最小实体要求和可逆要求》（代替 GB/T 16671—1996）。

GB/T 1785—1200X《产品几何技术规范（GPS）几何公差　基准和基准体系》。

概述

2.1.1　几何要素及其分类

任何零件都是由点、线、面构成的，几何公差的研究对象就是构成零件几何特征的点、线、面，统称为几何要素，简称要素。图 2-1 所示的零件，可以分解成球面、球心、中心线、圆锥面、端平面、圆柱面、圆锥顶点（锥顶）、素线和轴线等要素。

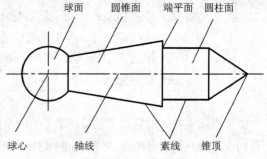

图2-1　零件几何要素

1. 组成要素与导出要素

（1）组成要素。其是实有定义的面或面上的线。实质是构成零件几何外形，能直接被人们所感觉到的线、面。组成要素可以是理想的或非理想的几何要素，在新标准中，用组成要素取代了旧标准中的"轮廓要素"。如图 2-1 所示圆柱面、端平面、素线。

（2）导出要素。由一个或几个组成要素得到的中心点、中心线或中心面。实质是组成要素对称中心所表示的点、线、面。导出要素是对组成要素进行一系列操作而得到的要素，它不是工件实体上的要素。在新标准中用导出要素取代了旧标准中的"中心要素"。如图 2-1 所示球心、轴线。

在新标准中，组成要素与导出要素还可与其他要素进行组合，得到如表 2-1 所示的要素的分类。

表 2-1　　　　　　　　　　　新标准中的要素分类

新标准中的要素分类	公称要素	实际要素	提取要素	拟合要素
组成要素（轮廓要素）	公称组成要素	实际组成要素	提取组成要素	拟合组成要素
导出要素（中心要素）	公称导出要素	—	提取导出要素	拟合导出要素

① 公称组成要素与公称导出要素。

● 公称组成要素。由技术制图或其他方法确定的理论正确组成要素，如图 2-2（a）所示。

● 公称导出要素。由一个或几个公称组成要素导出的中心点、轴线或中心平面，如图 2-2（a）所示。

② 实际（组成）要素。

● 工件实际表面。实际存在并将整个工件与周围介质分隔的一组要素。

● 实际（组成）要素。由接近实际（组成）要素所限定的工件实际表面的组成要素部分。如图 2-2（b）所示。

实际（组成）要素是实际存在并将整个工件与周围介质分隔的要素。它由无数个连续点构成，为非理想要素。

③ 提取组成要素与提取导出要素。

● 提取组成要素。按规定方法，由实际（组成）要素提取有限数目的点所形成的实际（组成）要素的近似替代，如图 2-2（c）所示。

● 提取导出要素。由一个或几个提取组成要素得到的中心点、中心线或中心面，如图 2-2（c）所示。

提取（组成、导出）要素是根据特定的规则，通过对非理想要素提取有限数目的点得到的近似替代要素，为非理想要素。

提取时的替代（方法）由要素所要求的功能确定。每个实际（组成）要素可以有几个这种替代。

④ 拟合组成要素与拟合导出要素。

● 拟合组成要素。按规定方法由提取组成要素形成的并具有理想形状的组成要素，如图 2-2（d）所示。

● 拟合导出要素。由一个或几个拟合组成要素导出的中心点、轴线或中心平面，如图 2-2（d）所示。

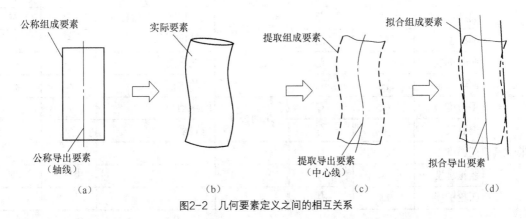

图2-2 几何要素定义之间的相互关系

拟合（组成、导出）要素是按照特定规则，以理想要素尽可能地逼近非理想要素而形成的替代要素，拟合要素为理想要素。在新标准中用拟合要素替代旧标准中的"理想要素"。

2．单一要素与关联要素

（1）单一要素。在设计图样上仅对其本身给出形状公差的要素，也就是只研究确定其形状误差的要素，称为单一要素。如图 2-2 所示零件的外圆为单一要素，研究圆度误差。

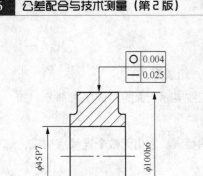

图2-3　单一要素与关联要素

（2）关联要素。对其他要素有功能关系的要素，或在设计图样上给出了位置公差的要素，也就是研究确定其位置误差的要素，称为关联要素。如图 2-3 所示零件的右端面作为关联要素研究其对左端面的平行度误差。

3．被测要素与基准要素

（1）被测要素。实际图样上给出了形状或（和）位置公差的要素，也就是需要研究确定其形状或（和）位置误差要素，称为被测要素。

（2）基准要素。具有理想形状的几何要素，用来确定被测要素的方向或（和）位置的要素，称为基准要素。通常，基准要素由设计者在图样上标注。

2.1.2　几何公差的项目及符号

为控制机器零件的形位误差，提高机器的精度和延长使用寿命，保证互换性生产，国家标准 GB/T 1182—2008《产品几何技术规范（GPS）几何公差　形状、方向、位置和跳动公差标准》相应规定了几何公差项目。其名称和符号如表 2-2 所列。

表 2-2　　　　　　　　　几何公差（形位公差）项目符号

公差类型	几何特征	符　号	基　准	公差类型	几何特征	符　号	基　准
形状公差	直线度	—	无	位置公差	位置度	⊕	有或无
	平面度	▱	无		同心度（用于中心点）	◎	有
	圆度	○	无		同轴度（用于轴线）	◎	有
	圆柱度	⌀	无		对称度	⩤	有
	线轮廓度	⌒	无		线轮廓度	⌒	有
	面轮廓度	⌓	无		面轮廓度	⌓	有
方向公差	平行度	//	有	跳动公差	圆跳动	↗	有
	垂直度	⊥	有		全跳动	↗↗	有
	倾斜度	∠	有				
	线轮廓度	⌒	有				
	面轮廓度	⌓	有				

2.1.3　几何公差的标注方法

按几何公差国家标准的规定，在图样上标注几何公差时，一般采用代号标注。无法采用代号标注时，允许在技术条件中用文字加以说明。几何公差项目的符号、框格、指引线、公差数值、基准符号以及其他有关符号构成了几何公差的代号。

1．形位公差框格与指引线

几何公差框格由 2～5 五格组成。形状公差框格一般为两格，方向、位置、跳动公差框格为两格至五格，示例如图 2-4 所示。第一格填写几何公差项目符号；第 2 格填写公差值和有关符号；第 3、4、5 格填写代表基准的字母和有关符号。

 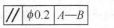 

图2-4　形位公差框格

公差框格中填写的公差值必须以 mm 为单位，当公差带形状为圆或圆柱和球形时，应分别在公差值前面加注"ϕ"和"$S\phi$"。

标注时，指引线可由公差框格的一端引出，并与框格端线垂直，为了制图方便，也允许自框格的侧边引出，如图 2-5 所示。指引线箭头指向被测要素，箭头的方向是公差带宽度方向或直径方向，如图 2-6 所示。指引线可以曲折，但一般不超过两次。

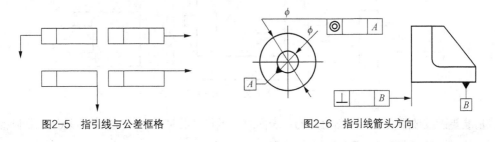

图2-5　指引线与公差框格　　　　　　图2-6　指引线箭头方向

2．被测要素

当被测要素为组成要素（轮廓要素）时，公差框格指引线箭头应指在轮廓线或其延长线上，并应与尺寸线明显地错开；当被测要素为导出要素（中心要素）时，指引线箭头应与该要素的尺寸线对齐或直接标注在轴线上，如图 2-7 所示。

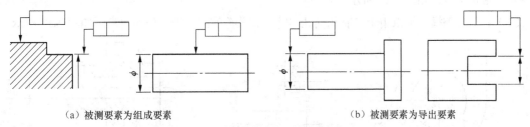

（a）被测要素为组成要素　　　　　　　　　（b）被测要素为导出要素

图2-7　指引线箭头指向被测要素位置

3．基准要素

对关联位置要素的公差必须注明基准，基准符号如图 2-8 所示。基准符号由字母、方框、涂黑的或空白的三角（两者含义相同）和细连线组成。方框内字母与公差框格中的基准字母对应。基准在公差框格中的顺序是固定的，框格第 3 格填写第一基准代号，之后依次填写第二、第三基准代号。当两个要素组成公共基准时，用横线隔开两个大写字母，并将其标注在第 3 格内，如图 2-4 所示。

代表基准的字母采用大写拉丁字母，为避免混淆，标准规定不采用 E、I、J、M、O、P、L、R、F 等字母，且无论基准符号在图样上的方向如何，方框与字母要水平书写，如图 2-8 所示。图中方框与字母的组合代号为 ISO 1101 标准中的基准符号。

　　与被测要素的公差框格指引线位置同理，当基准要素为组成要素时，基准符号应在轮廓线或其延长线上，并应与尺寸线明显地错开，如图 2-9 所示；当基准要素为导出要素时，基准符号一定要与该要素的尺寸线对齐，如图 2-10 所示。

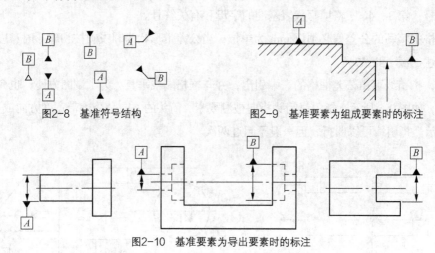

图2-8　基准符号结构　　　　　　　　　图2-9　基准要素为组成要素时的标注

图2-10　基准要素为导出要素时的标注

　　若基准要素或被测要素为视图上的局部表面时，可将基准符号（公差框格）标注在带圆点的参考线上，圆点标于基准面（被测面）上，如图 2-11 所示。

4．几何公差的简化标注

在不影响读图或引起误解的前提下，可采用简化标注方法。

（1）当同一要素有多个公差要求时，只要被测部位和标注表达方法相同，可将框格画在一起，并共用一根指引线，如图 2-12 所示。

（2）一个公差框格可以用于具有相同几何特征和公差值的若干个分离要素，如图 2-13 所示。

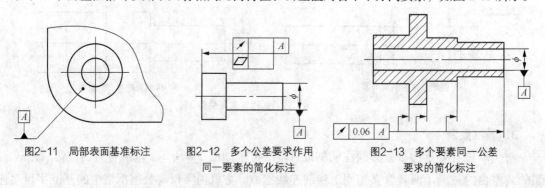

图2-11　局部表面基准标注　　图2-12　多个公差要求作用　　图2-13　多个要素同一公差
　　　　　　　　　　　　　　　　　同一要素的简化标注　　　　　　要求的简化标注

（3）当结构尺寸相同的几个要素有相同的形位公差要求时，可只对其中的一个要素标注出，并在框格上方标明。如 8 个要素，则注明"8×"或"8 槽"等，如图 2-14 所示。

5．特殊标注及附加要求

（1）当几何公差特征项目，如线（面）轮廓度的被测要素适用于横截面内的整个外轮廓线（面）时，应采用全周符号，如图 2-15 所示。

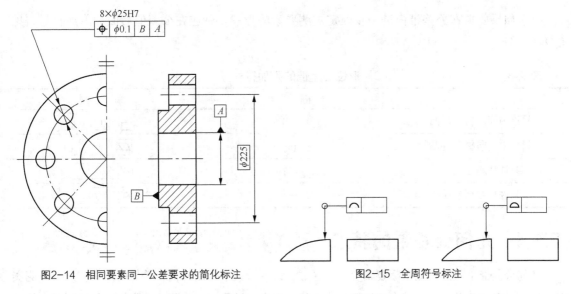

图2-14 相同要素同一公差要求的简化标注 图2-15 全周符号标注

（2）以螺纹轴线为被测要素或基准要素时，默认为螺纹中径圆柱的轴线，否则应另有说明，例如用"MD"表示大径，用"LD"表示小径，分别如图2-16、图2-17所示。

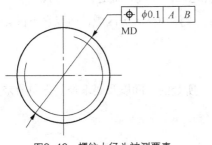

图2-16 螺纹大径为被测要素

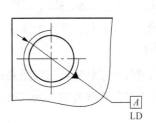

图2-17 螺纹小径为基准要素

（3）如果对被测要素任一局部范围内提出进一步限制的公差要求，则应将该局部范围的尺寸（长度、边长或直径）标注在形位公差值的后面，用斜线相隔，如图2-18所示。

（4）如果仅对要素的某一部分提出公差要求，则用粗点画线表示其范围，并加注尺寸，如图2-19所示。同理，如果要求要素的某一部分作为基准，该部分也应用粗点画线表示，并加注尺寸。

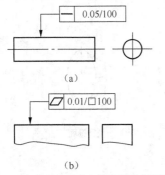

图2-18 任一局部范围内的公差要求标注

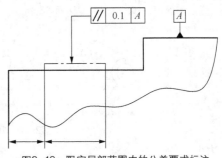

图2-19 限定局部范围内的公差要求标注

（5）如果要求在公差带内进一步限定被测要素的形状，则应在公差值后面加附加符号，见表 2-3。

表 2-3　　　　　　　　　　　　　形位公差值的附加符号

含　义	符　号	举　例
只许中间向材料内凹下	(−)	⎯ | $t(−)$
只许中间向材料外凸起	(+)	⟋ | $t(+)$
只许从左至右减小	(▷)	⫽ | $t(▷)$
只许从右至左减小	(◁)	⫽ | $t(◁)$

2.1.4　几何公差带的特点

几何公差带是限制被测实际要素变动的区域，该区域大小是由几何公差值确定的。只要被测实际要素被包含在公差带内，就表明被测要素合格，符合设计要求。几何公差带体现了被测要素的设计要求，也是加工和检验的根据。尺寸公差带是由代表上、下极限偏差的两条直线所限定的区域，没有形状、位置的要求。几何公差带控制的不是两点之间的距离，而是点（平面、空间）、线（素线、轴线、曲线）、面（平面、曲面）、圆（平面、空间、整体圆柱）等区域，所以它不仅有大小，而且还具有形状、方向、位置共 4 个要素的要求。

1. 形状

几何公差带的形状随实际被测要素的结构特征、所处的空间以及要求控制方向的差异而有所不同，几何公差带的形状有图 2-20 所示的几种。

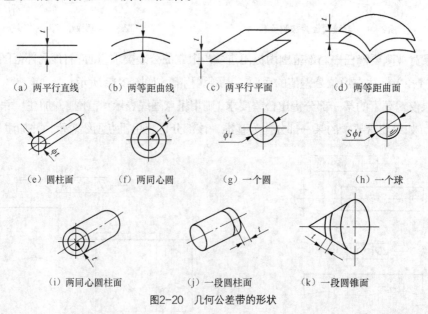

（a）两平行直线　　（b）两等距曲线　　（c）两平行平面　　（d）两等距曲面

（e）圆柱面　　　（f）两同心圆　　　（g）一个圆　　　（h）一个球

（i）两同心圆柱面　　　（j）一段圆柱面　　　（k）一段圆锥面

图2-20　几何公差带的形状

2. 大小

几何公差带的大小以公差带的宽度或直径（即图样上几何公差框格内给出的公差值）表示，公差值均以 mm 为单位，它表示了形位精度要求的高低。

若公差值以宽度表示，则在公差值数字 t 前不加符号。若公差带为一个圆、圆柱或一个球，则在公差值数字 t 前加注 ϕ 或 $S\phi$（即公差值以直径表示）。

3. 方向

几何公差带的方向是指形位误差的检测方向。

方向、位置、跳动公差带的方向，理论上就是图样上公差框格指引线箭头所指示的方向。形状公差带的方向除了与公差框格指引线箭头所指示的方向有关外，还与被测要素的实际状态有关。如图 2-21 中平面度公差带和平行度公差带，指引线的方向都是一样的，但是公差带的方向却不一定相

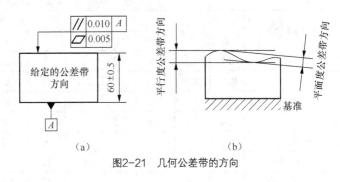

（a）　　　　　　　　　　（b）

图2-21　几何公差带的方向

同。平面度的方向是不固定的，随被测要素方向的变化而变化；平行度的方向是固定的，与基准平行，即指引线的箭头指示的方向。

4. 位置

几何公差带的位置分为两种情况：浮动和固定。形位公差带的位置可以随被测要素的变动而变动，没有对其他要素保持一定几何关系的要求，这时公差带的位置是浮动的；若形位公差带位置必须和基准保持一定的几何关系，不随被测要素的变动而变动，则称公差带的位置是固定的。

判断几何公差带是固定或浮动的方法是：如果公差带与基准之间由理论正确尺寸定位，则公差带位置固定；若由尺寸公差定位，则公差带位置在尺寸公差带内浮动。

一般来说，形状公差带的方向和位置是浮动的；方向公差带的方向是固定的，而位置是浮动的；位置（位置度除外）和跳动公差带的方向和位置都是固定的。

形状公差

2.2.1　形状误差和形状公差

形状误差是指单一被测实际要素对其公称（理想）要素的变动量。形状公差是指单一实际要素的形状相对其公称（理想）要素的允许变动量。形状公差是为了限制误差而设置的，它等于限制误差的最大值。国标规定的形状公差项目有直线度、平面度、圆度、圆柱度、线轮廓度、面轮廓度六项，其中，线轮廓度和面轮廓度其有无基准情况或属于形状或属于方向或属于位置公差。

2.2.2　形状公差带

形状公差带是限制被测实际要素变动的区域，该区域大小是由几何公差值确定的。只要被测实

际要素被包含在公差带内，就表明被测要素合格；反之，被测要素不合格。

1. 直线度公差

直线度公差是指被测实际直线对其理想直线的允许变动量，用来控制平面内的直线、圆柱体的素线、轴线的形状误差，其公差值见表 2-4。它包括给定平面内、给定方向上和任意方向的直线度。

表 2-4　　　　　　　　　　　　直线度和平面度公差值　　　　　　　　　单位：μm

主参数 L(mm)	公差等级											
	1	2	3	4	5	6	7	8	9	10	11	12
≤10	0.2	0.4	0.8	1.2	2	3	5	8	12	20	30	60
>10~16	0.25	0.5	1	1.5	2.5	4	6	10	15	25	40	80
>16~25	0.3	0.6	1.2	2	3	5	8	12	20	30	50	100
>25~40	0.4	0.8	1.5	2.5	4	6	10	15	25	40	60	120
>40~63	0.5	1	2	3	5	8	12	20	30	50	80	150
>63~100	0.6	1.2	2.5	4	6	10	15	25	40	60	100	200
>100~160	0.8	1.5	3	5	8	12	20	30	50	80	120	250
>160~250	1	2	4	6	10	15	25	40	60	100	150	300
>250~400	1.2	2.5	5	8	12	20	30	50	80	120	200	400
>400~630	1.5	3	6	10	15	25	40	60	100	150	250	500
>630~1 000	2	4	8	12	20	30	50	80	120	200	300	600
>1 000~1 600	2.5	5	10	15	25	40	60	100	150	250	400	800
>1 600~2 500	3	6	12	20	30	50	80	120	200	300	500	1 000
>2 500~4 000	4	8	15	25	40	60	100	150	250	400	600	1 200
>4 000~6 300	5	10	20	30	50	80	120	200	300	500	800	1 500
>6 300~10 000	6	12	25	40	60	100	150	250	400	600	1 000	2 000

主参数 L 图例：

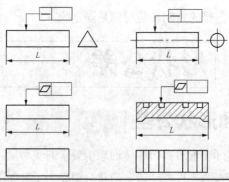

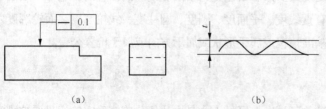

（a）　　　　　　　　　　　　　　　　（b）

图2-22　给定平面内的直线度公差带

（1）给定平面内的直线度。给定平面内的直线度公差带是指距离为公差值的两平行直线之间的区域，标注如图 2-22（a）所示。被测表面的素线必须位于平行于图样所示投影面，且距离为公差值 0.1 mm 的两平行直线内，如图 2-22（b）所示。

（2）给定方向上的直线度。给定方向上的直线度公差带是指距离为公差值的两平行平面之间的区域，标注如图 2-23（a）所示。被测圆柱面的任一素线必须位于距离为公差值 0.02 mm 的两平行平面之间，如图 2-23（b）所示。

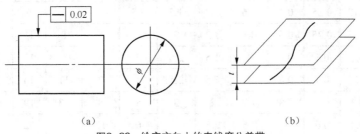

（a）　　　　　　　　　　　　　　（b）

图2-23　给定方向上的直线度公差带

（3）任意方向的直线度。任意方向上的直线度公差带（在公差值前加注 ϕ），则公差带是直径为 ϕt 的圆柱面内的区域，标注如图 2-24（a）所示。被测圆柱面的轴线必须位于直径为公差值 ϕ0.04 mm 的圆柱面内，如图 2-24（b）所示。

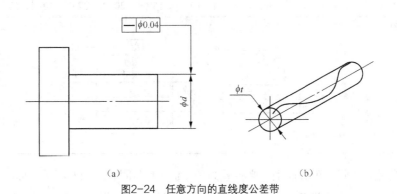

（a）　　　　　　　　　　　　　　（b）

图2-24　任意方向的直线度公差带

2．平面度公差

平面度公差是指被测实际平面对其理想平面的允许变动量，用来控制被测实际平面的形状误差，其公差值见表 2-4。平面度公差带是距离为公差值 t 的两平行平面间的区域，标注如图 2-25（a）所示。

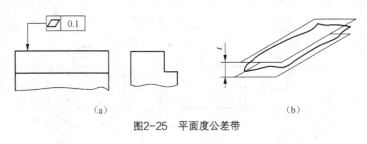

（a）　　　　　　　　　　　　（b）

图2-25　平面度公差带

被测平面必须位于距离为公差值 0.1 mm 的两平行平面间的区域内，如图 2-25（b）所示。

3．圆度公差

圆度公差是指被测实际截面圆对其理想截面圆的允许变动量，用来控制回转体（圆柱面、圆锥面等）表面正截面轮廓的形状误差，其公差值见表 2-5。

表 2-5　　　　　　　　　　　　圆度和圆柱度公差值　　　　　　　　　单位：μm

主参数 d(D)(mm)	公 差 等 级												
	0	1	2	3	4	5	6	7	8	9	10	11	12
≤3	0.1	0.2	0.3	0.5	0.8	1.2	2	3	4	6	10	14	25
>3～6	0.1	0.2	0.4	0.6	1	1.5	2.5	4	5	8	12	18	30
>6～10	0.12	0.25	0.4	0.6	1	1.5	2.5	4	6	9	15	22	36
>10～18	0.15	0.25	0.5	0.8	1.2	2	3	5	8	11	18	27	43
>18～30	0.2	0.3	0.6	1	1.5	2.5	4	6	9	13	21	33	52
>30～50	0.25	0.4	0.6	1	1.5	2.5	4	7	11	16	25	39	62
>50～80	0.3	0.5	0.8	1.2	2	3	5	8	13	19	30	46	74
>80～120	0.4	0.6	1	1.5	2.5	4	6	10	15	22	35	54	87
>120～180	0.6	1	1.2	2	3.5	5	8	12	18	25	40	63	100
>180～250	0.8	1.2	2	3	4.5	7	10	14	20	29	46	72	115
>250～315	1.0	1.6	2.5	4	6	8	12	16	23	32	52	81	130
>315～400	1.2	2	3	5	7	9	13	18	25	36	57	89	140
>400～500	1.5	2.5	4	6	8	10	15	20	27	40	63	97	155

主参数 $d(D)$ 图例：

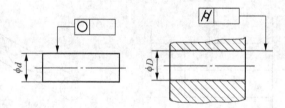

　　圆度公差带是指在同一正截面上，半径差为公差值 t 的两同心圆间的区域，标注如图 2-26（a）所示。圆度公差标注时，公差框格指引线必须垂直于轴线。被测圆柱面任一正截面的轮廓必须位于半径差为公差值 0.02 mm 的两同心圆之间，如图 2-26（b）所示。

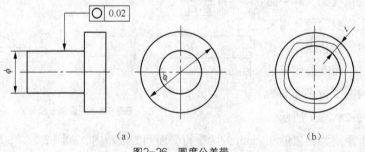

（a）　　　　　　　　　　　　　　　（b）

图2-26　圆度公差带

4．圆柱度公差

圆柱度公差是指被测实际圆柱对理想圆柱所允许的变动量。它用来控制被测实际圆柱面的形状误差。圆柱度公差带是半径差为公差值 t 的两同轴圆柱面间的区域，标注如图 2-27（a）所示。被测圆柱面必须位于半径差为公差值 0.05 mm 的两同轴圆柱面间的区域内，如图 2-27（b）所示。

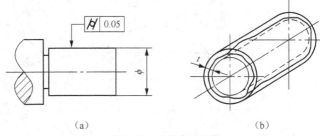

（a）　　　　　　　（b）

图2-27　圆柱度公差带

圆柱度公差可以对圆柱表面的纵、横截面的各种形状误差进行综合控制，如对正截面的圆度、素线的直线度和过轴线纵向截面上两条素线的平行度误差等的控制。

5. 线轮廓度公差（形状公差）

线轮廓度公差是指被测实际轮廓线相对于理想轮廓线所允许的变动量。它用来控制平面曲线或曲面的截面轮廓的几何误差。包括形状公差的线轮廓度、方向公差的线轮廓度和位置公差的线轮廓度。

线轮廓度公差标注通常含有理论正确尺寸。理论正确尺寸（角度）是指确定被测要素的理想形状、理想方向或理想位置的尺寸（角度）。该尺寸（角度）不带公差，标注在方框中，如图 2-28（a）所示的 $R35$、$R10$。

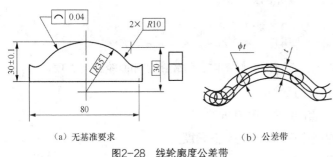

（a）无基准要求　　　　　　（b）公差带

图2-28　线轮廓度公差带

如图 2-28（a）所示，此线轮廓度公差未标注基准，属于形状公差。此时公差带是包络一系列直径为公差值 t 的圆的两包络线之间的区域，各圆的圆心位于具有理论正确几何形状的线上，标注如图 2-28（a）所示。

在平行于图样所示投影面的任一截面内，被测轮廓线必须位于包络一系列直径为公差值 0.04 mm 的圆，且圆心位于具有理论正确几何形状的线上的两包络线之间。理想轮廓线由尺寸 $R35$、$2×R10$ 和 30 确定，如图 2-28（b）所示。

6. 面轮廓度公差（形状公差）

面轮廓度公差是指被测实际轮廓面相对于理想轮廓面所允许的变动量。它用来控制空间曲面的几何（形状）误差。面轮廓度包括：形状公差的面轮廓度、方向公差的面轮廓度和位置公差的面轮廓度。面轮廓度是一项综合公差，它既控制面轮廓度误差，又可控制曲面上任一截面轮廓的线轮廓度误差。

如图 2-29（a）所示，此面轮廓度公差未标注基准，属于形状公差。此时公差带是包络一系列直径为公差值 t 的球的两包络面之间的区域，各球的球心位于具有理论正确几何形状的面上，标注如图 2-29（a）所示，被测轮廓面必须位于包络一系列直径为公差值 $S\phi0.02$mm 的球，且球心位于具有理论正确几何形状的面上的两包络面之间。理想轮廓面由 SR 确定，如图 2-29（b）所示。

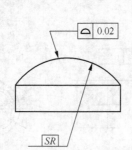
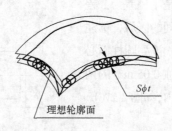

（a）   （b）

图2-29   面轮廓度公差带

2.3   方向公差

2.3.1   方向误差和方向公差

方向误差是指关联被测实际要素的方向对其公称（理想）要素的方向的变动量。方向公差是指关联实际被测要素相对于具有确定方向的公称（理想）要素所允许的变动量。它用来控制线或面的方向误差。公称要素的方向由基准及理论正确角度确定，公差带相对于基准有确定的方向。方向公差是为了限制方向误差而设置的，它等于限制误差的最大值。

2.3.2   方向公差带

国标规定的方向公差项目包括：平行度、垂直度、倾斜度、线轮廓度和面轮廓度5项。

平行度：被测要素与基准要素夹角的理论正确角度为0°；

垂直度：被测要素与基准要素夹角的理论正确角度为90°；

倾斜度：被测要素与基准要素夹角的理论正确角度为任意角度。

平行度、垂直度和倾斜度公差值见表2-6。

表 2-6   平行度、垂直度和倾斜度公差值   单位：μm

主参数 L(mm)、d(D)(mm)	公 差 等 级											
	1	2	3	4	5	6	7	8	9	10	11	12
≤10	0.4	0.8	1.5	3	5	8	12	20	30	50	80	120
>10~16	0.5	1	2	4	6	10	15	25	40	60	100	150
>16~25	0.6	1.2	2.5	5	8	12	20	30	50	80	120	200
>25~40	0.8	1.5	3	6	10	15	25	40	60	100	150	250
>40~63	1	2	4	8	12	20	30	50	80	120	200	300
>63~100	1.2	2.5	5	10	15	25	40	60	100	150	250	400
>100~160	1.5	3	6	12	20	30	50	80	120	200	300	500
>160~250	2	4	8	15	25	40	60	100	150	250	400	600

续表

主参数 L(mm)、d(D)(mm)	公 差 等 级											
	1	2	3	4	5	6	7	8	9	10	11	12
>250~400	2.5	5	10	20	30	50	80	120	200	300	500	800
>400~630	3	6	12	25	40	60	100	150	250	400	600	1 000
>630~1 000	4	8	15	30	50	80	120	200	300	500	800	1 200
>1 000~1 600	5	10	20	40	60	100	150	250	400	600	1 000	1 500
>1 600~2 500	6	12	25	50	80	120	200	300	500	800	1 200	2 000
>2 500~4 000	8	15	30	60	100	150	250	400	600	1 000	1 500	2 500
>4 000~6 300	10	20	40	80	120	200	300	500	800	1 200	2 000	3 000
>6 300~10 000	12	25	50	100	150	250	400	600	1 000	1 500	2 500	4 000

主参数 L、$d(D)$ 图例：

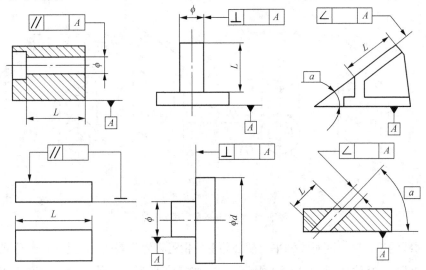

1. 平行度公差

平行度公差是指关联实际被测要素相对于基准在平行方向上所允许的变动量。它用来控制线或面的平行度误差。平行度公差带包括面对面、线对线、面对线、线对面的平行度。

（1）面对面的平行度。面对面（一个方向）的平行度公差带是指距离为公差值 t、且平行于基准面的两平行平面间的区域，标注如图 2-30（a）所示。实际平面必须位于间距为公差值 0.05 mm、且平行于基准面 A 的两平行平面间的区域内，如图 2-30（b）所示。

（2）线对线的平行度。线对线的平行度是指被测要素（孔/轴）的轴线相对基准要素（孔/轴）的轴线有平行度的要求。它包括一个方向、

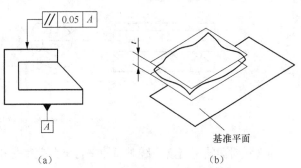

(a)   (b)

图2-30　面对面的平行度公差带

两个方向和任意方向的 3 种平行度。

① 线对线（一个方向）的平行度公差带是指距离为公差值 t、且平行于基准轴线的两平行平面之间的区域，标注及公差带如图 2-31（a）所示。实际被测轴线必须位于距离为公差值 0.2 mm、且平行于基准轴线 A 的两平行平面之间的区域内。

② 线对线（两个相互垂直方向）的平行度公差带是指两对互相垂直的距离分别为公差值 t_1 和 t_2、且平行于基准轴线的两平行平面之间的区域，标注及公差带如图 2-31（b）所示。实际被测轴线必须位于互相垂直的距离分别为公差值 0.2 mm 和 0.1 mm、且平行于基准轴线 B 的两平行平面之间的区域内。

③ 线对线（任意方向）的平行度公差带是指直径为 ϕt、且轴线平行于基准轴线的圆柱面内的区域（注意公差值前应加注 ϕ），标注及公差带如图 2-31（c）所示。实际被测轴线必须位于直径为公差值 $\phi 0.1$ mm、且轴线平行于基准轴线 C 的圆柱面内。

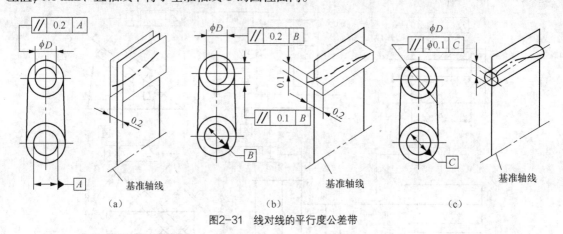

图2-31　线对线的平行度公差带

（3）面对线的平行度。面对线的平行度公差带是指距离为公差值 t、且平行于基准轴线的两平行平面之间的区域，标注如图 2-32（a）所示。实际被测轴线必须位于距离为公差值 0.05 mm、且平行于基准轴线 A 的两平行平面之间的区域，如图 2-32（b）所示。

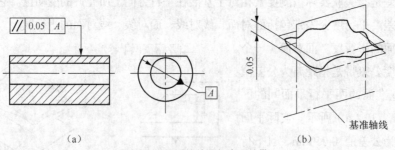

图2-32　面对线的平行度公差带

（4）线对面的平行度。线对面的平行度公差带是指距离为公差值 t、且平行于基准面的两平行平面之间的区域，标注如图 2-33（a）所示。实际被测轴线必须位于距离为公差值 0.05 mm、且平行于基准面 A 的两平行平面之间的区域内，如图 2-33（b）所示。

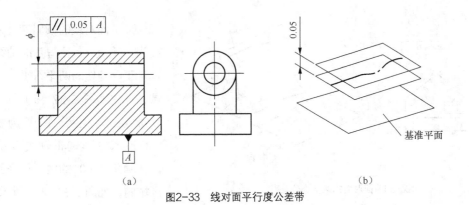

（a）   （b）

图2-33 线对面平行度公差带

2. 垂直度公差

垂直度公差是指关联实际被测要素相对于基准在垂直方向上所允许的变动量。它用来控制线或面的垂直度误差。垂直度公差包括面对面、线对线、面对线、线对面的垂直度。

（1）面对面的垂直度公差带为距离为公差值 t、且垂直于基准的两平行平面间的区域，标注如图 2-34（a）所示。实际平面必须位于距离为公差值 0.08 mm、且垂直于基准面 A 的两平行平面之间的区域内，如图 2-34（b）所示。

（2）面对线的垂直度公差带为距离为公差值 t、且垂直于基准的两平行平面间的区域，标注如图 2-35（a）所示。实际平面必须位于距离为公差值 0.05 mm、且垂直于基准轴线 A 的两平行平面之间的区域内，如图 2-35（b）所示。

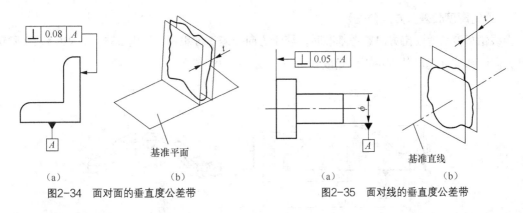

（a）   （b）   （a）   （b）

图2-34 面对面的垂直度公差带   图2-35 面对线的垂直度公差带

3. 倾斜度公差

倾斜度公差是指关联实际被测要素相对于基准在倾斜方向上所允许的变动量。与平行度公差和垂直度公差同理，倾斜度公差用来控制线或面的倾斜度误差，只是将理论正确角度从 0° 或 90° 变为任意角度。图样标注时，应将角度值用理论正确角度标出。倾斜度公差包括面对面、面对线、线对线、线对面的倾斜度。

（1）面对面的倾斜度公差带为距离为公差值 t、且与基准面夹角为理论正确角度的两平行平面之间的区域，标注如图 2-36（a）所示。实际平面必须位于距离为公差值 0.08 mm、且与基准面 A 夹角为理论正确角度45°的两平行平面之间的区域内，如图 2-36（b）所示。

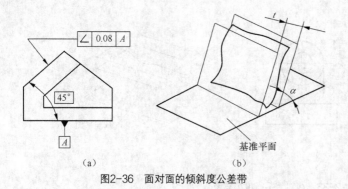

（a）　　　　　　（b）

图2-36　面对面的倾斜度公差带

（2）面对线的倾斜度公差带为距离为公差值 t、且与基准轴线夹角为理论正确角度的两平行平面之间的区域，标注如图 2-37（a）所示。实际平面必须位于距离为公差值 0.05 mm、且与基准轴线 B 夹角为理论正确角度 60° 的两平行平面之间的区域内，如图 2-37（b）所示。

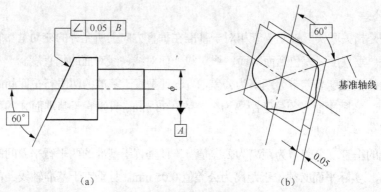

（a）　　　　　　　　　（b）

图2-37　面对线的倾斜度公差带

4．线轮廓度公差（方向公差）

当线轮廓度公差注出方向参考基准时，属于方向公差。理想轮廓线由 $R35$、$2×R10$ 和 30 确定，而其方向由基准 A 与默认理论正确角度 0° 确定，如图 2-38 所示。

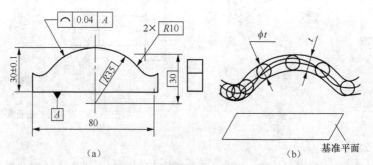

（a）　　　　　　　　　（b）

图2-38　线轮廓度公差带

5．面轮廓度公差（方向公差）

当面轮廓度公差注出方向参考基准时，属于方向公差。理想轮廓面由 SR 确定，而其方向由基准 A 和默认理论正确角度 0° 确定，如图 2-39 所示。

6．方向公差应用说明

（1）方向公差用来控制被测要素相对于基准的方向误差。

（2）方向公差带具有综合控制方向误差和形状误差的能力。因此，在保证功能要求的前提下，对同一被测要素给出方向公差后，不须再给出形状公差。如果需要对形状精度提出进一步要求，可同时给出，但形状公差值必须小于方向公差值，如图 2-40 所示。

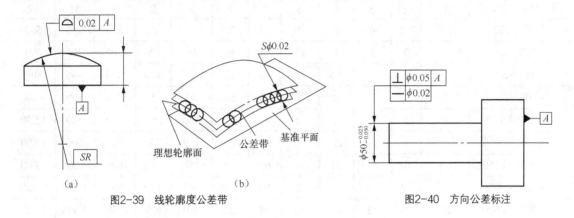

图2-39 线轮廓度公差带   图2-40 方向公差标注

 位置公差

2.4.1 位置误差和位置公差

位置误差为关联实际被测要素相对于具有确定位置的公称（理想）要素的变动量。位置公差为关联实际被测要素相对于具有确定位置的公称（理想）要素所允许的变动量。它用来控制点、线或面的位置误差。公称要素的位置由基准及理论正确尺寸（角度）确定。公差带相对于基准有确定位置。位置公差是为了限制位置误差而设置的，它等于限制误差的最大值。

2.4.2 位置公差带

位置公差项目有位置度、同心度、同轴度、对称度、线轮廓度和面轮廓度。同轴度、对称度、圆跳动和全跳动公差值见表 2-7。

表 2-7 同轴度、对称度、圆跳动和全跳动公差值   单位：μm

主参数 $d(D)$(mm) B(mm)、L(mm)	公差等级											
	1	2	3	4	5	6	7	8	9	10	11	12
≤1	0.4	0.6	1.0	1.5	2.5	4	6	10	15	25	40	60
>1~3	0.4	0.6	1.0	1.5	2.5	4	6	10	20	40	60	120
>3~6	0.5	0.8	1.2	2	3	5	8	12	25	50	80	150
>6~10	0.6	1	1.5	2.5	4	6	10	15	30	60	100	200
>10~18	0.8	1.2	2	3	5	8	12	20	40	80	120	250
>18~30	1	1.5	2.5	4	6	10	15	25	50	100	150	300
>30~50	1.2	2	3	5	8	12	20	30	60	120	200	400

续表

主参数 $d(D)$(mm) B(mm)、L(mm)	公差等级											
	1	2	3	4	5	6	7	8	9	10	11	12
> 50~120	1.5	2.5	4	6	10	15	25	40	80	150	250	500
> 120~250	2	3	5	8	12	20	30	50	100	200	300	600
> 250~500	2.5	4	6	10	15	25	40	60	120	250	400	800
> 500~800	3	5	8	12	20	30	50	80	150	300	500	1 000
> 800~1 250	4	6	10	15	25	40	60	100	200	400	600	1 200
> 1 250~2 000	5	8	12	20	30	50	80	120	250	500	800	1 500
> 2 000~3 150	6	10	15	25	40	60	100	150	300	600	1 000	2 000
> 3 150~5 000	8	12	20	30	50	80	120	200	400	800	1 200	2 500
> 5 000~8 000	10	15	25	40	60	100	150	250	500	1 000	1 500	3 000
> 8 000~10 000	12	20	30	50	80	120	200	300	600	1 200	2 000	4 000

主参数 $d(D)$、B 图例:

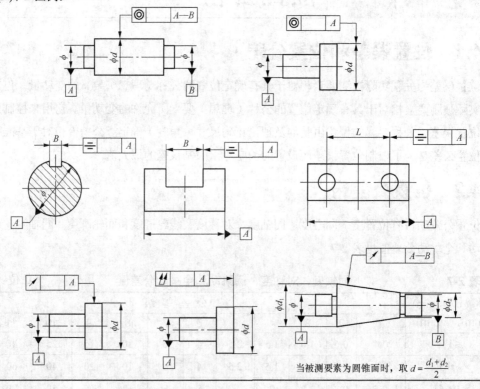

当被测要素为圆锥面时,取 $d = \dfrac{d_1 + d_2}{2}$

1. 同心度公差

同心度(用于中心点)公差是指关联实际被测中心点相对于基准中心点所允许的变动量。同心度公差带是直径为ϕt、且轴线与基准轴线重合的圆柱面内的区域(注意公差值前应加注ϕ),标注如图 2-41(a)所示。实际被测外圆的圆心必须位于直径为公差值$\phi 0.2$ mm、且与基准圆圆心 A 同心的圆内,如图 2-41(b)所示。

2．同轴度公差

同轴度（用于轴线）公差是指关联实际被测轴线相对于基准轴线所允许的变动量。同轴度公差用来控制轴线或中心点的同轴度误差。轴线的同轴度公差带是指直径为ϕt、且轴线与基准轴线重合的圆柱面内的区域（注意公差值前应加注ϕ），标注如图 2-42（a）所示。实际被测轴线必须位于直径为公差值ϕ0.01 mm、且与基准轴线 A 重合的圆柱面内，如图 2-42（b）所示。

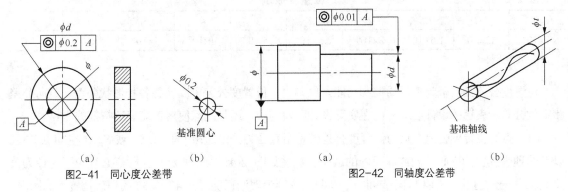

图2-41 同心度公差带   图2-42 同轴度公差带

3．对称度公差

对称度公差是指关联被测实际要素的对称中心平面（中心线）相对于基准对称中心平面（中心线）所允许的变动量。对称度公差用来控制对称中心平面（中心线）的对称度误差。

（1）面对面的对称度公差带是指距离为公差值 t、且被测实际要素的对称中心平面与基准中心平面重合的两平行平面之间的区域，标注如图 2-43（a）所示。槽的实际中心面必须位于距离为公差值 0.1 mm、且中心平面与基准中心平面 A—B 重合的两平行平面之间的区域内，如图 2-43（b）所示。

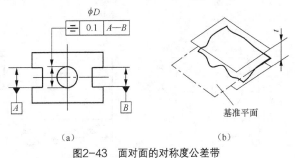

图2-43 面对面的对称度公差带

（2）面对线的对称度公差带是指距离为公差值 t、且被测实际要素的对称中心平面与基准中心线重合的两平行平面之间的区域，标注如图 2-44（a）所示。键槽中心平面必须位于距离为公差值 0.05 mm 的两平行平面之间的区域内，而且该平面对称配置在通过基准轴线的辅助平面两侧，如图 2-44（b）所示。

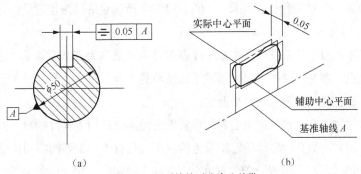

图2-44 面对线的对称度公差带

4. 位置度公差

位置度公差用于控制被测点、线、面的实际位置相对于其理想位置的位置度误差。理想要素的位置由基准及理论正确尺寸确定。位置度公差可分为点的位置度公差、线的位置度公差、面的位置度公差以及成组要素的位置度公差，其公差值按表2-8位置度数系选取。

表 2-8　　　　　　　　　　　　　　　　　位置度数系

1	1.2	1.5	2	2.5	3	4	5	6	8
1×10^n	1.2×10^n	1.5×10^n	2×10^n	2.5×10^n	3×10^n	4×10^n	5×10^n	6×10^n	8×10^n

注：n 为正整数。

位置度公差具有极为广泛的控制功能。原则上，位置度公差可以代替各种形状公差、定向公差和定位公差所表达的设计要求，但在实际设计和检测中，还是应该使用最能表达特征的项目。

（1）点的位置度公差。点的位置度公差带是指直径为公差值ϕt（平面点）或$S\phi t$（空间点）、且以点的理想位置为中心的圆或球面内的区域，标注如图 2-45（a）所示。实际点必须位于直径为公差值$\phi 0.3$ mm、且圆心在相对于基准A、B距离分别为理论正确尺寸40和30的理想位置上的圆内，如图 2-45（b）所示。图 2-45（c）所示为球心点的位置度公差带。实际点必须位于直径为公差值$S\phi 0.08$ mm，且圆心在相对于基准A重合、与B距离为理论正确尺寸的理想位置上的圆球内。

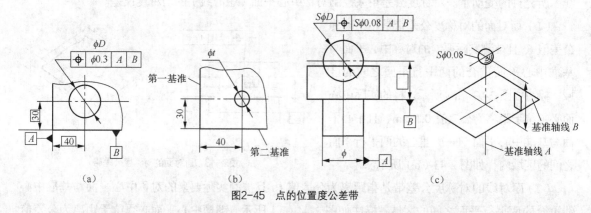

（a）　　　　　　　　　　（b）　　　　　　　　　　（c）

图2-45　点的位置度公差带

（2）线的位置度公差。任意方向上的线的位置度公差带是指直径为公差值ϕt、且轴线在线的理想位置上的圆柱面内的区域，标注如图 2-46（a）所示。ϕD孔的实际轴线必须位于直径为$\phi 0.1$ mm、且轴线位于由基准A、B、C和理论正确尺寸$90°$、30、40所确定的理想位置的圆柱面的区域内，如图 2-46（b）所示。

3个相互垂直的A、B、C基准平面构成一个基准体系，常称为三基面体系，它是确定零件上各要素几何关系的起点。在三基面体系里，基准平面按功能要求有顺序之分，最主要的为第一基准平面A，依次为第二基准面B和第三基准平面C。

（3）成组要素的位置度公差。成组要素的位置度公差不仅适用于零件的单个要素，而且适用于零件的成组要素。例如一组孔的轴线位置度公差的应用，具有十分重要的实用价值。

GB 13319—2003《形状和位置公差位置度公差注法》规定了形状和位置公差中，位置度公差的标注方法及其公差带。位置度公差带对理想被测要素的位置是对称分布的。

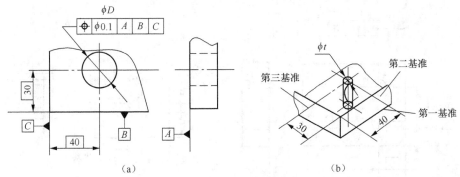

图2-46 线的位置度公差带

确定一组理想被测要素之间和（或）它们与基准之间正确几何关系的图形，称为成组要素的几何图框。它是借用一个由理论正确尺寸或图样上所表示的正确位置关系如"均布"构成的理想框架，来表达或说明位置要求。

几何图框有两种形式：一种形式确定一组理想要素之间的几何关系，如图 2-47（a）所示。位置度仅限制 4 个孔相互之间的位置关系，图 2-47（b）是它的几何图框，表示给出位置度公差带是直径为公差值 ϕt、轴线在按圆周均布排列的 $4 \times \phi D$ 孔组轴线上的 4 个圆柱面内的区域。此位置度公差在标注时无基准，因此其几何图框对其他要素的位置是浮动的。

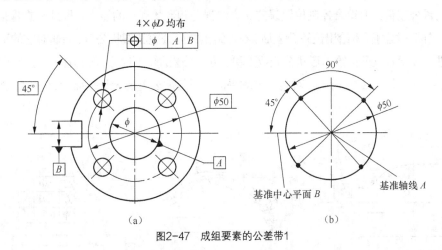

图2-47 成组要素的公差带1

另一种形式确定一组理想要素之间和它们与基准之间的几何关系，如图 2-48（a）所示，位置度限制 4 个孔相互之间的位置关系，而且还限制了整个孔组对基准 A、B、C 之间的正确几何关系。图 2-48（b）是它的几何图框，表示给出位置度公差带是直径为公差值 ϕt，轴线在与基准 A 垂直、与基准 B、C 保证正确理论尺寸的 $4 \times \phi D$ 孔组轴线上的 4 个圆柱面内的区域。此位置度公差已标注基准，因此其几何图框对其他要素的位置是固定的。

5．线轮廓度公差（位置公差）

当线轮廓度公差注出位置参考基准及基准方向上的理论正确尺寸时，属于位置公差。理想轮廓

线由 $R35$、$2×R10$ 和 30 确定，而其方向由基准 A 与默认理论正确尺寸 30 确定，如图 2-49 所示。

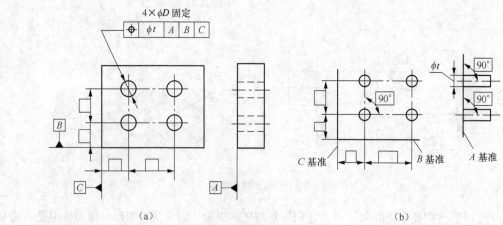

图2-48　成组要素的公差带2

6. 面轮廓度公差（位置公差）

当面轮廓度公差注出位置参考基准及基准方向上的理论正确尺寸时，属于位置公差。理想轮廓面由理论正确尺寸确定，而其位置由基准和理论正确尺寸确定（图略）。

7. 位置公差应用说明

（1）位置公差用来控制被测要素相对于基准的位置误差。

（2）位置公差带具有综合控制位置误差、方向误差和形状误差的能力，因此，在保证功能要求的前提下，对同一被测要素给出位置公差后，不再给出方向公差和形状公差，除非对它的形状或（和）方向提出进一步要求，可再给出形状公差或（和）方向公差。但此时必须使方向公差大于形状公差，而小于位置公差。如图 2-50 所示，对同一被测平面，平行度公差值大于平面度公差值，而小于位置度公差值。

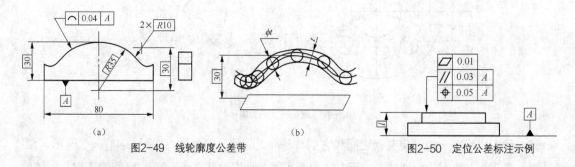

图2-49　线轮廓度公差带　　　　　图2-50　定位公差标注示例

跳动公差

跳动公差为关联实际被测要素绕基准轴线回转一周或连续回转时，所允许的最大变动量。它用来综合控制被测要素的形状误差和位置误差。

跳动公差是针对特定的测量方式而规定的公差项目。跳动公差有两种：圆跳动公差和全跳动公差。跳动误差测量方法简便，仅限于应用在回转表面。

1．圆跳动公差

圆跳动公差是指关联实际被测要素相对于理想圆所允许的变动全量，其理想圆的圆心在基准轴线上。测量时，实际被测要素绕基准轴线回转一周，指示表测量头无轴向移动。

根据允许变动的方向，圆跳动公差可分为径向圆跳动公差、端面圆跳动公差和斜向圆跳动公差 3 种。

（1）径向圆跳动公差。径向圆跳动公差带是指在垂直于基准轴线的任一测量平面内、半径差为圆跳动公差值 t、圆心在基准轴线上的两同心圆之间的区域，标注如图 2-51（a）所示。ϕd 轴在任一垂直于基准轴线 A 的测量平面内，其实际轮廓必须位于半径差为 0.05 mm、圆心在基准轴线 A 上的两同心圆的区域内，如图 2-51（b）所示。

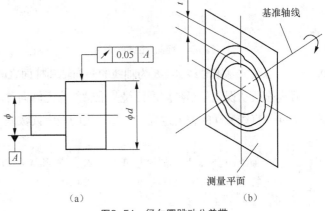

图2-51　径向圆跳动公差带

（2）端面圆跳动公差。端面圆跳动公差带是指在以基准轴线为轴线的任一直径的测量圆柱面上、沿母线方向宽度为圆跳动公差值 t 的圆柱面区域，标注如图 2-52（a）所示。右端面的实际轮廓必须位于圆心在基准轴线 A 上、沿母线方向宽度为 0.05 mm 的圆柱面内，如图 2-52（b）所示。

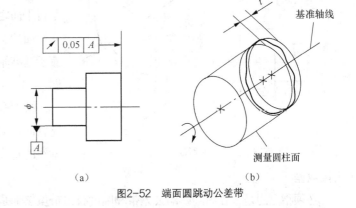

图2-52　端面圆跳动公差带

（3）斜向圆跳动公差。斜向圆跳动公差带是指在以基准轴线为轴线的任一测量圆锥面上、沿母线方向宽度为圆跳动公差值 t 的圆锥面区域，标注如图 2-53（a）所示。被测圆锥面的实际轮廓必须位于圆心在基准轴线 A 上、沿测量圆锥面素线方向宽度为 0.05 mm 的圆锥面内，如图 2-53（b）所示。

2．全跳动公差

全跳动公差是指关联实际被测要素相对于理想回转面所允许的变动全量，当理想回转面是以基准轴线为

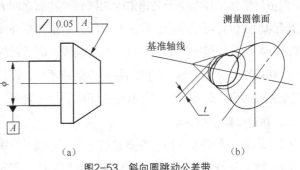

图2-53　斜向圆跳动公差带

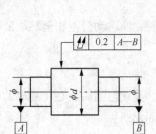

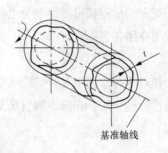

（a）　　　　　　　　　　（b）

图2-54　径向全跳动公差带

轴线的圆柱面时，称为径向全跳动；当理想回转面是与基准轴线垂直的平面时，称为端面全跳动。

（1）径向全跳动公差。径向全跳动公差带是指半径差为公差值 t、以基准轴线为轴线的两同轴圆柱面内的区域，标注如图 2-54（a）所示。轴的实际轮廓必须位于半径差为 0.2 mm、以公共基准轴线 $A—B$ 为轴线的两同轴圆柱面之间的区域内，如图 2-54（b）所示。

径向全跳动误差是指被测表面绕基准轴线作无轴向移动的连续回转时，指示表沿平行于基准轴线的方向作直线移动的整个过程中，指示表的最大读数差。

注意　径向全跳动公差带与圆柱度公差带形状是相同的，但由于径向全跳动测量简便，一般可用径向圆跳动公差来代替圆柱度公差。

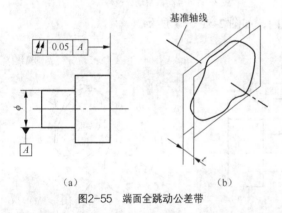

（a）　　　　　　　　　　（b）

图2-55　端面全跳动公差带

（2）端面全跳动公差。端面全跳动公差带是指距离为全跳动公差值 t 且与基准轴线垂直的两平行平面之间的区域，标注如图 2-55（a）所示。右端面的实际轮廓必须位于距离为 0.05 mm、垂直于基准轴线 A 的两平行平面之间的区域内，如图 2-55（b）所示。

端面全跳动误差是指被测表面绕基准轴线作无轴向移动的连续回转时，指示表做垂直于基准轴线的直线移动的整个测量过程中，指示表的最大读数差。

必须指出的是，径向圆跳动公差带和圆度公差带虽然都是半径差等于公差值的两同心圆之间的区域，但前者的圆心必须在基准轴线上，而后者的圆心位置可以浮动；径向全跳动公差带和圆柱度公差带虽然都是半径差等于公差值的两同轴圆柱面之间的区域，但前者的轴线必须在基准轴线上，而后者的轴线位置可以浮动；端面全跳动公差带和平面度公差带虽然都是宽度等于公差值的两平行平面之间的区域，但前者必须垂直于基准轴线，而后者的方向和位置都可以浮动。

由此可知，公差带形状相同的各形位公差项目，设计要求不一定都相同。只有公差带的 4 项特征完全相同的形位公差项目才具有完全相同的设计要求。

3．跳动公差应用说明

（1）跳动公差用来控制被测要素相对于基准轴线的跳动误差。

（2）跳动公差带具有综合控制被测要素的形状、方向和位置的作用。

　　端面全跳动公差既可以控制端面对回转轴线的垂直度误差，又可控制该端面的平面度误差；径向全跳动公差既可以控制圆柱表面的圆度、圆柱度、素线和轴线的直线度等形状误差，又可以控制轴线的同轴度误差，但这并不等于跳动公差可以完全代替前面的项目。

2.6 公差原则

　　尺寸误差和形位误差是影响零件质量的两个重要因素，因此，设计零件时，需要根据其功能和互换性要求，同时给定尺寸公差和形位公差。为了保证设计要求，正确判断零件是否合格，必须明确零件同一要素或几个要素的尺寸公差与形位公差的内在联系。公差原则就是处理尺寸公差与形位公差之间关系的原则。

　　GB/T 4249—2009 规定了公差原则，GB/T 16671—2009 规定了最大实体要求、最小实体要求及可逆要求。

2.6.1　与公差原则有关的基本术语

1. 提取组成要素的局部尺寸（局部实际尺寸）

　　提取组成要素的局部尺寸（局部实际尺寸）是指在实际要素的任意正截面上，测得的两对应点之间的距离。孔、轴实际尺寸分别用 D_a、d_a 表示。由于存在形状误差和测量误差，因此提取组成要素的局部尺寸（局部实际尺寸）是随机变量，如图 2-56 所示。

2. 作用尺寸

　　（1）体外作用尺寸。指在被测要素的给定长度上，与实际内表面（孔）的体外相接的最大理想面、或与实际外表面（轴）的体外相接的最小理想面的直径或宽度。实际内、外表面的体外作用尺寸分别用 $D_{fe}(D'_{fe})$、$d_{fe}(d'_{fe})$ 表示。

　　对于单一要素，实际内（孔）、外（轴）表面的体外作用尺寸如图 2-57 所示。

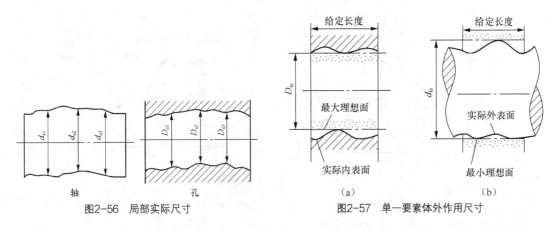

图2-56　局部实际尺寸　　　　　　　图2-57　单一要素体外作用尺寸

　　对于关联要素，该理想面的轴线或中心平面必须与基准保持图样给定的几何关系，图 2-58 所示为关联要素外表面（轴）的体外作用尺寸。与实际外表面（轴）的体外相接的理想面除了要保证最小的外接直径外，还要保证该理想面的轴线与基准面 A 垂直的几何关系。

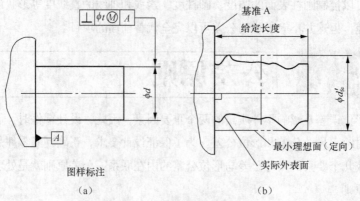

图样标注

（a）

（b）

图2-58　关联要素体外作用尺寸

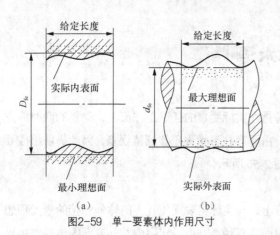

（a）

（b）

图2-59　单一要素体内作用尺寸

（2）体内作用尺寸。指在被测要素的给定长度上，与实际外表面（轴）的体内相接的最小理想面或与实际内表面（孔）的体内相接的最大理想面的直径或宽度。实际内、外表面的体外作用尺寸分别用 $D_{fi}(D'_{fi})$、$d_{fi}(d'_{fi})$ 表示。

对于单一要素，实际内（孔）、外（轴）表面的体内作用尺寸如图 2-59 所示。

对于关联要素，该理想面的轴线或中心平面必须与基准保持图样给定的几何关系，图 2-60 所示为关联要素外表面（轴）的体内作用尺寸。与实际外表面（轴）的体内相接的理想面除了要保证最小的外接直径外，还要保证该理想面的轴线与基准面 A 垂直的几何关系。

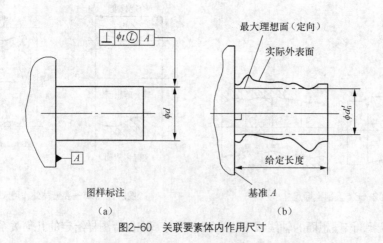

图样标注

（a）

基准 A

（b）

图2-60　关联要素体内作用尺寸

作用尺寸不仅与实际要素的局部实际尺寸有关，还与其形位误差有关，因此，作用尺寸是实际尺寸和形位误差的综合尺寸。对一批零件而言，作用尺寸是一个变量，即每个零件的作用尺寸不尽相同，但每个零件的体外或体内作用尺寸只有一个。对于被测实际轴，$d_{fe} \geq d_a \geq d_{fi}$；对于被测实际孔，$D_{fe} \leq D_a \leq D_{fi}$。

3．最大实体状态（MMC）与最小实体状态（LMC）

（1）实际要素在给定长度上处处位于极限尺寸之内，并具有材料量最多时的状态，称为最大实体状态，即轴最粗、孔最小的状态。

（2）实际要素在给定长度上处处位于极限尺寸之内，并具有材料量最少时的状态，称为最小实体状态，即轴最细、孔最大的状态。

4．最大实体尺寸（MMS）与最小实体尺寸（LMS）

（1）实际要素在最大实体状态下的极限尺寸，称为最大实体尺寸。孔和轴的最大实体尺寸分别用 D_M、d_M 表示。轴的最大实体尺寸是其上限尺寸，即 $d_M = d_{max}$；孔的最大实体尺寸是其下限尺寸，即 $D_M = D_{min}$。

（2）实际要素在最小实体状态下的极限尺寸，称为最小实体尺寸。孔和轴的最小实体尺寸分别用 D_L、d_L 表示。轴的最小实体尺寸是其最小极限尺寸，即 $d_L = d_{min}$；孔的最小实体尺寸是其最大极限尺寸，$D_L = D_{max}$。

5．最大实体实效状态（MMVC）与最小实体实效状态（LMVC）

（1）在给定长度上，实际要素处于最大实体状态，且其中心要素的形状或位置误差等于给出公差值时的综合极限状态，称为最大实体实效状态。

（2）在给定长度上，实际要素处于最小实体状态，且其中心要素的形状或位置误差等于给出公差值时的综合极限状态，称为最小实体实效状态。

6．最大实体实效尺寸（MMVS）与最小实体实效尺寸（LMVS）

（1）最大实体实效状态下的体外作用尺寸，称为最大实体实效尺寸。孔和轴的最大实体实效尺寸分别用 $D_{MV}(D'_{MV})$、$d_{MV}(d'_{MV})$ 表示。$D_{MV}(D'_{MV})$、$d_{MV}(d'_{MV})$ 的计算公式如表 2-9 所示。

表 2-9　　　　　　　　　轴和孔最大（小）实体实效尺寸计算公式

计 算 通 式	实际计算式
$MMVS = MMS \pm t$（轴 +，孔 -）	轴：$d_{MV}(d'_{MV}) = d_M + t = d_{max} + t$ 孔：$D_{MV}(D'_{MV}) = D_M - t = D_{min} - t$
$LMVS = LMS \mp t$（轴 -，孔 +）	轴：$d_{LV}(d'_{LV}) = d_L - t = d_{min} - t$ 孔：$D_{LV}(D'_{LV}) = D_L + t = D_{max} + t$

如图 2-61 所示，孔的最大实体实效尺寸 $D_{MV} = D_M - t = D_{min} - t = 30 \text{ mm} - 0.03 \text{ mm} = 29.97 \text{ mm}$。

如图 2-62 所示，轴的最大实体实效尺寸 $d'_{MV} = d_M + t = d_{max} + t = 15 \text{ mm} + 0.02 \text{ mm} = 15.02 \text{ mm}$。

（2）最小实体实效状态下的体内作用尺寸，称为最小实体实效尺寸。孔和轴的最小实体实效尺寸分别用 $D_{LV}(D'_{LV})$、$d_{LV}(d'_{LV})$ 表示。$D_{LV}(D'_{LV})$、$d_{LV}(d'_{LV})$ 的计算公式见表 2-9。

如图 2-63 所示，孔的最小实体实效尺寸 $D_{LV} = D_L + t = D_{max} + t = 20.05 \text{ mm} + 0.02 \text{ mm} = 20.07 \text{ mm}$。

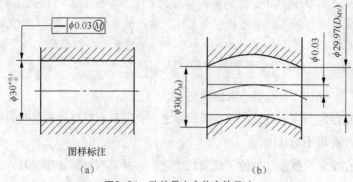

图样标注
（a）

（b）

图2-61　孔的最大实体实效尺寸

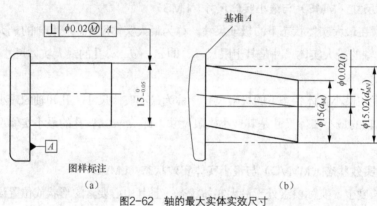

图样标注
（a）

（b）

图2-62　轴的最大实体实效尺寸

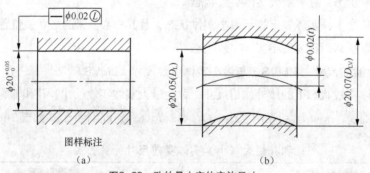

图样标注
（a）

（b）

图2-63　孔的最小实体实效尺寸

如图 2-64 所示，轴的最小实体实效尺寸 $d'_{LV} = d_L - t = d_{min} - t = 14.95 \text{ mm} - 0.02 \text{ mm} = 14.93 \text{ mm}$。

应当注意的是，实效尺寸是实体尺寸和形位公差的综合尺寸，对一批零件而言是定值；而作用尺寸是实际尺寸和形位误差的综合尺寸，对一批零件而言是变值。两者有一定关系，换句话说，就是实效尺寸可作为允许的极限作用尺寸。

7. 边界和边界尺寸

由设计给定的具有理想形状的极限包容面，称为边界。这里所说的包容面，既包括孔，也包括轴。边界尺寸是指极限包容面的直径或距离。当极限包容面为圆柱面时，其边界尺寸为直径；当极

限包容面为两平行平面时，其边界尺寸是距离。

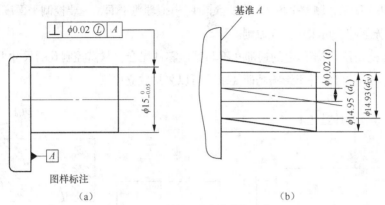

图2-64 轴的最小实体实效尺寸

（1）最大实体边界（MMB）。指具有理想形状且边界尺寸为最大实体尺寸的包容面。

（2）最小实体边界（LMB）。指具有理想形状且边界尺寸为最小实体尺寸的包容面。

（3）最大实体实效边界（MMVB）。指具有理想形状且边界尺寸为最大实体实效尺寸的包容面。

（4）最小实体实效边界（LMVB）。指具有理想形状且边界尺寸为最小实体实效尺寸的包容面。

单一要素的理想边界没有对方向和位置的要求，而关联要素的理想边界必须与基准保持图样给定的几何关系。

2.6.2 公差原则

1. 独立原则

独立原则是指图样上给定的几何公差与尺寸公差相互独立无关、分别满足要求的原则。实际要素的尺寸由尺寸公差控制，与形位公差无关；几何误差由形位公差控制，与尺寸公差无关。

采用独立原则标注时，独立原则在尺寸和几何公差值后面不须加注特殊符号，即独立原则是尺寸公差与几何公差所遵循的基本原则。图样上的绝大多数公差遵守独立原则。

判断采用独立原则的要素是否合格，须分别检测实际尺寸与几何公差。只有同时满足尺寸公差和几何（形状）公差的要求，该零件才能被判定为合格。通常实际尺寸用两点法测量，如用千分尺、卡尺等测量，形位误差用通用量具或仪器测量。

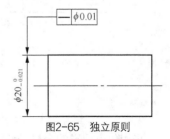

图2-65 独立原则

如图 2-65 所示，尺寸 $\phi 20_{-0.021}^{0}$ mm 遵循独立原则，实际尺寸的合格范围是 $\phi 19.979 \sim \phi 20$ mm，不受轴线直线度公差带控制；轴线的直线度误差不大于 $\phi 0.01$ mm，不受尺寸公差带控制。

独立原则主要用于以下两种情况。

（1）除配合要求外，还有极高的形位精度要求，以保证零件的运转与定位精度要求。

如图 2-66（a）所示，印刷机的滚筒主要控制圆柱度误差，以保证印刷或印染时接触均匀，使图文或花样清晰，而滚筒直径 d 的大小对印刷或印染品质并无影响。采用独立原则，可使圆柱度公差较严而尺寸公差较宽。

如图 2-66（b）所示，测量平板的功能是测量时模拟理想平面，主要控制平面度误差，而厚度 t 的大小对功能并无影响，可采用独立原则。

如图 2-66（c）所示，箱体上的通油孔不与其他零件配合，只需控制孔的尺寸大小就能保证一定的流量，而孔轴线的弯曲并不影响功能要求，可以采用独立原则。

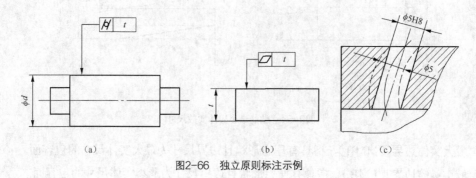

（a）　　　　　　　　　　　（b）　　　　　　　　　（c）

图2-66　独立原则标注示例

（2）对于非配合要素或未注尺寸公差的要素，它们的尺寸和几何公差应遵循独立原则，如倒角、退刀槽、轴肩等。

2．相关要求

相关要求是指图样上给定的尺寸公差和几何公差相互有关的公差要求。相关要求分为包容要求、最大实体要求（包括可逆要求）和最小实体要求（包括可逆要求）。

（1）包容要求。包容要求是指被测实际要素要处处位于具有理想形状包容面内的一种公差原则。

包容要求适用于单一要素，如圆柱表面或两平行表面，其理想边界为最大实体边界。标注包容要求时，在尺寸公差带代号或尺寸极限偏差后面加注符号Ⓔ，如图 2-67 所示。

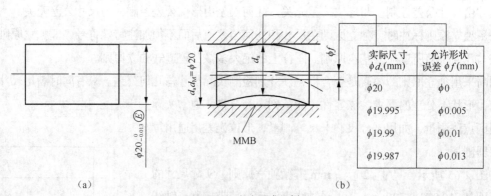

（a）　　　　　　　　　　　　　（b）

图2-67　包容要求示例

采用包容要求的合格条件为：轴或孔的体外作用尺寸不得超过最大实体尺寸，局部实际尺寸不得超过最小实体尺寸，即

对于轴：$d_{fe} \leq d_M = d_{max}$，$d_a \geq d_L = d_{min}$　　　　　对于孔：$D_{fe} \geq D_M = D_{min}$，$D_a \leq D_L = D_{max}$

图 2-67 中采用包容要求，实际轴应满足下列要求。

① 轴的任一局部实际尺寸在 ϕ19.979～ϕ20mm 之间。

② 实际轴必须遵守最大实体边界要求，最大实体边界是一个直径为最大实体尺寸 $d_M = \phi$20mm 的理想圆柱面。

③ 轴的局部实际尺寸处处为最大实体尺寸 ϕ20 mm 时，不允许轴有任何形状误差。

④ 当轴的局部实际尺寸偏离最大实体尺寸时，包容要求允许将局部实际尺寸偏离最大实体尺寸的偏离值补偿给形位误差。最大补偿值是：当轴的局部实际尺寸为最小实体尺寸时，轴允许有最大的形状误差，其值等于尺寸公差 0.013 mm。

采用包容要求主要是为了保证配合性质，特别是配合公差较小的精密配合。用最大实体边界综合控制实际尺寸和形状误差，以保证必要的最小间隙（保证能自由装配）。用最小实体尺寸控制最大间隙，从而达到所要求的配合性质，如回转轴的轴颈和滑动轴承、滑动套筒和孔、滑块和滑块槽的配合性质等。

（2）最大实体要求。最大实体要求适用于中心要素，是控制被测要素的实际轮廓处于最大实体实效边界内的一种公差原则。当局部实际尺寸偏离最大实体尺寸时，允许将偏离值补偿给形位误差。最大实体要求既可用于被测要素（包括单一要素和关联要素），又可用于基准中心要素。当最大实体要求应用于被测要素或基准时，应在形位公差框格中的形位公差值或基准后面加注符号 Ⓜ，如图 2-68（a）所示。

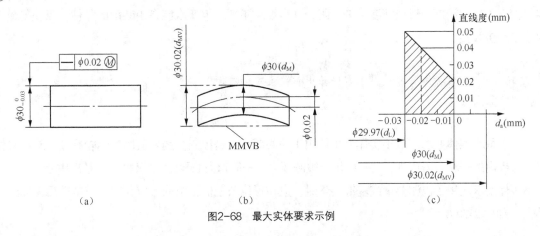

图2-68　最大实体要求示例

最大实体要求应用于被测要素的合格条件为：轴或孔的体外作用尺寸不允许超过最大实体实效尺寸，局部实际尺寸不超出极限尺寸，即

对于轴：$d_{fe} \leqslant D_{MV} = d_{max} + t$，$d_L(d_{min}) \leqslant d_a \leqslant d_M(d_{max})$。

对于孔：$D_{fe} \geqslant D_{MV} = D_{min} - t$，$D_L(D_{max}) \geqslant D_a \geqslant D_M(D_{min})$。

图 2-68（a）表示轴 $\phi30_{-0.03}^{\ 0}$ 的轴线的直线度公差采用最大实体要求。图 2-68（b）表示当该轴处于最大实体状态时，其轴线的直线度公差为 ϕ0.02mm。动态公差图如图 2-68（c）所示，当轴的实际尺寸偏离最大实体状态时，其轴线允许的直线度误差可相应地增大。

该轴应满足下列要求。

① 轴的任一局部实际尺寸在 ϕ29.97～ϕ30mm 之间。

② 实际轮廓不超出最大实体实效边界，最大实体实效尺寸为 $d_{MV} = d_M + t = 30mm + 0.02mm = 30.02mm$。

③ 当该轴处于最小实体状态时，其轴线的直线度误差允许达到最大值，即尺寸公差值全部补偿给直线度公差，允许直线度误差为 $\phi 0.02mm + \phi 0.03mm = \phi 0.05mm$。

零形位公差是关联被测要素采用最大实体要求的特例，此时形位公差值在框格中为零，并以"$\phi 0 \text{Ⓜ}$ 或，0Ⓜ"表示。此时，满足的理想边界实际为最大实体边界，如图 2-69 所示。

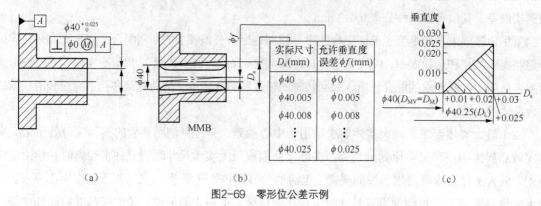

图2-69　零形位公差示例

最大实体要求是从装配互换性基础上建立起来的，主要应用在要求装配互换性的场合，常用于零件精度（尺寸精度、形位精度）低、配合性质要求不严、但要求能自由装配的零件，以获得最大的技术经济效益。

> **注意** 最大实体要求只用于零件的中心要素（轴线、圆心、球心或中心平面），多用于位置度公差。

（3）最小实体要求。最小实体要求适用于中心要素，是控制被测要素的实际轮廓处于最小实体实效边界内的一种公差原则。它既可用于被测要素（一般指关联要素），又可用于基准中心要素。当最小实体要求应用于被测要素或基准要素时，应在形位公差框格中的形位公差值或基准后面加注符号 Ⓛ，如图 2-70 所示。

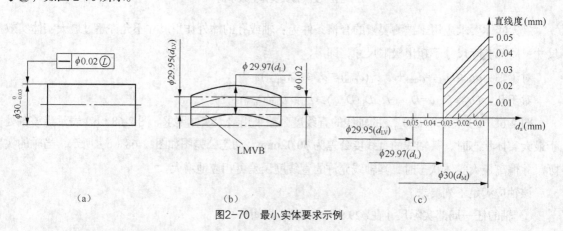

图2-70　最小实体要求示例

最小实体要求应用于被测要素的合格条件为：轴或孔的体外作用尺寸不允许超过最小实体实效尺寸，局部实际尺寸不超出极限尺寸，即

对于轴：$d_{fi} \geq d_{LV} = d_{min} - t$，$d_L(d_{min}) \leq d_a \leq d_M(d_{max})$。

对于孔：$D_{fi} \leq D_{LV} = D_{max} + t$，$D_L(D_{max}) \geq D_a \geq D_M(D_{min})$。

图 2-70（a）表示轴 $\phi 30_{-0.03}^{0}$ 的轴线的直线度公差采用最小实体要求。图 2-70（b）表示当该轴处于最小实体状态时，其轴线的直线度公差为 $\phi 0.02$ mm；动态公差图如图 2-70（c）所示，当轴的实际尺寸偏离最小实体状态时，其轴线允许的直线度误差可相应地增大。

该轴应满足下列要求。

① 轴的任一局部实际尺寸在 $\phi 29.97 \sim \phi 30$ mm。

② 实际轮廓不超出最小实体实效边界，最小实体实效尺寸为 $d_{LV} = d_L - t = 29.97\text{mm} - 0.02\text{mm} = 29.95\text{mm}$

③ 当该轴处于最大实体状态时，其轴线的直线度误差允许达到最大值，即尺寸公差值全部补偿给直线度公差，允许直线度误差为 $\phi 0.02\text{mm} + \phi 0.03\text{mm} = \phi 0.05\text{mm}$

最小实体要求一般用于标有位置度、同轴度、对称度等项目的关联要素，很少用于单一要素。当给出的形位公差值为零时，称为最小实体要求的零形位公差，并以 "0Ⓛ" 表示。

最小实体要求也可以应用于基准中心要素，此时应在公差框格中的相应基准符号后面加注符号Ⓛ。

（4）可逆要求。采用最大实体要求与最小实体要求时，只允许将尺寸公差补偿给形位公差。有了可逆要求，可以逆向补偿，即当被测要素的形位误差值小于给出的形位公差值时，允许在满足功能要求的前提下扩大尺寸公差，因此，可逆要求也可称为可逆的最大实体要求。

可逆要求仅适用于中心要素，即轴线或中心平面。可逆要求通常与最大实体要求和最小实体要求连用，不能独立使用。

可逆要求标注时在Ⓜ、Ⓛ后面加注Ⓡ，此时被测要素应遵循最大实体实效边界或最小实体实效边界，如图 2-71 所示。

① 可逆要求用于最大实体要求。被测要素的实际轮廓应遵循其最大实体实效边界，即其体外作用尺寸不超出最大实体实效尺寸。当实际尺寸偏离最大实体尺寸时，允许其形位误差超出给定的形位公差值。在不影响零件功能的前提下，当被测轴线或中心平面的形位误差值小于在最大实体状态下给出的形位公差值时，允许实际尺寸超出最大实体尺寸，即允许相应的尺寸公差增大，但最大可能允许的超出量为形位公差。

可逆要求用于最大实体要求的合格条件为：轴或孔的体外作用尺寸不得超过最大实体实效尺寸，局部实际尺寸不得超过最小实体尺寸，即

对于轴：$d_{fe} \leq d_{MV} = d_{max} + t$，$d_L(d_{min}) \leq d_a \leq d_{MV}(d_{max} + t)$。

对于孔：$D_{fe} \geq D_M = D_{min} - t$，$D_L(D_{max}) \geq D_a \geq D_{MV}(D_{min} - t)$。

如图 2-71（a）所示，轴线的直线度公差 $\phi 0.02$ mm 是在轴为最大实体尺寸 $\phi 30$ mm 时给定的，当轴的尺寸小于 $\phi 30$ mm 时，直线度误差的允许值可以增大。例如，尺寸为 $\phi 29.98$ mm，则允许的直线度误差为 $\phi 0.04$ mm；当实际尺寸为最小实体尺寸 $\phi 29.97$ mm 时，允许的直线度误差最大，为

$\phi 0.05$ mm。如图 2-71（b）所示，当轴线的直线度误差小于图样上给定的 $\phi 0.02$ mm 时，如为 $\phi 0.01$ mm，则允许其实际尺寸大于最大实体尺寸 $\phi 30$ mm 而达到 $\phi 30.1$ mm；当直线度误差为 0 时，轴的实际尺寸可达到最大值，即等于最大实体实效边界尺寸 $\phi 30.02$ mm。图 2-71（c）为上述关系的动态公差图。

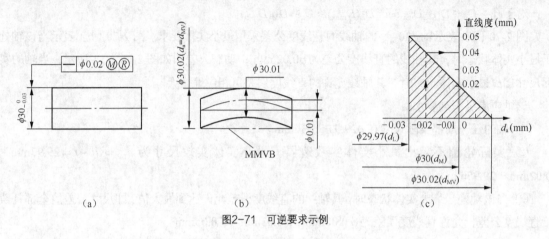

（a）　　　　　　　　　　（b）　　　　　　　　　　（c）

图2-71　可逆要求示例

② 可逆要求用于最小实体要求。被测要素的实际轮廓受最小实体实效边界控制（示例略）。

可逆要求用于最小实体要求的合格条件为：轴或孔的体内作用尺寸不得超过最小实体实效尺寸，局部实际尺寸不得超过最大实体尺寸，即

对于轴：$d_{fi} \geq d_{LV} = d_{min} - t$，$d_{LV}(d_{min} - t) \leq d_a \leq d_M(d_{max})$。

对于孔：$D_{fi} \leq D_M = D_{max} + t$，$D_{LV}(D_{max} + t) \geq D_a \geq D_M(D_{min})$。

2.7　几何公差选择

正确地选用几何（形位）公差项目，合理地确定几何（形位）公差数值，对提高产品的质量和降低制造的成本具有十分重要的意义。

几何（形位）公差的选用，主要包含 4 方面的内容，即几何公差项目、基准、公差数值以及公差原则的选用。

2.7.1　几何公差项目的选择

几何（形位）公差项目选择的基本依据是根据要素的几何特征、零件的使用要求和结构特点、检测方便性以及形位项目之间的协调等来确定必须控制的公差项目。选择时，考虑以下几个方面。

（1）零件的使用要求。根据零件的不同功能要求，给出不同的几何（形位）公差项目。例如圆柱形零件，当仅需要顺利装配时，可选轴心线的直线度；如果孔、轴之间有相对运动，应均匀接触，或为了保证密封性，应选择圆柱度以综合控制圆度、素线直线度和轴线直线度。

（2）零件的结构特点。任何一个机械零件都是由简单的几何要素组成的，几何（形位）公差项目就是对零件上某个要素的形状或要素之间的相互位置精度提出的要求。例如回转类（轴、套类）零件中的阶梯轴，它的轮廓要素是圆柱面、端面和中心要素。圆柱面选择圆柱度是理想项目，因为

它能综合控制径向的圆度误差、轴向的直线度误差和素线的平行度误差。但须注意，当选定为圆柱度，若对圆度无进一步要求，就不必再选圆度，以避免重复要素之间的位置关系。若阶梯轴的轴线有位置要求，可选用同轴度或跳动项目。同轴度主要用于限制轴线的偏离；跳动能综合限制要素的形状和位置误差，且检测方便，但它不能反映单项误差。从零件的使用要求看，若阶梯轴两轴颈明确要求限制轴线间的偏差时，应采用同轴度；平面类零件可选平面度，机床导轨这类窄长零件可选直线度，齿轮类零件可选径向跳动、端面跳动，凸轮类零件可选轮廓度。

（3）检测的方便性。确定几何公差特征项目时，考虑到检测的方便性与经济性。例如，对轴类零件可以用径向全跳动综合控制圆柱度、同轴度；用端面全跳动代替端面对轴线的垂直度，因为跳动误差检测方便，又能较好地控制相应的形位误差。

总的来说，在满足功能要求的前提下，尽量减少项目，以获得较好的经济效益。

（4）项目之间的协调。应尽量选择具有综合控制功能的几何公差，以减少公差项目。例如，选择方向公差可以控制与其有关的形状误差，选择位置公差可以控制与其有关的方向误差和形状误差，选择跳动公差可以控制与其有关的位置误差、方向误差和形状误差。

2.7.2 几何公差基准的选择

基准是确定关联要素间方向或位置的依据。在考虑选择方向、位置公差项目时，必然同时考虑要采用的基准，是选用单一基准、组合基准，还是选用多基准。单一基准由一个要素作基准使用，如平面、圆柱面的轴线，可建立基准平面、基准线；组合基准是由两个或两个以上要素构成的，作为单一基准使用。

选择基准时，一般应考虑以下几方面。

根据要素的功能及对被测要素间的几何关系来选择基准。如轴类零件，通常以两个轴承为支撑运转，其运转轴线是安装轴承的两轴颈的公共轴线。因此，从功能要求和控制其他要素的位置精度来看，应选这两个轴颈的公共轴线为基准。

基准要素应有足够的刚度和大小，以保证定位稳定和可靠。例如，用两条或两条以上距离较远的轴线组合成公共基准轴线比一条基准轴线要稳定。

根据装配关系，应选择零件相互配合、相互接触的表面作为各自的基准，以保证装配要求。例如，箱体的底平面和侧面，盘类零件的轴线。

选用加工较精确的表面作基准。从加工、检验角度考虑，应选择在夹具、检具中定位的相应要素为基准。这样能使所选基准与定位基准、检测基准、装配基准重合，以消除由于基准不重合引起的误差。

2.7.3 几何公差值的选择

几何公差值的确定原则是根据零件的功能要求，并考虑加工的经济性和零件的结构、刚性等情况确定要素的公差值。几何公差值的大小是由公差等级来确定的。按照国家标准规定，几何公差项目中除线、面轮廓度和位置度未规定公差等级外，其余项目均有规定（对于位置度，国家标准只规定了公差数系，而未规定公差等级）。几何公差等级一般划分为 12 级，即 1～12 级，精度依次降低。其中，圆度和圆柱度划分为 13 级，即 0～12 级。其中，6、7 级为基本级。各几何公差的公差值见表2-3～表2-7。在设计中，公差等级的确定常采用类比法，参见表2-10～表2-18。

表2-10　　　　　　直线度、平面度公差等级应用举例

公差等级	应 用 举 例
1、2	用于精密量具、测量仪器以及精度要求较高的精密机械零件。如零级样板，平尺，零级宽平尺，工具显微镜等精密测量仪器的导轨面，喷油嘴针阀体端面平面度，液压泵柱塞套端面平面度等
3	用于零级及1级宽平尺工作面，1级样板平尺工作面，测量仪器圆弧导轨的直线度，测量仪器的测杆等
4	用于量具，测量仪器和机床的导轨。如1级宽平尺，零级平板，测量仪器的V形导轨，高精度平面磨床的V形导轨和滚动导轨，轴承磨床及平面磨床床身直线度等
5	用于1级平板，2级宽平尺，平面磨床纵导轨、垂直导轨、立柱导轨和平面磨床的工作台，液压龙门刨床导轨面，转塔车床床身导轨面，柴油机进排气门导杆等
6	用于1级平板，卧式车床床身导轨面，龙门刨床导轨面，滚齿机立柱导轨，床身导轨工作台，自动车床床身导轨，平面磨床床身导轨，卧式镗床、铣床工作台以及机床主箱导轨，柴油机进气门导杆直线度，柴油机机体上部结合面等
7	用于2级平板，0.02游标卡尺尺身的直线度，机床主轴箱箱体，滚齿机床床身导轨，镗床工作台，摇臂钻底座的工作台，柴油机气门导杆，液压泵盖的平面度，压力导轨及滑块
8	用于2级平板，车床溜板箱体，机床主轴箱体、传动箱体，自动车床底座，汽缸盖结合面，汽缸座、内燃机连杆分离面的平面度，减速机壳体的结合面
9	用于3级平板，机床溜板箱，立钻工作台，螺纹磨床的挂轮架，金相显微镜的载物台，柴油机汽缸体连杆的分离面，缸盖的结合面，阀片的平面度，空气压缩机汽缸体，柴油机缸孔环的平面度以及辅助机构及手动机械的支撑面
10	用于3级平板，自动车床床身底面的平面度，车床挂轮架的平面度，柴油机汽缸体，托车的曲轴箱体，汽车变速箱的壳体与汽车发动机缸盖的结合面，阀片的平面度，液压管件和法兰的连接面
11、12	用于易变形的薄片零件，如离合器的摩擦片、汽车发动机缸盖的结合面等

表2-11　　　　直线度、平面度公差等级与表面粗糙度的对应关系　　　　单位：μm

主参数 (mm)	公 差 等 级											
	1	2	3	4	5	6	7	8	9	10	11	12
≤25	0.025	0.05	0.1	0.1	0.2	0.2	0.4	0.8	1.6	1.6	3.2	6.3
>25～160	0.05	0.1	0.1	0.2	0.2	0.4	0.8	0.8	1.6	3.2	6.3	12.5
>160～1 000	0.1	0.2	0.4	0.4	0.8	1.6	1.6	3.2	3.2	6.3	12.5	12.5
>1 000～10 000	0.2	0.4	0.8	1.6	1.6	3.2	6.3	6.3	12.5	12.5	12.5	12.5

注：6、7、8、9级为常用的形位公差等级。

表2-12　　　　　　圆度、圆柱度公差等级应用举例

公差等级	应 用 举 例
1	高精度量仪主轴，高精度机床主轴，滚动轴承的滚珠和滚柱等
2	精密量仪主轴、外套、阀套、高压泵柱塞及柱塞套，纺锭轴承，高速柴油机排气门，精密机床主轴轴颈，针阀圆柱表面，喷油泵柱塞及柱塞套
3	工具显微镜套管外圆，高精度外圆磨床轴承，磨床砂轮主轴套筒，喷油嘴针、阀体，高精度微型轴承内外圈

续表

公差等级	应 用 举 例
4	较精密机床主轴，精密机床主轴箱孔，高压阀门活塞、活塞销、阀体孔，工具显微镜顶针，高压液压泵柱塞，较高精度滚动轴承配合轴，铣削动力头箱体孔等
5	一般量仪主轴，测杆外圆，陀螺仪轴径，一般机床主轴，较精密机床主轴及主轴箱孔，柴油机、汽油机活塞、活塞销，铣削动力头轴承座箱体孔，高压空气压缩机十字头销、活塞精度较低的滚动轴承配合轴等
6	仪表端盖外圆，一般机床主轴及箱体孔，中等压力下液压装置工作面（包括泵、压缩机的活塞和气缸，汽车发动机凸轮轴，纺织锭子，通用减速器轴颈，高速发动机曲轴，拖拉机曲轴主轴颈
7	大功率低速柴油机曲轴、活塞、活塞销、连杆、气缸，高速柴油机箱体孔，千斤顶或压力液压缸活塞，液压传动系统的分配机构，机车传动轴，水泵及一般减速器轴颈
8	低速发动机、减速器、大功率曲柄轴轴颈，压力机连杆盖，拖拉机气缸体、活塞，炼胶机冷铸轴辊，印刷机传墨辊，内燃机曲轴，柴油机机体孔，凸轮轴，拖拉机、小型船用柴油机气缸套
9	空气压缩机缸体，液压传动筒，通用机械杠杆与拉杆用套筒销子，拖拉机活塞环、套筒孔
10	印染机导布辊、绞车、吊车、起重机滑动轴承轴颈等

表 2-13　　　　　　　圆度、圆柱度公差等级与表面粗糙度的对应关系　　　　　　　单位：μm

主参数（mm）	公 差 等 级												
	0	1	2	3	4	5	6	7	8	9	10	11	12
	表面粗糙度 R_a 值不大于												
≤3	0.006 25	0.012 5	0.012 5	0.025	0.05	0.1	0.2	0.2	0.4	0.8	1.60	3.2	3.2
>3～18	0.006 25	0.012 5	0.025	0.05	0.1	0.2	0.4	0.4	0.8	1.6	3.2	6.3	12.5
>18～120	0.012 5	0.025	0.05	0.1	0.2	0.4	0.4	0.8	1.6	3.2	6.3	12.5	12.5
>120～500	0.20	0.05	0.1	0.2	0.4	0.8	0.8	1.6	3.2	6.3	12.5	12.5	12.5

表 2-14　　　　　　　圆度、圆柱度公差等级与尺寸公差等级的对应关系

尺寸公差等级（IT）	圆度、圆柱度公差等级	公差带占尺寸公差百分比	尺寸公差等级（IT）	圆度、圆柱度公差等级	公差带占尺寸公差百分比	尺寸公差等级（IT）	圆度、圆柱度公差等级	公差带占尺寸公差百分比
01	0	66	5	4	40	9	10	80
0	0	40		5	60	10	7	15
	1	80		6	95		8	20
1	0	25	6	3	16		9	30
	1	50		4	26		10	50
	2	75		5	40		11	70
2	0	16		6	66	11	8	13
	1	33		7	95		9	20
	2	50	7	4	16		10	33
	3	85		5	24		11	46
3	0	10		6	40		12	83
	1	20		7	60	12	9	12
	2	30		8	80		10	20
	3	50	8	5	17		11	28
	4	80		6	28		12	50
4	1	13		7	43	13	10	14
	2	20		8	57		11	20
	3	33		9	85		12	35
	4	53	9	6	16	14	11	11
	5	80		7	24		12	20
5	2	15		8	32	15	12	12
	3	25		9	48			

表 2-15　　平行度、垂直度、倾斜度公差等级与尺寸公差等级的对应关系

平行度（线对线、面对面）公差等级	3	4	5	6	7	8	9	10	11	12
尺寸公差等级（IT）				3、4	5、6	7、8、9	10、11、12	12、13、14	14、15、16	
垂直度和倾斜度公差等级	3	4	5	6	7	8	9	10	11	12
尺寸公差等级（IT）	5	6	7、8	8、9	10	11、12	12、13	14	15	

注：6、7、8、9级为常用的形位公差等级，6级为基本等级。

表 2-16　　　　　　　　平行度、垂直度公差等级应用举例

公差等级	面对面平行度应用举例	面对线、线对线平行度应用举例	垂直度应用举例
1	高精度机床，高精度测量仪器以及量具等主要基准面和工作面		高精度机床、高精度测量仪器以及量具等主要基准面和工作面
2、3	精密机床、精密测量仪器、量具及夹具的基准面和工作面	精密机床上重要箱体主轴孔对基准面及对其他孔的要求	精密机床导轨，普通机床重要导轨，机床主轴轴向定位面，精密机床主轴轴肩端面，滚动轴承座圈端面，齿轮测量仪心轴，光学分度头心轴端面，精密刀具、量具工作面和基准面
4、5	卧式车床，测量仪器、量具的基准面和工作面，高精度轴承座圈，端盖、挡圈的端面	机床主轴孔对基准面要求，重要轴承孔对基准面要求，床头箱体与孔间要求，齿轮泵的端面等	普通机床导轨，精密机床重要零件，机床重要支承面，普通机床主轴偏摆，测量仪器，刀具，量具，液压传动轴轴瓦端面，刀具、量具工作面和基准面
6、7、8	一般机床零件的工作面和基准面，一般刀具、量具、夹具	机床一般轴承孔对基准面的要求，主轴箱一般孔间要求，主轴花键对定心直径要求，刀具、量具、模具	普通精度机床主要基准面和工作面，回转工作台端面，一般导轨，主轴箱体孔，刀架、砂轮架及工作台回转中心，一般轴肩对其轴线的垂直度
9、10	低精度零件，重型机械滚动轴承端盖	柴油机和煤气发动机的曲轴孔、轴颈等	花键轴轴肩端面，传动带运输机法兰盘等对端面、轴线的垂直度，手动卷扬机及传动装置中轴承端面，减速器壳体平面
11、12	零件的非工作面，绞车、运输机上的减速器壳体平面		农业机械齿轮端面

注：1. 在满足设计要求的前提下，考虑到零件加工的经济性，对于线对线和线对面的平行度和垂直度公差等级，应选用低于面对面的平行度和垂直度公差等级。

2. 使用此表选择面对面平行度和垂直度时，宽度应不大于 1/2 长度；若大于 1/2，则降低一级公差等级选用。

表 2-17　　　　同轴度、对称度、跳动公差等级与尺寸公差等级的对应关系

同轴度、对称度、径向圆跳动和径向全跳动公差等级	1	2	3	4	5	6	7	8	9	10	11	12
尺寸公差等级（IT）	2		3	4	5	6	7、8	8、9	10	11、12	12、13	14	15
端面圆跳动、斜向圆跳动、端面全跳动公差等级	1	2	3	4	5	6	7	8	9	10	11	12
尺寸公差等级（IT）	1		2	3	4	5	6	7、8	8、9	10	11、12	12、13	14

注：6、7、8、9 级为常用的形位公差等级，7 级为基本等级。

表 2-18　　　　　　　同轴度、对称度、跳动公差等级应用举例

公差等级	应用举例
5、6、7	这是应用较广泛的公差等级。用于形位精度要求较高、尺寸公差等级为 IT8 及高于 IT8 的零件。5 级常用于机床主轴轴颈，计量仪器的测量杆，气轮机主轴，柱塞液压泵转子，高精度滚动轴承外圈，一般精度滚动轴承内圈，回转工作台端面。7 级用于内燃机曲轴、凸轮轴、齿轮轴、水泵轴、汽车后轮输出轴，电动机转子，印刷机传墨辊的轴颈、键槽
8、9	常用于形位精度要求一般。尺寸公差等级为 IT9 至 IT11 的零件。8 级用于拖拉机发动机分配轴轴颈，与 9 级精度以下齿轮相配的轴，水泵叶轮，离心泵体，棉花精梳机前后滚子，键槽等。9 级用于内燃机气缸套配合面，自行车中轴

确定几何公差等级，还要从以下几个方面考虑。

（1）考虑零件的结构特点。对于刚性较差的零件，如细长的轴或孔；某些结构特点的要素，如跨距较大的轴或孔，以及宽度（一般大于 1/2 长度）较大的零件表面，因加工时产生较大的形位误差，因此应比正常情况选择低 1~2 级形位公差等级。

（2）协调几何公差值与尺寸公差值之间的关系。在同一要素上给出的形状公差值应小于位置公差值。例如，要求平行的两个表面，其平面度公差值应小于平行度公差值；圆柱形零件的形状公差值（轴线的直线度除外）一般情况下应小于其尺寸公差值，平行度公差值应小于其相应的距离尺寸的尺寸公差值，所以几何公差值与相应要素的尺寸公差值之间的关系是：

$$t_{形状} < t_{位置} < t_{尺寸}$$

（3）形状公差与表面粗糙度 R_a 的关系。一般精度时，$R_a=(0.2~0.3)t_{形状}$；对高精度及小尺寸零件，$R_a(0.5~0.7)t_{形状}$。

（4）采用包容原则时，形状公差与尺寸公差之间的关系。包容原则主要用于保证配合性质的要素，用尺寸公差代替形状公差。对于尺寸公差在 IT5~IT8 范围内的形状公差值，一般可取

$$t_{形状} = (0.25~0.65)t_{尺寸}$$

2.7.4　几何公差原则的选择

根据零部件的装配及性能要求选择形位公差原则，如需较高运动精度的零件，为保证不超出形状公差，可采用独立原则；如要求保证配合零件间的最小间隙以及采用量规检验的零件，可采用包容原则；如只要求可装配性的配合零件，可采用最大实体原则。

综上所述，几何公差的标注方法步骤如下。

（1）根据功能要求确定几何公差项目。

（2）选择基准要素。

（3）参考几何公差与尺寸公差、表面粗糙度、加工方法的关系，再结合实际情况修正后，确定出公差等级，并查表得出公差值。

（4）选择公差原则，确定标注方法。

2.7.5 未注公差值

为简化制图，对一般机床加工就能保证的形位精度，不必在图样上注出几何公差。未注形位公差按国标 GB/T 1184-1996《形状和位置公差 未注公差值》规定执行，如表 2-19～表 2-22 所示。

表 2-19　　　　　　　　　　直线度、平面度的未注公差值　　　　　　单位：mm

公差等级	基本长度范围					
	≤10	>10～30	>30～100	>100～300	>300～1 000	>1 000～3 000
H	0.02	0.05	0.1	0.2	0.3	0.4
K	0.05	0.1	0.2	0.4	0.6	0.8
L	1	0.2	0.4	0.8	1.2	1.6

表 2-20　　　　　　　　　　垂直度的未注公差值　　　　　　　　单位：mm

公差等级	基本长度范围			
	≤100	>100～300	>300～1 000	>1 000～3 000
H	0.2	0.3	0.4	0.5
K	0.4	0.6	0.8	1
L	0.6	1	1.5	2

表 2-21　　　　　　　　　　对称度的未注公差值　　　　　　　　单位：mm

公差等级	基本长度范围			
	≤100	>100～300	>300～1 000	>1 000～3 000
H	0.5			
K	0.6		0.8	1
L	0.6	1	1.5	2

表 2-22　　　　　　　　　　圆跳动的未注公差值　　　　　　　　单位：mm

公 差 等 级	圆跳动公差值
H	0.1
K	0.2
L	0.5

未注直线度、垂直度、对称度和圆跳动各规定了 H、K、L 3 个公差等级，在标题栏或技术要求中注出标准及等级代号，如：GB/T 1184—K。

2.7.6 几何公差的标注选择实例

【例】 试确定图 2-72 所示曲轴的几何公差标注。

（1）曲拐左、右端主轴颈是两处支撑点，与主轴承配合，可用作其他标注的基准。应严格控制它的形状和位置误差，公差项目选为圆柱度和两轴颈的同轴度。但考虑到两轴颈的同轴度误差在生产中不便于检测，可用径向圆跳动公差来控制同轴度误差。查表 2-18 确定径向圆跳动公差等级为 7 级，查

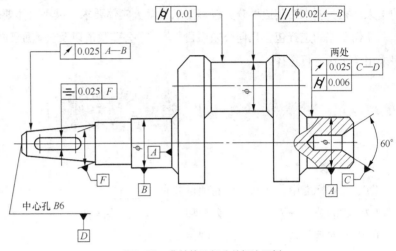

图2-72 曲轴的几何公差标注示例

表 2-7 得公差值 $t = 0.025$ mm，基准是 C、D 两中心孔的锥面部分的轴线所构成的公共轴线。查表 2-12 确定圆柱度公差等级为 6 级，查表 2-5 得公差值 $t = 0.006$ mm。

（2）曲拐部分与连杆配合，为了保证可装配性和运动精度，应控制其轴线和曲轴主轴颈（两处支撑轴颈）的轴线之间的圆柱度和平行度。查表 2-16 确定平行度公差等级为 6 级，查表 2-6 得公差值 $t = \phi 0.02$ mm，基准是 A、B 两主轴颈的实际轴线所构成的公共轴线。查表 2-12 确定圆柱度公差等级为 7 级，查表 2-5 得公差值 $t = 0.01$ mm。

（3）曲轴左端锥体部分通过键连接与减震器配合。为保证运动平稳，应控制其径向圆跳动。查表 2-18 确定径向圆跳动公差等级为 7 级，查表 2-7 得公差值 $t = 0.025$ mm，基准是 A、B 两主轴颈的实际轴线所构成的公共轴线。

（4）曲轴左端锥体部分键槽的对称度，查表 2-18 得公差等级为 7 级，查表 2-7 得公差值 $t = 0.025$ mm，基准是锥体的轴线。

小结

本章主要讲述了几何公差的基本定义，几何公差带的特性，公差原则及几何公差的选择。

几何公差带的特性包括形状、大小、方向和位置四要素。公差带的形状由被测要素的形状、几何公差项目及几何公差值前的符号分析后确定；大小统一以直径或宽度表示；方向和位置可以是固定的，也可以是浮动的。由理论正确尺寸确定被测要素与基准之间方向和位置的，公差带是固定的；反之为浮动的。

公差原则是指形位公差与尺寸公差之间的关系，分为独立原则和相关要求。独立原则是形位公

差与尺寸公差分别满足各自要求的公差原则，也是应用最多的公差原则；相关要求就是要求作用尺寸不超出给定的边界尺寸。在检测时，不要求实测形位误差值，而是用一定的边界来控制形位误差，实际轮廓不超出这个边界，形位误差就合格。形位误差是由被测要素的形状、位置和尺寸综合作用的结果。相关要求按其边界分为包容要求、最大实体要求、最小实体要求及可逆要求。

几何公差的选择包含几何公差项目、基准、公差数值以及公差原则的选用，一般结合生产实际，多采用类比法进行选择。

1．填空题

（1）国家标准中，几何公差的项目共有＿＿＿＿＿＿项。

（2）跳动公差分为＿＿＿＿＿＿公差和＿＿＿＿＿＿公差两种。

（3）几何误差是＿＿＿＿＿＿的控制对象。

（4）位置公差分为位置度公差、同轴度（圆心度）公差和＿＿＿＿＿＿公差、线轮廓度公差、面轮廓度公差。

（5）几何公差中，包容要求的理想边界为＿＿＿＿＿＿边界。

（6）方向公差带相对于基准的方向是固定的，在此基础上＿＿＿＿＿＿是浮动的。

（7）零件加工后经测量获得的尺寸称为＿＿＿＿＿＿。

（8）公差原则中的相关要求可分为＿＿＿＿＿＿、最大实体要求、最小实体要求和可逆要求。

（9）几何误差是被测实际要素相对于＿＿＿＿＿＿的变动量。

（10）公差原则就是处理＿＿＿＿＿＿与＿＿＿＿＿＿之间关系的原则。

（11）最大实体要求应用于被测要素时，被测要素应遵守＿＿＿＿＿＿边界。

（12）位置公差带可同时限制被测要素的＿＿＿＿＿＿、大小、方向和＿＿＿＿＿＿。

（13）端面全跳动公差带控制端面对基准轴线的＿＿＿＿＿＿误差，同时它也控制了端面的＿＿＿＿＿＿误差。

2．选择题

（1）与圆度的公差带形状相同的是（　　　　）。

    A．直线度　　　　　　B．圆柱度　　　　　　C．径向圆跳动　　　　D．平面度

（2）被测直线的直线度误差与它相对基准直线的同轴度误差关系是（　　　　）。

    A．前者一定等于后者　　　　　　　　　B．前者小于或等于后者

    C．前者一定小于后者　　　　　　　　　D．前者一定大于后者

（3）如果某轴一横截面实际轮廓是由直径分别为ϕ30.05 mm和ϕ30.03 mm的两个同心圆包容而成的最小包容区域，该轮廓的圆度误差值为（　　　　）。

    A．0.01 mm　　　　　B．0.02 mm　　　　　C．0.03 mm　　　　　D．0.04 mm

（4）被测平面的平面度公差与它相对基准平面的平行度公差关系是（ ）。

A. 前者一定等于后者　　　　　　　　B. 前者一定大于后者

C. 前者小于或等于后者　　　　　　　D. 前者一定小于后者

（5）与径向圆跳动公差带形状基本相同的公差带是（ ）。

A. 直线度　　　　　B. 圆柱度　　　　　C. 圆度　　　　　D. 平面度

（6）形状公差带特点是（ ）。

A. 方向确定，位置可以浮动　　　　　B. 方向不确定，位置确定

C. 方向和位置都确定　　　　　　　　D. 方向和位置都可以浮动

（7）下列尺寸中属于设计要求的是（ ）。

A. 作用尺寸　　　　B. 绝对尺寸　　　　C. 实际尺寸　　　　D. 极限尺寸

（8）与全跳动公差带的形状基本相同的公差带是（ ）。

A. 圆度　　　　　　B. 同轴度　　　　　C. 圆柱度　　　　　D. 位置度

（9）包容要求的边界是（ ）。

A. 最大实体尺寸　　B. 最小实体尺寸　C. 最大实体实效尺寸　D. 最小实体实效尺寸

（10）几何公差的基准代号中的字母（ ）。

A. 按垂直方向书写　　　　　　　　　B. 按水平方向书写

C. 书写的方向应和基准符号的方向一致　D. 按任一方向书写均可

3．应用题

（1）改正图 2-73 中标注错误，不允许改变几何公差项目符号。

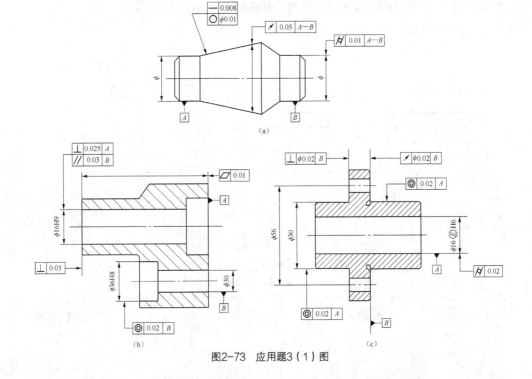

图2-73　应用题3（1）图

（2）将下列要求①～④标注在图 2-74（a）中，要求⑤～⑧标注在图 2-74（b）中。

① ϕ100h8 圆柱面对ϕ40H7 孔轴线的径向圆跳动公差为 0.025 mm。

② ϕ40H7 孔圆柱度公差为 0.007 mm。

③ 左右两凸台端面对ϕ40H7 孔轴线的圆跳动公差为 0.012 mm。

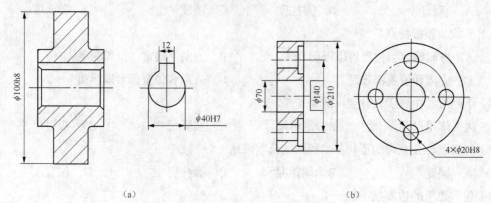

（a）　　　　　　　　　　　　　　（b）

图2-74　应用题3（2）图图

④ 轮毂键槽（中心面）对ϕ40H7 孔轴线的对称度公差为 0.02 mm。

⑤ 左端面的平面度公差为 0.012 mm。

⑥ 右端面对左端面的平行度公差为 0.03 mm。

⑦ ϕ70 孔按 H7 遵守包容要求。

⑧ 4×ϕ20H8 孔中心线对左端面及ϕ70 mm 孔轴线的位置度公差为ϕ0.15 mm（要求均匀分布），被测中心线的位置度公差与ϕ20H8 尺寸公差的关系应用最大实体要求。

（3）公差原则标注如图 2-75 所示，按要求填写表 2-23。

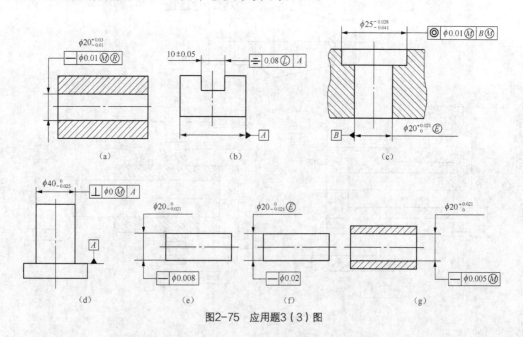

（a）　　　　　（b）　　　　　（c）

（d）　　　　　（e）　　　　　（f）　　　　　（g）

图2-75　应用题3（3）图

表 2-23　　　　　　　　　　　　　　应用题 3（3）

序　号	采用公差原则（要求）	遵守的理想边界及边界尺寸（mm）	最大实体状态时形位公差（mm）	最小实体状态时形位公差（mm）	局部实际尺寸合格范围（mm）
a					
b					
c					
d					
e					
f					
g					

（4）几何公差标注如图 2-76 所示，按要求填写表 2-24 几何公差带特点。

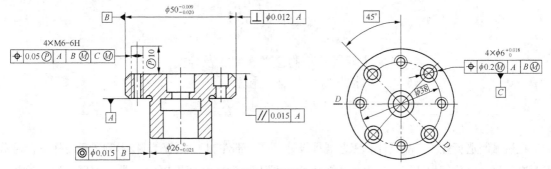

图2-76　应用题3（4）图

表 2-24　　　　　　　　　　　　　　应用题 3（4）

序号	项目名称	被测要素	基准要素	公差带形状	公差带大小（mm）	公差带方向	公差带位置
1	位置度						
2	垂直度						
3	平行度						
4	同轴度						
5	位置度						

（5）比较图 2-77 中的 3 种垂直度公差标注方法，论述 3 种标注的区别。

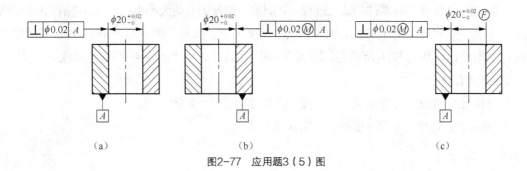

图2-77　应用题3（5）图

第3章

| 尺寸公差设计——尺寸链 |

【学习目标】

1. 了解尺寸链的含义、组成及分类。
2. 掌握尺寸链的建立和解算方法。
3. 了解装配尺寸链和工艺尺寸链。

在机械制造行业的产品设计，工艺规程设计，零、部件加工和装配，技术测量等工作中，通常需要进行尺寸链分析和计算。应用尺寸链理论，可以经济合理地确定构成机器、仪器等的有关零、部件的几何精度，从而获得产品的高质量、低成本和高生产率。分析计算尺寸链，应遵循国家标准GB/T 5847—2004尺寸链计算方法。

概述

| 3.1.1 尺寸链的基本概念 |

一个零件或一台机器的结构尺寸总存在着一些相互联系，这些相互联系的尺寸按一定顺序连接成一个封闭的尺寸组，称为尺寸链。

例如，图3-1的孔和轴零件的装配过程，其间隙（过盈）A_0的大小由孔径A_1和轴径A_2所决定，即$A_0 = A_1 - A_2$。这些尺寸组合A_1、A_2和A_0就是一个尺寸链。又如，图3-2所示的零件，先后按A_1、A_2加工，则尺寸A_0由A_1和A_2所确定，即$A_0 = A_1 - A_2$。这样，尺寸A_1、A_2和A_0也形成一个尺寸链。

尺寸链具有两个特性。

（1）封闭性。组成尺寸链的各个尺寸按一定顺序构成一个封闭系统。

（2）相关性。其中一个尺寸变动将影响其他尺寸变动。

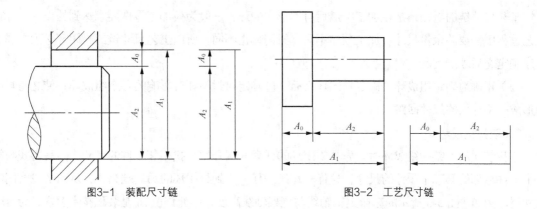

图3-1 装配尺寸链   图3-2 工艺尺寸链

3.1.2 尺寸链的组成与分类

1. 尺寸链的组成

组成尺寸链的各个尺寸称为环。尺寸链的环分为封闭环和组成环。

（1）封闭环。加工或装配过程中最后自然形成的那个尺寸称封闭环。封闭环是尺寸链中唯一的特殊环，一般以字母加下标"0"表示，如 A_0、B_0 等。如图 3-1 中的尺寸 A_0 就是封闭环。

（2）组成环。尺寸链中除封闭环以外的其他环称组成环。同一尺寸链中的组成环一般以同一字母加下标 1，2，3，…"表示，如 A_1、A_2…根据它们对封闭环影响的不同，又分为增环和减环。

① 增环。与封闭环同向变动的组成环，即当该组成环尺寸增大（减小）而其他组成环不变时，封闭环的尺寸也随之增大（减小）。

② 减环。与封闭环反向变动的组成环，即当该组成环尺寸增大（减小）而其他组成环不变时，封闭环的尺寸却随之减小（增大）。

2. 尺寸链的分类

装配尺寸链按照计量单位的不同可分为长度尺寸链、角度尺寸链；按几何特征和所处的空间位置可分为线性尺寸链、平面尺寸链和空间尺寸链；按尺寸应用类型可分为零件尺寸链、装配尺寸链（见图 3-1）和工艺尺寸链（见图 3-2）。

3.1.3 尺寸链线图的建立

1. 建立尺寸链

正确建立和描述尺寸链是进行尺寸链综合精度分析计算的基础。建立装配尺寸链时，应了解零件的装配关系、装配方法及装配性能要求；建立工艺尺寸链时，应了解零、部件的设计要求及其制造工艺过程。同一零件的不同工艺过程所形成的尺寸链是不同的。

（1）正确地确定封闭环。装配尺寸链的封闭环就是产品上有装配精度要求的尺寸。如同一个部件中各零件之间相互位置要求的尺寸，或保证配合零件的配合性能要求的间隙或过盈量。

零件尺寸链的封闭环应为公差等级要求最低的环，一般在零件图上不进行标注，以免引起加工中的混乱。

工艺尺寸链的封闭环是在加工中最后自然形成的环，一般为被加工零件要求达到的设计尺寸或工艺过程中需要的余量尺寸。加工顺序不同，封闭环也不同，所以工艺尺寸链的封闭环必须在加工顺序确定之后才能判断。

（2）正确地确定组成环。确定封闭环之后，应确定对封闭环有影响的各个组成环，使之与封闭环形成一个封闭的尺寸回路。

2. 查找组成环

查找装配尺寸链的组成环时，先从封闭环的任意一端开始，找相邻零件的尺寸，然后再找与第一个零件相邻的第二个零件的尺寸，这样一环接一环，直到封闭环的另一端为止，从而形成封闭的尺寸组。例如，图 3-3 所示的车床主轴轴线与尾架轴线高度差的允许值 A_0 是装配技术要求，为封闭环。组成环可从尾架顶尖开始查找，经过尾架顶尖轴线到底面的高度 A_3、与床面相连的底板的厚度 A_2、床面到主轴轴线的距离 A_1，最后回到封闭环。其中 A_1、A_2 和 A_3 均为组成环。

3. 画尺寸链线图

为了清楚地表达尺寸链的组成，通常不需要画出零件或部件的具体结构，也不必按照严格的比例，只需将尺寸链中各尺寸依次画出，形成封闭的图形即可，这样的图形称为尺寸链线图，如图 3-3（b）所示。画出装配尺寸链图后，要判别组成环的性质，即增环还是减环。

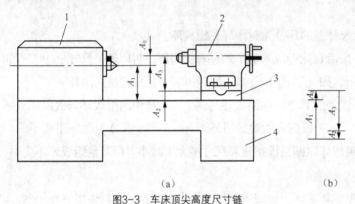

图3-3　车床顶尖高度尺寸链

判别组成环性质的方法有两种：定义法和箭头法。

（1）定义法：当组成环尺寸增大（减小）时，封闭环尺寸也随之同向增大（减小），则该组成环为增环；当组成环尺寸增大（减小）时，封闭环尺寸随之异向减小（增大），则该组成环为减环。

（2）箭头法：在尺寸链线图中，常用带单箭头的线段表示各环，箭头仅表示查找尺寸链组成环的方向。与封闭环箭头方向相同的环为减环，与封闭环箭头方向相反的环为增环。在图 3-3（b）中，用箭头法判断 A_1 为减环，A_2、A_3 为增环。

3.1.4　尺寸链的计算方法

分析计算尺寸链是为了正确合理地确定尺寸链中各环的尺寸和精度，计算尺寸链的方法通常有以下 3 种。

（1）正计算。已知各组成环的极限尺寸，求封闭环的极限尺寸。主要用来验算设计的正确性，又叫校核计算。此方法计算比较简单。

（2）反计算。已知封闭环的极限尺寸和各组成环的基本尺寸，求各组成环的极限偏差。主要用在设计上，即根据机器的使用要求来分配各零件的公差。

（3）中间计算。已知封闭环和部分组成环的极限尺寸，求某一组成环的极限尺寸。常用在加工工艺上。此方法计算也比较简单。反计算和中间计算通常称为设计计算。

　　无论哪一种情况，其解算方法都有两种基本方法。极大极小法（极值法/完全互换法）和概率法（大数互换法）。

用完全互换法解尺寸链

　　完全互换法也叫极值法、极大极小法，即从尺寸链各环的最大与最小极限尺寸出发。进行尺寸链计算，不考虑各环实际尺寸的分布情况。按此法计算出来的尺寸，加工各组成环，装配时各组成环不须挑选或辅助加工，装配后即能满足封闭环的公差要求，即可实现完全互换。

3.2.1　基本公式

　　设尺寸链的组成环数为 m，其中有 n 个增环，A_i 为组成环的公称尺寸，对于直线尺寸链有如下计算公式。

　　1. 封闭环的公称尺寸

　　封闭环的公称尺寸等于所有增环的公称尺寸之和减去所有减环的公称尺寸之和，即

$$A_0 = \sum_{z=1}^{n} A_z - \sum_{j=n+1}^{m} A_j \tag{3-1}$$

式中：A_0——封闭环的公称尺寸；

　　　　A_z——增环 $A_1, A_2 \cdots A_n$ 的公称尺寸，m 为增环的环数；

　　　　A_j——减环 $A_{n+1}, A_{n+2} \cdots A_m$ 的公称尺寸，n 为总环数。

　　2. 封闭环的极限尺寸

　　封闭环的最大极限尺寸等于所有增环的最大极限尺寸之和减去所有减环最小极限尺寸之和；封闭环的最小极限尺寸等于所有增环的最小极限尺寸之和减去所有减环的最大极限尺寸之和，即

$$A_{0\max} = \sum_{z=1}^{n} A_{z\max} - \sum_{j=n+1}^{m} A_{j\min} \tag{3-2}$$

$$A_{0\min} = \sum_{z=1}^{n} A_{z\min} - \sum_{j=n+1}^{m} A_{j\max} \tag{3-3}$$

　　3. 封闭环的极限偏差

　　封闭环的上偏差等于所有增环上偏差之和减去所有减环下偏差之和；封闭环的下偏差等于所有增环下偏差之和减去所有减环上偏差之和，即

$$\mathrm{ES}_0 = \sum_{z=1}^{n} \mathrm{ES}_z - \sum_{j=n+1}^{m} \mathrm{EI}_j \tag{3-4}$$

$$\mathrm{EI}_0 = \sum_{z=1}^{n} \mathrm{EI}_z - \sum_{j=n+1}^{m} \mathrm{ES}_j \tag{3-5}$$

4．封闭环的公差

封闭环的公差等于所有组成环公差之和，即

$$T_0 = \sum_{i=1}^{m} T_i \qquad (3\text{-}6)$$

由公式（3-6）可以看出：封闭环的公差比任何一个组成环的公差都大。因此，在零件尺寸链中，一般选最不重要的环作为封闭环，而在装配尺寸链中，封闭环是装配的最终要求。为了减小封闭环的公差，应尽量减少尺寸链的环数，这就是在设计中应遵守的最短尺寸链原则。

3.2.2　尺寸链的计算

1．正计算

【**例 3-1**】　求封闭环的公称尺寸和偏差。如图 3-4（a）所示，先加工 $A_1 = 50 \pm 0.2$，$A_2 = 35 \pm 0.1$，求尺寸 A_0 及其偏差。

解：（1）确定封闭环为 A_0。确定组成环并画尺寸链线图，如图 3-4（b）所示。判断 $A_1 = 50 \pm 0.2$ 为增环，$A_2 = 35 \pm 0.1$ 为减环。

（2）按式（3-1）计算封闭环的公称尺寸：$A_0 = A_1 - A_2 = 50 - 35 = 15(\text{mm})$。

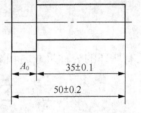
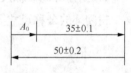

图3-4　车床顶尖高度尺寸链

（3）按式（3-4）和式（3-5）计算封闭环的极限偏差：

$ES_0 = ES_1 - EI_2 = +0.2 - (-0.1) = +0.3(\text{mm})$；

$EI_0 = EI_1 - ES_2 = -0.2 - (+0.1) = -0.3(\text{mm})$。

即封闭环的尺寸为 $15 \pm 0.3\text{mm}$。

2．反计算

求各组成环的偏差。

设计计算是根据封闭环的极限尺寸和组成环的公称尺寸，确定各组成环的公差和极限偏差，最后再进行校核计算。具体分配各组成环的公差时，可采用等公差法或等精度法。

（1）等公差法。当各环的公称尺寸相差不大时，可将封闭环的公差 T_0 平均分配给各组成环。如果需要，可在此基础上进行必要的调整，这种方法叫等公差法，即

$$T_{平均} = \frac{T_0}{m} \qquad (3\text{-}7)$$

式中：m——组成环的数量；

　　　T_0——封闭环的公差。

（2）等精度法。所谓等精度法就是各组成环公差等级相同，即各环公差等级系数相等。设其值均为 a，则

$$a_1 = a_2 = \cdots = a_m = a \tag{3-8}$$

如第 1 章所述，标准公差的计算式为 $T = ai$（i 为标准公差单位），在公称尺寸 $\leqslant 500mm$ 分段内，$i = 0.45\sqrt[3]{D} + 0.001D$。为本章应用方便，将公差单位 i 的数值列于表 3-1、表 3-2 中。

表 3-1　　　　　　　　　　　　　公差等级系数 a 的值

公差等级	IT8	IT9	IT10	IT 11	IT12	IT13	IT14	IT15	IT16	IT17	IT 18
系数 *a*	25	40	64	100	160	250	400	640	1 000	1 600	2 500

表 3-2　　　　　　　　　　　　　公差因子 i 的值

尺寸段(mm)	1～3	>3～6	>6～10	>10～18	>18～30	>30～50	>50～80
公差因子(μm)	0.54	0.73	0.90	1.08	1.31	1.56	1.86

尺寸段(mm)	>80～120	>120～180	>180～250	>250～315	>315～400	>400～500
公差因子(μm)	1.17	2.52	1.90	3.23	3.54	3.89

由式（3-6）可得

$$a = \frac{T_0}{\sum\limits_{i=1}^{m} i} \tag{3-9}$$

计算出 a 后，按标准查取与之相近的公差等级系数，进而查表确定各组成环的公差。各组成环的极限偏差确定方法是先留一个组成环作为调整环，其余各组成环的极限偏差按入体原则确定，即包容尺寸的基本偏差为 H，被包容尺寸的基本偏差为 h，一般长度尺寸用 js。

进行公差设计计算时，最后必须进行校核，以保证设计的正确性。

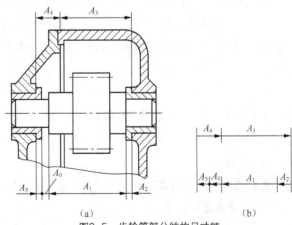

图3-5　齿轮箱部分结构尺寸链

【例 3-2】　图 3-5（a）所示为齿轮箱部分结构图，根据使用要求，应保证间隙 A_0 在 1～1.75mm。已知各零件的基本尺寸 $A_1 = 140mm$，$A_2 = A_5 = 5mm$，$A_3 = 101mm$，$A_4 = 50mm$。试分别用等公差法和等精度法求各环的极限偏差。

解：（1）用等公差法求各环的极限偏差。因间隙 A_0 是装配后得到的，故为封闭环。尺寸链线图如图 3-5（b）所示，其中 A_3、A_4 为增环，A_1、A_2、A_5 为减环。

① 计算封闭环的基本尺寸和公差。

$$A_0 = (A_3 + A_4) - (A_1 + A_2 + A_5) = (101 + 50) - (140 + 5 + 5) = 1 \text{(mm)}$$

故封闭环的尺寸 $A_0 = 1^{+0.75}_{0}mm$，封闭环公差 $T_0 = 0.75mm$。

② 计算各环的公差。由式（3-7）得各组成环的平均公差为

$$T_{平均} = \frac{T_0}{m} = \frac{0.75}{5} = 0.15 (\text{mm})$$

根据实际情况，箱体零件尺寸（A_3、A_4）大，难加工，衬套尺寸（A_2、A_5）易控制，适当调整各环公差，取 $T_{A_2} = T_{A_5} = 0.05\text{mm}$，$T_{A_3} = 0.3\text{mm}$，$T_{A_4} = 0.25\text{mm}$，$T_{A_1}$ 可根据公式（3-6）计算如下。

$$T_{A_1} = T_0 - (T_{A_2} + T_{A_5} + T_{A_4} + T_{A_5}) = 0.75 - (0.05 + 0.3 + 0.25 + 0.05) = 0.1 (\text{mm})$$

③ 确定各组成环的极限偏差。根据入体原则，由于 A_1、A_2 和 A_5 相当于被包容尺寸，故取其上偏差为零，即 $A_1 = 140_{-0.1}^{\ 0}\text{mm}$，$A_2 = A_5 = 5_{-0.05}^{\ 0}\text{mm}$。$A_3$ 和 A_4 相当于包容尺寸，故取其下偏差为零，即 $A_3 = 101_{\ 0}^{+0.3}\text{mm}$，$A_4 = 50_{\ 0}^{+0.25}\text{mm}$。

④ 校核封闭环的上、下偏差。

$$\text{ES}_0 = (\text{ES}_3 + \text{ES}_4) - (\text{EI}_1 + \text{EI}_2 + \text{EI}_5)$$
$$= (+0.3 + 0.25) - (-0.1 - 0.05 - 0.05) = 0.75 (\text{mm});$$
$$\text{EI}_0 = (\text{EI}_3 + \text{EI}_4) - (\text{ES}_1 + \text{ES}_2 + \text{ES}_5) = 0。$$

验算结果证明各组成环的极限偏差是合适的。若验算结果与封闭环的极限偏差不符合，可重新调整组成环的极限偏差。

（2）用等精度法求各环的极限偏差。同样确定尺寸链线图，如图 3-5（b）所示，计算封闭环的公称尺寸为 $A_0 = 1_{\ 0}^{+0.75}\text{mm}$，封闭环公差 $T_0 = 0.75\text{mm}$。

① 计算各环的公差。由表 3-2 可查各组成环的公差单位：$i_1 = 2.52$，$i_2 = i_5 = 0.73$，$i_3 = 2.17$，$i_4 = 1.56$，按式（3-9）得各组成环相同的公差等级系数

$$a = \frac{T_0}{i_1 + i_2 + i_3 + i_4 + i_5} = \frac{750}{2.52 + 0.73 + 2.17 + 1.56 + 0.73} = 97$$

查表 3-1 可知，$a = 97$ 在 IT 10 级和 IT 11 级之间。

根据实际情况，箱体零件尺寸大，难加工，衬套尺寸易控制，故选 A_1、A_3 和 A_4 为 IT 11 级，A_2 和 A_5 为 IT 10 级。

查标准公差表得组成环的公差 $T_1 = 0.25\text{mm}$，$T_2 = T_5 = 0.048\text{mm}$，$T_3 = 0.22\text{mm}$，$T_4 = 0.16\text{mm}$。

② 校核封闭环公差。

$$T_0 = \sum_{i=1}^{m} T_i = T_1 + T_2 + T_3 + T_4 + T_5 = 0.726 \text{ mm} < 0.75 \text{ mm}$$

故封闭环为 $1_{\ 0}^{+0.726}\text{mm}$。

③ 确定各组成环的极限偏差。根据入体原则，由于 A_1、A_2 和 A_5 相当于被包容尺寸，故取其上偏差为零，即 $A_1 = 140_{-0.25}^{\ 0}\text{mm}$，$A_2 = A_5 = 5_{-0.048}^{\ 0}\text{mm}$，$A_3$ 和 A_4 均为同向平面间距离，留 A_4 作调整环，取 A_3 的下偏差为零，即 $A_3 = 101_{\ 0}^{+0.22}\text{mm}$。

根据公式（3-5）有 $0 = (0 + \text{EI}_4) - (0 + 0 + 0)$

解得 $\text{EI}_4 = 0$

因 $T_4 = 0.16\text{mm}$，故 $A_4 = 50_{\ 0}^{+0.16}\text{mm}$。

校核封闭环的上偏差。

$$ES_0 = (ES_3 + ES_4) - (EI_1 + EI_2 + EI_5)$$
$$= (+0.22 + 0.16) - (-0.25 - 0.048 - 0.048) = 0.726(mm)。$$

校核结果符合要求。

最后结果为 $A_1 = 140_{-0.25}^{0}$ mm，$A_2 = A_5 = 5_{-0.048}^{0}$ mm，$A_3 = 101_{0}^{+0.22}$ mm，$A_4 = 50_{0}^{+0.16}$ mm。

3. 中间计算

中间计算是反计算的一种特例。它一般用在基准换算和工序尺寸计算等工艺设计中，零件加工过程中，往往所选定位基准或测量基准与设计基准不重合，则应根据工艺要求改变零件图的标注，此时须进行基准换算，求出加工时所需工序尺寸。

【例 3-3】 图 3-6 所示的套筒零件，设计尺寸如图中所示，加工时，测量尺寸 $10_{-0.36}^{0}$ mm 较困难，而采用深度游标卡尺直接测量大孔的深度则较为方便，于是尺寸 $10_{-0.36}^{0}$ mm 就成了被间接保证的封闭环 A_0。A_1 为增环，A_2 为减环。为了间接保证 A_0，须进行尺寸换算，确定 A_2 尺寸及其偏差。

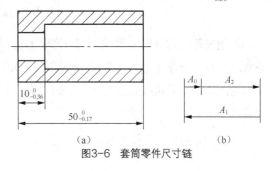

图3-6 套筒零件尺寸链

解： 确定封闭环为 A_0，寻找组成环并画尺寸链线图，如图 3-6（b）所示，判断 $A_1 = 50$ 为增环，A_2 为减环。

（1）按公式（3-1）计算减环 A_2 的基本尺寸：$A_0 = A_1 - A_2$

即 $A_2 = A_1 - A_0 = 50 - 10 = 40(mm)$

（2）按公式（3-4）、公式（6-5）计算减环 A_2 的极限偏差。

$$ES_0 = ES_1 - EI_2，\quad EI_0 = EI_1 - ES_2$$

则 $EI_2 = ES_1 - ES_0 = 0$

$$ES_2 = EI_1 - EI_0 = -0.17 - (-0.36) = +0.19 \text{ (mm)}。$$

即组成环 A_2 的尺寸为 $40_{0}^{+0.19}$ mm。

综上所述，极值法是从尺寸的极限情况出发，计算简单，但环数不能过多，精度也不能太高，否则造成各组成环的公差过小，使加工困难，经济性不好。由于在成批生产中，零件尺寸的分布常常符合正态分布，所以在尺寸链环数较多，精度较高时，可用大数互换法求解。

3.3 用大数互换法解尺寸链

大数互换法也叫概率法。生产实践和大量统计资料表明，在大量生产且工艺过程稳定的情况下，各组成环的实际尺寸趋近公差带中间的概率大，出现在极限值的概率小，增环与减环以相反极限值形成封闭环的概率就更小。采用概率法，不是在全部产品中，而是在绝大多数产品中，装配时不需要挑选或修配，就能满足封闭环的公差要求，即保证大数互换性。

采用大数互换法解尺寸链，封闭环的基本尺寸计算公式与完全互换法相同，所不同的是公差和极限偏差的计算。

3.3.1 基本公式

设尺寸链的组成环数为 m，其中 n 个增环，$m-n$ 个减环，A_0 为封闭环的基本尺寸，A_i 为组成环的基本尺寸，则对于直线尺寸链有下面的公式。

1. 封闭环的公差

根据概率论关于独立随机变量合成规则，各组成环（独立随机变量）的标准偏差 σ_i 与封闭环的标准偏差 σ_0 的关系为

$$\sigma_0 = \sqrt{\sum_{i=1}^{m} \sigma_i^2} \tag{3-10}$$

如果组成环的实际尺寸都按正态分布，且分布范围与公差宽度一致，分布中心与公差带中心重合，如图 3-7 所示，则封闭环的尺寸也按正态分布，各环公差与标准偏差的关系如下。

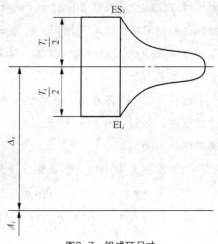

$$T_0 = 6\sigma_0$$
$$T_i = 6\sigma_i$$

将此关系代入公式（3-10）得

$$T_0 = \sqrt{\sum_{i=1}^{m} T_i^2} \tag{3-11}$$

即封闭环的公差等于所有组成环公差的平方和的平方根。

图3-7　组成环尺寸

2. 封闭环的中间偏差

封闭环的中间偏差等于所有增环的中间偏差之和减去所有减环的中间偏差之和，即

$$\Delta_0 = \sum_{z=1}^{n} \Delta_z - \sum_{j=n+1}^{m} \Delta_j \tag{3-12}$$

式中：Δ_z——增环的中间偏差；

Δ_j——减环的中间偏差。

中间偏差为上偏差与下偏差的平均值，即

$$\Delta_i = \frac{1}{2}(ES_i + EI_i) \tag{3-13}$$

3. 封闭环及组成环的极限偏差

$$ES = \Delta + \frac{T}{2} \tag{3-14}$$

$$EI = \Delta - \frac{T}{2} \qquad (3\text{-}15)$$

各环的上偏差等于其中间偏差加该环公差的 1/2；各环的下偏差等于其中间偏差减该环公差的 1/2。

4. 组成环平均统计公差和公差等级系数

在解尺寸链的设计计算中，用大数互换法和用完全互换法在目的、方法和步骤等方面基本相同，其目的仍是如何把封闭环的公差分配到各组成环上，其方法也有等公差法和等精度法，只是由于封闭环的公差 $T_0 = \sqrt{\sum_{i=1}^{m} T_i^2}$。所以在采用等公差法时，各组成环的公差为

$$T_{\text{平均}} = \frac{T_0}{\sqrt{m}} \qquad (3\text{-}16)$$

在采用等精度法时，各组成环的公差等级系数为

$$a = \frac{T_0}{\sqrt{\sum_{i=1}^{m} i_i^2}} \qquad (3\text{-}17)$$

3.3.2　尺寸链的计算

大数互换法解尺寸链，根据不同要求，也有正计算、反计算和中间计算 3 种类型。现按照前述【例 3-2】的尺寸链为例，说明用大数互换法求解反计算的方法。

【例 3-4】　对【例 3-2】的尺寸链改用大数互换法中的等精度法计算。假设各组成环和封闭环为正态分布，且分布范围与公差宽度一致，分布中心与公差带中心重合。

解：同样确定 A_0 为封闭环，尺寸链线图如图 3-5（b）所示，计算封闭环的尺寸。

$A_0 = 1^{+0.75}_{0}$ mm，公差 $T_0 = 0.75$mm。其中 A_3、A_4 为增环，A_1、A_2 和 A_5 为减环。

由表 3-2 得各组成环的公差单位为 $i_1 = 2.52$，$i_2 = i_5 = 0.73$，$i_3 = 2.17$，$i_4 = 1.56$。

按公式（3-17）得各组成环相同的公差等级系数

$$a = \frac{T_0}{\sqrt{\sum_{i=1}^{m} i_i^2}} = \frac{750}{\sqrt{(2.52^2 + 0.73^2 + 2.17^2 + 1.56^2 + 0.73^2)}} = 196$$

查表 3-1 可知，$a = 196$ 在 IT 12 级和 IT 13 级之间。取 A_3 为 IT 13 级，其余为 IT 12 级。查标准公差表得组成环的公差 $T_1 = 0.40$mm，$T_2 = T_5 = 0.12$mm，$T_3 = 0.54$mm，$T_4 = 0.25$mm。

校核封闭环公差

$$T_0 = \sqrt{\sum_{i=1}^{m} T_i^2} = \sqrt{0.40^2 + 0.12^2 + 0.54^2 + 0.25^2 + 0.12^2}) \approx 0.737(\text{mm}) < 0.75\text{mm}$$

故封闭环 A_0 为 $1^{+0.737}_{0}$ mm。

确定各组成环的极限偏差。根据人体原则，由于 A_1、A_2 和 A_5 相当于被包容尺寸，故取其上偏

差为零，$A_1 = 140_{-0.40}^{0}$ mm，$A_2 = A_5 = 5_{-0.12}^{0}$ mm，A_3 和 A_4 均为同向平面间距离，留 A_4 作调整环，取 A_3 的下偏差为零，即 $A_3 = 101_{0}^{+0.54}$ mm。

各环的中间偏差为

$$\Delta_1 = -0.2\text{mm}, \quad \Delta_2 = \Delta_5 = -0.06\text{mm},$$
$$\Delta_3 = +0.27\text{mm}, \quad \Delta_0 = +0.369\text{mm}。$$

因 $\Delta_0 = (\Delta_3 + \Delta_4) - (\Delta_1 + \Delta_2 + \Delta_5)$，

故 $\Delta_4 = \Delta_0 + \Delta_1 + \Delta_2 + \Delta_5 - \Delta_3 = 0.369 - 0.20 - 0.06 - 0.06 - 0.27 = -0.221$（mm）。

$$\text{ES}_4 = \Delta_4 + \frac{T_4}{2} = -0.221 + \frac{0.25}{2} = 0.096(\text{mm})$$

$$\text{EI}_4 = \Delta_4 - \frac{T_4}{2} = -0.221 - \frac{0.25}{2} = -0.346(\text{mm})$$

所以 $A_4 = 50_{-0.346}^{-0.096}$ mm。

最后，$A_1 = 140_{-0.40}^{0}$ mm，$A_2 = A_5 = 5_{-0.12}^{0}$ mm，$A_3 = 101_{0}^{+0.54}$ mm，$A_4 = 50_{-0.346}^{-0.096}$ mm。

通过本例两种解尺寸链方法可以看出，用大数互换法解尺寸链与完全互换法解尺寸链比较，在相同封闭环公差条件下，大数互换法解得的组成环公差可放大，各环平均放大 60μm 以上，即各环公差等级可降低一级，而实际上出现的不合格件的可能性很小，可以获得相当明显的经济效益，也比较科学合理，所以大数互换法常用于大批量生产。

3.4　用其他方法解装配尺寸链

完全互换法和大数互换法是计算尺寸链的基本方法，除此之外还有分组装配法、调整法和修配法。

3.4.1　分组装配法

用分组装配法解尺寸链是先用完全互换法求出各组成环的公差和极限偏差，再将相配合的各组成环公差扩大若干倍，使其达到经济加工精度的要求，然后按完工后零件的实测尺寸将零件分为若干个组，再按对应组分别进行组内零件的装配，即同组零件可以组内互换。这样既放大了组成环公差，又保证了封闭环要求的装配精度。

例如，设基本尺寸为 $\phi 8$mm 的孔与轴配合，间隙要求为 $x = 3 \sim 8$μm，即封闭环的公差 $T_0 = 5$μm。若按完全互换法，则孔、轴的直径公差只能为 2.5μm。

若采用分组互换法，将孔与轴的直径公差扩大 4 倍，即公差为 10μm，将完工后的孔、轴按实际尺寸分为 4 组，按对应组进行装配，各组的最大间隙均为 8μm，最小间隙为 3μm，故能满足要求，如图 3-8 所示。

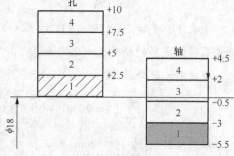

图3-8　分组互换法

分组装配法的主要优点是既可以扩大零件制造公差，又能保证装配精度；其主要缺点是增加了检测零件的工作量。此外，该方法仅能在组内互换，每一组有可能出现零件多余或不够的情况。此法适用于成批生产高精度、便于测量、形状简单而环数较少的尺寸链零件。另外，由于分组后零件的形状误差不会减少，这就限制了分组数，一般分为 2～4 组。

3.4.2　调整法

调整法是将尺寸链各组成环按经济加工精度的公差制造，此时由于组成环尺寸公差放大，而使封闭环的公差比技术要求给出的值有所扩大。为了保证装配精度，装配时则选定一个可以调整补偿环的尺寸或位置的方法来实现补偿作用，该组成环称为补偿环。常用的补偿环可分为两种。

1．固定补偿环

在尺寸链中选择一个合适的组成环为补偿环，一般可选垫片或轴套类零件。把补偿环根据需要按尺寸分成若干组，装配时，从合适的尺寸组中取一补偿环，装入尺寸链中预定的位置，使封闭环达到规定的技术要求。

2．可动补偿环

设置一种位置可调的补偿环，装配时，调整其位置达到封闭环的精度要求。这种补偿方式在机械设计中广泛应用，它有多种结构形式，如镶条、锥套、调节螺旋副等常用形式。

调整法的主要优点是加大了组成环的制造公差，使制造容易，同时可得到很高的装配精度，装配时不须修配，使用过程中可以调整补偿环的位置或更换补偿环，从而恢复机器原有的精度。它的主要缺点是有时需要额外增加尺寸链零件数（补偿环），使结构复杂，制造费用增高，降低结构的刚性。

调整法主要应用在封闭环精度要求高、组成环数目较多的尺寸链，尤其是用在使用过程中，组成环的尺寸可能由于磨损、温度变化或受力变形等原因而产生较大变化的尺寸链。

3.4.3　修配法

修配法是在装配时，按经济精度放宽各组成环公差。由于组成环尺寸公差放大，而使封闭环上产生累积误差。这时，直接装配不能满足封闭环所要求的装配精度。因此，就在尺寸链中选定某一组成环作为修配环，通过机械加工方法改变其尺寸，或就地配制这个环，使封闭环达到规定精度。装配时，通过对修配环的辅助加工如铲、刮研等，切除少量材料以抵偿封闭环上产生的累积误差，直到满足要求为止。

修配法的主要优点也是既扩大组成环制造公差，又能保证装配精度；其主要缺点是增加了修配工作量和费用，修配后各组成环失去互换性，使用有局限性。修配法多用于批量不大、环数较多、精度要求高的尺寸链。

小结

机械行业中的产品设计、工艺设计、零部件加工、装配与检测都离不开尺寸链的分析与计算。

因此，本章主要介绍了以下内容。

（1）尺寸链及其组成。一个零件或一台机器的结构尺寸总存在着一些相互联系，这些相互联系的尺寸按一定顺序连接成一个封闭的尺寸组，称为尺寸链。尺寸链具有两个特性：封闭性和相关性。它由封闭环、组成环组成。组成环又包括增环和减环。

（2）尺寸链的解法。分析、计算尺寸链是为了正确合理地确定尺寸链中各环的尺寸和精度。计算尺寸链的方法通常有3种：正计算、反计算和中间计算。解尺寸链的基本方法有完全互换法和大数互换法，除此之外，还有分组装配法、调整法和修配法。

1. 简答题

（1）什么叫尺寸链？它有哪几种形式？

（2）如何确定一个尺寸链封闭环？如何确定增环和减环？

（3）尺寸链的两个特征是什么？

（4）解尺寸链的方法有几种？分别用在什么场合？

（5）用完全互换法解尺寸链，考虑问题的出发点是什么？

（6）入体原则的含义是什么？

2. 应用题

（1）有一孔、轴配合，装配前孔和轴均须镀铬，镀层厚度均为（10 ± 2）μm，镀后应满足$\phi 30$H8/f7的配合，问孔和轴在镀前尺寸应是多少？（用完全互换法）。

（2）图 3-9 所示为曲轴部件，经调试运转，发现有的轴肩与轴承衬套端面有划伤现象。按设计要求，$A_0 = 0.1 \sim 0.2$mm，$A_1 = 150^{+0.018}_{0}$ mm，$A_2 = A_3 = 75^{-0.02}_{-0.08}$ mm，试用完全互换法验算上述给定零件尺寸的极限偏差是否合理？

（3）如图 3-10 所示，若内外圆的同轴度公差为$\phi 0.5$mm，试用完全互换法求壁厚 N 的基本尺寸和极限偏差。

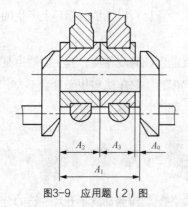

图3-9　应用题（2）图

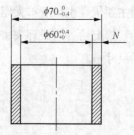

图3-10　应用题（3）图

Chapter 4

第4章

| 表面粗糙度 |

【学习目标】

1. 掌握表面粗糙度的基本概念，了解其对零件使用性能的影响。
2. 掌握表面粗糙度基本术语、评定参数与数值规定。
3. 掌握表面粗糙度和标注方法。
4. 初步掌握表面粗糙度的选择方法。

4.1 概述

4.1.1 表面粗糙度的基本概念

经过机械加工或用其他加工方法获得的零件，由于加工过程中的塑性变形、工艺系统的高频振动以及刀具与零件在加工表面的摩擦等因素影响，会在表面留下高低不平的切削痕迹，即几何形状误差。零件表面几何形状误差分为形状误差（宏观几何形状误差）、表面粗糙度（微观几何形状误差）和表面波纹度。

表面粗糙度是指加工表面上具有的由较小间距和峰谷所组成的微观几何形状特性，它是一种微观几何形状误差，也称为微观不平度，如图 4-1 所示。

表面粗糙度反映的是实际零件表面几何形状误差的微观特征，而形状误差表述的则是零件几何要素的

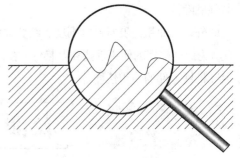

图4-1　表面轮廓

宏观特征，介于两者之间的是表面波纹度。如图 4-2 所示，这 3 种误差通常以一定的波距 λ 和波高 h 之比来划分，一般 λ/h 比值大于 1 000 为形状误差，见图 4-2（b），其中 $\lambda \le 1$mm；λ/h 小于 40 为表面粗糙度，见图 4-2（c），其中 1mm $\le \lambda \le$ 10mm；介于两者之间的为表面波纹度，见图 4-2（d），

其中$\lambda > 10mm$。

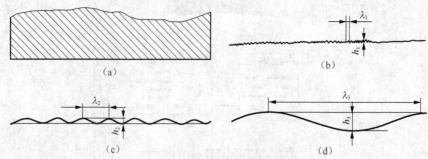

图4-2　零件表面的几何形状误差

4.1.2　表面粗糙度对零件使用性能的影响

表面粗糙度对零件表面许多功能都有影响，其主要表现在以下几个方面。

（1）配合性质。零件表面的粗糙度对各类配合均有较大的影响。

间隙配合：两个表面粗糙的零件在相对运动时会迅速磨损，造成间隙增大，影响配合性质。

过盈配合：在装配时，表面上微观凸峰极易被挤平，产生塑性变形，使装配后的实际有效过盈量减小，降低了联结强度。

过渡配合：零件多用压力及锤敲装配，表面粗糙度发生磨损，使配合变松，降低了定位和导向的精度。

（2）耐磨性。相互接触的表面由于存在微观几何形状误差，只能在轮廓峰顶处接触，表面越粗糙，实际有效接触面积减小，摩擦系数就越大，相对运动的表面磨损得越快。然而，表面过于光滑，由于润滑油被挤出或分子间的吸附作用等原因，也会使摩擦阻力增大而加剧磨损。

（3）耐腐蚀性。粗糙表面的微观凹谷处易存积腐蚀性物质，久而久之，这些腐蚀性物质就会渗入到金属内层，造成表面锈蚀，因此，零件表面越粗糙，波谷越深，腐蚀越严重。

（4）抗疲劳强度。零件粗糙表面的波谷处，在交变载荷、重载荷作用下易引起应力集中，使抗疲劳强度降低。

此外，表面粗糙度对接触刚度、结合面的密封性、零件的外观、零件表面导电性等都有影响。因此，为保证零件的使用性能和互换性，在设计零件几何精度时，必须提出合理的表面粗糙度要求，以保证机械零件的使用性能。

 **4.2**　**表面粗糙度的评定**

我国根据ISO 1101制定了有关表面粗糙度的国家标准。

GB/T 3505—2009《产品几何技术规范（GPS）表面结构　轮廓法　表面结构的术语、定义及表面结构参数》；

GB/T 1031—2009《产品几何技术规范（GPS）表面结构　轮廓法　表面粗糙度参数及数值》；

GB/T 131—2006《产品几何技术规范（GPS）技术产品文件中表面结构的表示法》。

4.2.1　有关表面粗糙度的术语及定义

测量和评定表面粗糙度时，应规定测量方向（实际轮廓）、取样长度、评定长度、轮廓滤波器的截止波长和中线。

1. 实际轮廓

实际轮廓是指平面与实际表面相交所得的轮廓线，如图 4-3 所示。按相截方向不同，实际轮廓分为横向实际轮廓和纵向实际轮廓。横向轮廓是指垂直于表面加工纹理方向的表面与表面相交所得的实际轮廓线，纵向实际轮廓是指平行于表面加工纹理方向的平面与表面相交所得的实际轮廓线。在评定表面粗糙度时，通常指横向实际轮廓，即与加工纹理方向垂直的轮廓，除非特别指明。

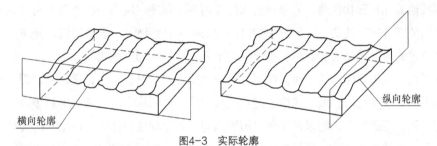

图4-3　实际轮廓

2. 取样长度

取样长度（l_r）是用于判别被评定轮廓的不规则特征的 x 轴方向上的长度，即具有表面粗糙度特征的一段基准线长度。x 轴的方向与轮廓总的走向一致，一般应包括 5 个以上的波峰和波谷，如图 4-4 所示。规定和限制这段长度是为了限制和减弱表面波度对表面粗糙度测量结果的影响。标准规定，按表面粗糙度数值选取相应的取样长度，如表 4-1 所示。

表 4-1　　　　　　　　　　　　取样长度与评定长度推荐值

R_a（μm）	R_z（μm）	标准取样长度 l_r		标准取样长度 l_n（mm）
		λ_s（mm）	$l_r = \lambda_c$（mm）	
≥0.008～0.02	≥0.025～0.1	0.002 5	0.08	0.4
>0.02～0.1	>0.1～0.5	0.002 5	0.25	1.25
>0.1～0.2	>0.5～10	0.002 5	0.8	4.0
>0.2～10.0	>10～50	0.008	2.5	12.5
>10.0～80.0	>50～320	0.025	8.0	40.0

3. 评定长度

评定长度（l_n）是用于判别被评定轮廓特征的 x 轴方向上的长度。它可包括一个或几个取样长度，如图 4-4 所示。由于零件表面粗糙度不一定均匀，在一个取样长度上往往不能合理地反映该表面粗糙度的特性，因此要取几个连续取样长度，一般取 $l_n = 5l_r$。若被测表面均匀性差或测量精度要求高，可选 $l_n > 5l_r$。评定长度的数值按表面粗糙度评定参数选取，如表 4-1 所示。

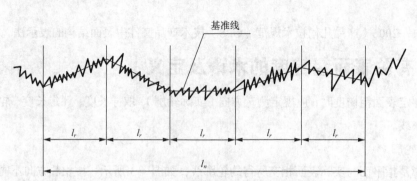

图4-4　取样长度和评定长度

4. 轮廓滤波器的截止波长

表面粗糙度等 3 类表面几何形状误差总是同时存在，并叠加在同一表面轮廓上。可利用轮廓滤波器过滤掉其他的几何形状误差，来呈现所需的几何形状误差。轮廓滤波器是能将表面轮廓分离成长波成分和短波成分的滤波器，它们对应抑制的波长称为截止波长。长波滤波器是将大于其设定截止波长的部分过滤掉；短波滤波器是将小于其设定截止波长的部分过滤掉。

用触针式量仪测量表面粗糙度时，仪器的长波滤波器截止波长为 λ_c，可以从表面轮廓上抑制排除掉波长较大的波纹度轮廓；短波滤波器截止波长为 λ_s，可以从表面轮廓上抑制排除掉波长比粗糙度短的轮廓，经过两次滤波，结果只呈现粗糙度结构，方便测量和评定。评定时的传输带是指从短波截止波长至长波截止波长两个极限值之间的波长范围。这里长波滤波器的截止波长 λ_c 等于取样长度 l_r，即 $\lambda_c = l_r$。λ_s、λ_c 的标准值可见表 4-1。

5. 轮廓中线

轮廓中线是具有几何轮廓形状并划分轮廓的基准线。它有轮廓的最小二乘中线和轮廓的算术平均中线两种。

（1）轮廓的最小二乘中线。轮廓的最小二乘中线是指在取样长度内，使轮廓线上各点轮廓偏距 z_i 的平方和最小的线，如图 4-5 所示。其数学表达式为

$$\min\left(\int_0^l z(x)^2 \mathrm{d}x\right)$$

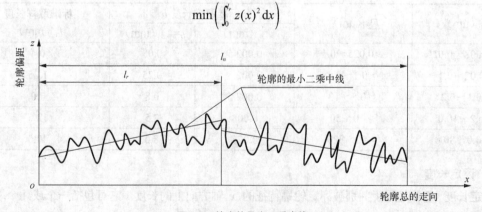

图4-5　轮廓的最小二乘中线

或

$$\sum_{i=1}^{n} Z_i^2 = Z_1^2 + Z_2^2 + Z_3^2 + \cdots + Z_i^2 + \cdots Z_n^2 = \min$$

轮廓偏距 z 是指在测量方向上，轮廓线上的点与基准线之间的距离，如图 4-6 所示。对实际轮廓来说，基准线和评定长度内轮廓总的走向之间的夹角 α 是很小的，故可认为轮廓偏距是垂直于基准线的。轮廓偏距有正、负之分：在基准线以上，这部分的 z 值为正；反之为负。

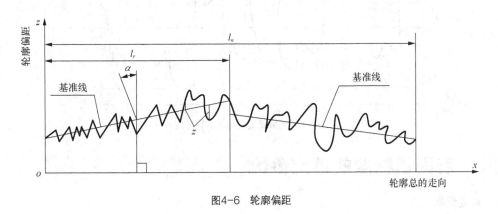

图4-6　轮廓偏距

（2）轮廓的算术平均中线。轮廓的算术平均中线是指在取样长度内划分实际轮廓为上、下两部分，且使两部分面积相等的基准线，如图 4-7 所示。用公式表示为

$$\sum_{i=1}^{n} F_i = \sum_{i=1}^{n} F_i'$$

式中：F_i——轮廓峰面积；　F_i'——轮廓谷面积。

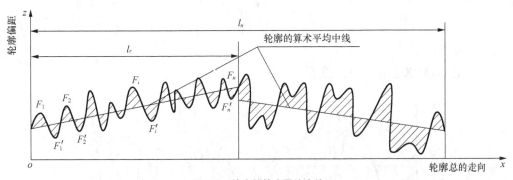

图4-7　轮廓的算术平均中线

最小二乘中线从理论上讲是理想的、唯一的基准线，但在轮廓图形上，确定最小二乘中线的位置比较困难，因此只用于精确测量。轮廓算术平均中线与最小二乘中线差别很小，通常用图解法或目测法就可以确定，故实际应用中常用轮廓的算术平均中线代替最小二乘中线。当轮廓很不规则时，轮廓的算术平均中线不是唯一的。

6. 轮廓峰顶线和轮廓谷底线

轮廓峰顶线是指在取样长度内，平行于基准线并通过轮廓最高点的线；轮廓谷底线是指在取样长度内，平行于基准线并通过轮廓最低点的线，如图 4-8 所示。

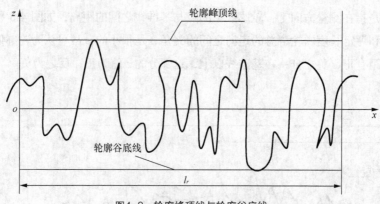

图4-8　轮廓峰顶线与轮廓谷底线

4.2.2　表面粗糙度的评定参数

1. 幅度参数

（1）轮廓算术平均偏差（R_a）。轮廓算术平均偏差是指在一个取样长度内，轮廓偏距 $z(x)$ 绝对值的算术平均值，如图 4-9 所示。用公式表示为

$$R_a = \frac{1}{l_r}\int_0^{l_r}|z(x)|\mathrm{d}x$$

或近似为

$$R_a = \frac{1}{n}\sum_{i=1}^{n}|z_i|$$

式中：z —— 轮廓偏距；

　　　z_i —— 第 i 点轮廓偏距（i=1，2，3，…，n）。

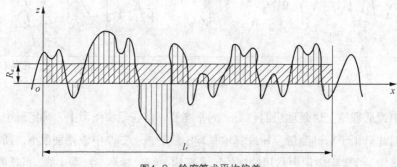

图4-9　轮廓算术平均偏差

（2）轮廓最大高度（R_z）。轮廓最大高度是指在取样长度内，轮廓峰顶线与轮廓谷底线之间的距离，如图 4-10 所示。用公式表示为

$$R_z = R_p + R_v$$

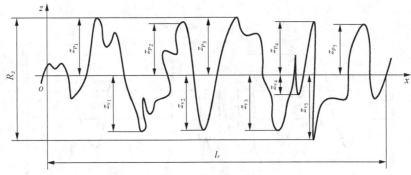

图4-10 轮廓最大高度

2. 间距参数

轮廓单元的平均宽度（R_{s_m}）：在取样长度内，轮廓单元宽度 X_s 的平均值，用公式表示为

$$R_{s_m} = \frac{1}{n}\sum_{i=1}^{n} X_{s_i}$$

式中：X_{s_i} ——第 i 个轮廓微观不平度的间距。

轮廓单元是指轮廓峰和轮廓谷的组合宽度。轮廓单元宽度 X_s 是指 x 轴线与轮廓单元相交线段的长度，如图 4-11 所示。

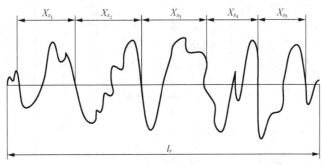

图4-11 轮廓单元宽度

3. 形状特性参数

轮廓支承长度率[$R_{mr(c)}$]：在给定截面高度 c 上，轮廓的实体材料长度 $Ml(c)$ 与评定长度 l_n 的比率，用公式表示为

$$R_{mr(c)} = \frac{Ml(c)}{l_n} = \frac{\sum_{i=1}^{n} b_i}{l_n}$$

轮廓的实体材料长度 $Ml(c)$ 是指评定长度内一平行于 x 轴的直线，从峰顶线向下移一高度截距 c 时，与轮廓相截所得的各段截线长度 b_i 之和。

$R_{mr(c)}$ 值是对应于不同高度截距 c 而给出的。高度截距 c 是从峰顶线开始计算的，它可用距离（μm）或 R_z 的百分数表示。如图 4-12 所示，给出 $R_{mr(c)}$ 参数时，必须同时给出轮廓高度截距 c 值。

国家标准 GB/T 3505—2009 规定，幅度参数是基本评定参数，而间距和形状特性参数为附加评定参数。

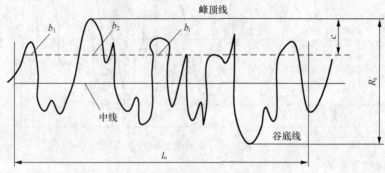

图4-12 轮廓支承长度率

4．国标规定

国标规定采用中线制来评定表面粗糙度，粗糙度的评定参数一般从 R_a、R_z 中选取，参数值见表4-2、表4-3。表中的"第一系列"应得到优先选用。

表4-2   轮廓算术平均偏差 R_a

第一系列	第二系列	第一系列	第二系列	第一系列	第二系列	第一系列	第二系列
	0.008						
	0.010						
0.012			0.125		1.25	12.5	
	0.016		0.160	1.6			16.0
	0.020	0.20			2.0		20
0.025			0.25		2.5	25	
	0.032		0.32	3.2			32
	0.040	0.40			4.0		40
0.050			0.50		5.0	50	
	0.063		0.63	6.3			63
	0.080	0.80			8.0		80
0.100			1.00		10.0	100	

表4-3   轮廓最大高度 R_z

第一系列	第二系列	第一系列	第二系列	第一系列	第二系列	第一系列	第二系列	第一系列	第二系列	第一系列	第二系列
			0.125		1.25	12.5			125		1 250
			0.160	1.60			16.0		160	1 600	
		0.20			2.0	20		200			
0.025			0.25		2.5	25		250			
	0.032		0.32	3.2			32	320			
	0.040	0.40			4.0		40	400			
0.050			0.50		5.0	50		500			
	0.063		0.63	6.3			63	630			
	0.080	0.80			8.0		80	800			
0.100			1.00		10.0	100		1 000			

4.2.3　表面粗糙度的标注

国家标准 GB/T 131—2006 对表面粗糙度的符号、代号及其标注做了规定。

1. 表面粗糙度的图形符号、代号

（1）表面粗糙度的基本图形符号和扩展图形符号。为了标注表面粗糙度轮廓各种不同的技术要求，GB/T 131—2006 规定了一个基本图形符号和两个扩展图形符号。

① 基本图形符号表示表面可用任何加工方法获得。由两条不等长的与表面成 60° 夹角的直线构成，如图 4-13（a）所示。基本图形符号仅用于简化代号标注，没有补充说明时，不能单独使用。

② 扩展图形符号［见图 4-13（b）］表示指定表面是用去除材料的方法获得的。例如车、铣、钻、刨、磨、抛光、电火花加工、气割等方法。在基本图形符号上加一短横构成。

③ 扩展图形符号［见图 4-13（c）］表示指定表面是用不去除材料的方法获得的。例如铸、锻、冲压、热轧、冷轧、粉末冶金等方法。在基本图形符号上加一圆圈构成。

（2）表面粗糙度的完整图形符号。当要求标注表面粗糙度特征的补充信息时，应在图 4-13 所示图形符号的长边端部加一条横线，构成表面粗糙度的完整图形符号，如图 4-14 所示。

|(a)|(b)|(c)|
图4-13　表面粗糙度基本图形符号与扩展图形符号

(a)　(b)　(c)
图4-14　表面粗糙度完整图形符号

2. 表面粗糙度的标注

（1）表面粗糙度图形符号的特征组成。当需要表示的加工表面对表面特征的其他规定有要求时，应在表面粗糙度符号的相应位置注上若干必要项目的表面特征规定。表面特征的各项规定在符号中的注写位置如图 4-15 所示。

a——注写表面结构单一要求，包括粗糙度幅度参数代号（R_a、R_z）、参数极限值（单位为 μm）和传输带或取样长度（其标注顺序及规定如下：传输带数值/评定长度/幅度参数代号（空格）幅度参数数值）；

b——注写第二个（或多个）表面结构要求，附加评定参数（如 RS_m，单位为 mm）；

c——加工方法；

d——加工纹理方向的符号；

e——加工余量（mm）。

（2）图形符号的组成特征标注。

① 幅度参数的标注。表面粗糙度的幅度参数包括 R_a 和 R_z。当选用 R_a 标注时，只需在图形符号中标出其参数值，可不标幅度参数代号；当选用 R_z 标注时，参数代号和参数值均应标出。表面粗糙度幅度参数标注示例（摘要 GB/T 131—2006）如图 4-16 所示。

参数值标注分为上限值标注和上、下限值标注两种形式。

当只单向标注一个数值时，则默认为幅度参数的上限值。图 4-16（a）所示表示去除材料，单向上限值，默认传输带轮廓算术平均偏差 R_a 为 1.6μm，评定长度为 5 个取样长度，极限值判断规则默认为 16%。图 4-16（b）表示不去除材料，轮廓最大高度 R_z 为 3.2μm，其他与图 4-16（a）相同。

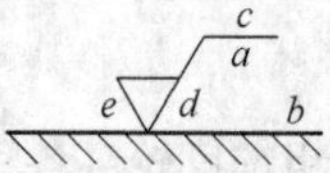

图4-15 表面粗糙度特征的标注位置

图4-16 幅度参数值默认上限值的标注

当标注上、下两个参数值时，则认为幅度参数的上、下限值。需要标注参数上、下限值时，应分成两行标注幅度参数符号和上、下限值。上限值标注在上，并在传输带的前面加注符号"U"。下限值标注在下方，并在传输带的前面加注符号"L"。当传输带采用默认的标准化值而省略标注时，则在上方和下方幅度参数符号的前面分别加注符号"U"和"L"，标注示例如图 4-17 所示（默认传输带 $l_n=5l_r$，极限值判断规则默认为 16%）。

② 极限值判断规则的标注。按照 GB/T 10610—2009 的规定，根据表面粗糙度轮廓代号上给定的极限值，对实际表面进行检测后，判断其合格性时，可以采用下列两种判断规则。

16%规则：16%规则是指在同一评定长度范围内，幅度参数所有的实测值中，允许 16%测得值超过规定值，则认为合格。16%规则是表面粗糙度轮廓技术要求中的默认规则。若采用，则图样上不须注出，如图 4-16、图 4-17 所示。

最大规则：最大规则是在幅度参数符号 R_a 或 R_z 的后面标注一个"max"的标记。它表示整个所有实测值不得超过规定值，如图 4-18 所示。

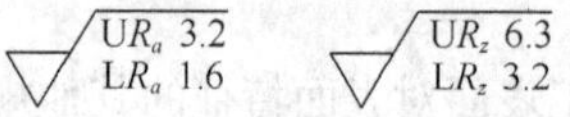

图4-17 幅度参数上、下限值的标注

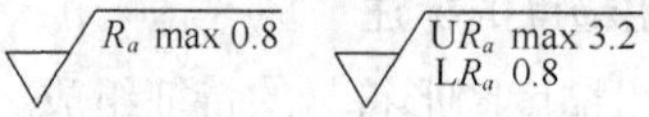

图4-18 幅度参数最大规则的标注

③ 传输带和取样长度、评定长度的标注。需要指定传输带时，传输带（单位为 mm）标注在幅度参数符号的前面，并用斜线"/"隔开，如图 4-19 所示。

图 4-19（a）所示的标注中，传输带 $\lambda_s = 0.002\,5\ \text{mm}$，$\lambda_c = l_r = 0.8\ \text{mm}$；对于只标注一个滤波器，应保留连字号"−"来区分是短波滤波器还是长波滤波器，图 4-19（b）所示的标注中，传输带 $\lambda_s = 0.002\,5\ \text{mm}$，$\lambda_c$ 默认为标准化值；图 4-19（c）所示的标注中，传输带 $\lambda_c = 0.8\ \text{mm}$，$\lambda_s$ 默认为标准化值。

需要指定评定长度时，则应在幅度参数符号的后面注写取样长度的个数，如图 4-20（a）、图 4-20（b）所示。图 4-20（a）所示的标注中，$l_n = 3l_r$，$\lambda_c = l_r = 1\ \text{mm}$，$\lambda_s$ 默认为标准化值 0.002 5mm（见表 4-1），判断规则默认为 16%规则；图 4-20（b）所示的标注中，$l_n = 6l_r$，传输带为 0.008mm−1mm，判断规则采用最大规则。

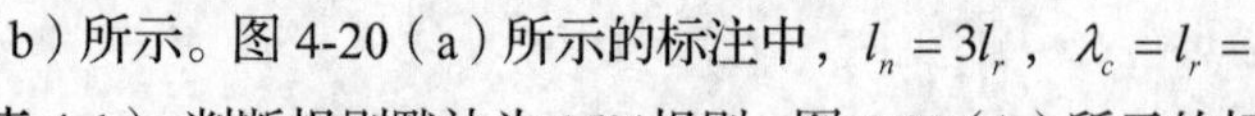

图4-19 传输带的标注

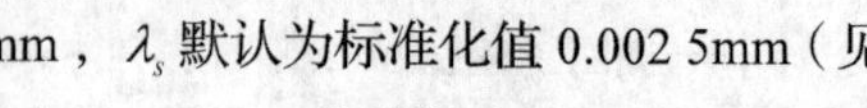

图4-20 评定长度的标注

④ 表面纹理的标注。需要标注表面纹理及其方向时，则应采用规定的符号（摘自 GB/T 131—2006）进行标注。表面纹理标注符号如图 4-21 所示。

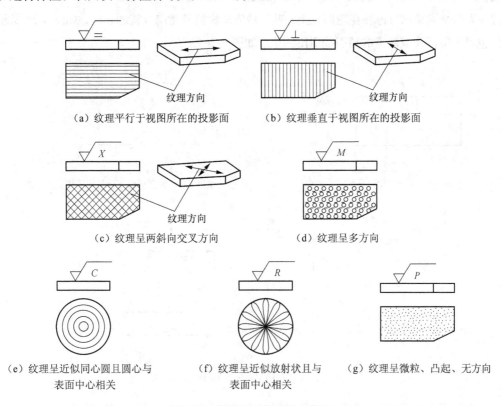

（a）纹理平行于视图所在的投影面　　　　　　（b）纹理垂直于视图所在的投影面

（c）纹理呈两斜向交叉方向　　　　　　（d）纹理呈多方向

（e）纹理呈近似同心圆且圆心与　　　　（f）纹理呈近似放射状且与　　　　（g）纹理呈微粒、凸起、无方向
　　　表面中心相关　　　　　　　　　　　表面中心相关

图4-21　常见的加工纹理方向符号

⑤ 间距、形状特征参数的标注。若需要标注 R_{s_m}、R_{mr}（c）值时，将其符号注在加工纹理的旁边，数值写在代号的后面。图 4-22 表示用磨削的方法获得的表面的幅度参数 R_a 上限值为 1.6μm（采用最大原则），下限值为 0.2μm（默认 16% 规则），传输带皆采用 $\lambda_s = 0.008$ mm，$\lambda_c = l_r = 1$ mm，评定长度值采用默认的标准化值 5；附加了间距参数 R_{s_m} 0.05mm，加工纹理垂直于视图所在的投影面。

⑥ 加工余量的标注。在零件图上标注的表面粗糙度轮廓技术要求都是针对完工表面的要求，因此不需要标注加工余量。对于有多个加工工序的表面可以标注加工余量，如图 4-23 所示，车削工序的直径方向加工余量为 0.4mm。

图4-22　表面粗糙度技术要求的标注图　　　　　　　图4-23　加工余量的标注

3. 表面粗糙度的标注方法

（1）表面粗糙度符号、代号一般标注在可见轮廓线、尺寸界线、引出线或它们的延长线上，符

号的尖端必须从材料外指向表面，如图 4-24 所示。

表面结构的注写方向和读取方向要与尺寸的注写和读取方向一致。

（2）表面结构要求可标注在轮廓线上，其符号应从材料外指向并接触表面，如图 4-25 所示。必要时，也可用带箭头或黑点的指引线引出标注，如图 4-26 所示。

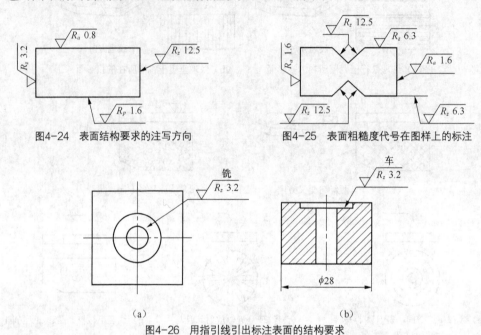

图4-24　表面结构要求的注写方向　　　图4-25　表面粗糙度代号在图样上的标注

图4-26　用指引线引出标注表面的结构要求

（3）在不至引起误解时，表面结构要求可以注写在给定的尺寸线上，如图 4-27 所示。

（4）表面结构要求可以标注在形位公差框格上方，如图 4-28 所示。

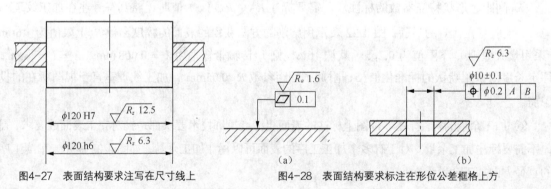

图4-27　表面结构要求注写在尺寸线上　　　图4-28　表面结构要求标注在形位公差框格上方

（5）表面结构要求可以直接标注在延长线上，或用带箭头的指引线引出标注，如图 4-29、图 4-30 所示。

（6）简化标注。当零件的某些表面或多数表面具有相同的技术要求时，对这些表面的技术要求可以用特定符号统一标注在零件图的标题栏附近。该表面粗糙度要求符号后面应有圆括号，说明该要求的适用范围。如图 4-31（a）所示，圆括号内给出无任何其他标注的基本符号；如图 4-31（b）所示，与圆括号内给出粗糙度不同的表面的粗糙度要求。

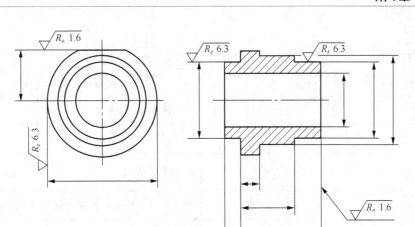

（a）　　　　　　　　　　　　　　（b）

图4-29　表面结构要求标注在延长线上

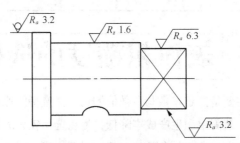

图4-30　圆柱和棱柱的表面结构要求的标注

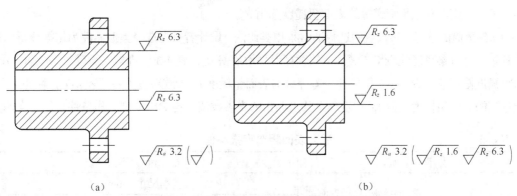

（a）　　　　　　　　　　　　　　　（b）

图4-31　零件表面具有相同的粗糙度标注的简化

4. GB /T131 表面粗糙度新、旧版标注的比较与区别（见表4-4）

表 4-4　表面粗糙度 1993 版本和 2006 版本标注示例区别（摘自 GB/T 131—2006）

GB/T 131 的版本		
1993（第 2 版）	2006（第 3 版）	说明主要问题的示例
1.6 ∇　1.6 ∇	∇$R_a 1.6$	R_a 只采用 "16%规则"
$R_y 3.2$ ∇　$R_y 3.2$ ∇	∇$R_z 3.2$	除了 R_a "16%规则" 的参数
1.6max ∇	∇R_a max 1.6	"最大规则"

续表

GB/T 131 的版本		
1993（第2版）	2006（第3版）	说明主要问题的示例
$\frac{1.6}{\bigvee\ 0.8}$	$\bigvee -0.8/R_a\ 1.6$	R_a 加取样长度
$\frac{R_y\ 3.2}{\bigvee\ 0.8}$	$\bigvee -0.8/R_z\ 6.3$	除 R_a 外其他参数及取样长度
$\begin{array}{c}1.6\\R_y\ 6.3\\\bigvee\end{array}$	$\bigvee \begin{array}{c}R_a\ 1.6\\R_z\ 6.3\end{array}$	R_a 及其他参数
$\begin{array}{c}R_y\ 6.3\\\bigvee\end{array}$	$\bigvee R_z3\ 6.3$	评定长度中的取样长度个数如果不是5
—	$\bigvee L\,R_a\ 1.6$	下限值
$\begin{array}{c}3.2\\1.6\\\bigvee\end{array}$	$\bigvee \begin{array}{c}U\,R_a\ 3.2\\L\,R_a\ 1.6\end{array}$	上、下限值

4.3 表面粗糙度的选择

　　零件表面粗糙度的选择主要是评定参数与参数值的选择。选择的原则是：在满足零件表面使用功能的前提下，尽量使加工工艺简单、生产成本降低，尽量选用较大的参数值。

　　（1）参数的选择。国家标准推荐优先选用 R_a 参数，对于小表面零件和圆柱表面可选用 R_z，例如顶尖、刀尖、钢球和轴承滚道等的表面粗糙度选用 R_z。

　　（2）参数值的选择。参数值的选择通常采用类比法。设计者首先选择类似零件为依据分析比较，取长补短，也可参考经验表格（表4-2 轮廓算术平均偏差 R_a、表4-3 轮廓最大高度 R_z、表4-5 配合表面粗糙度推荐值、表4-6 常用尺寸公差等级与表面粗糙度 R_a 大致对应关系、表4-7 各种加工方法所能达到的表面粗糙度数值），初步确定其表面粗糙度参数值；再对比下列工作条件，作适当调整。

表 4-5　　　　　　　　　　　　配合表面粗糙度推荐值

表 面 特 征			R_a（mm）不大于	
	公差等级	表面	基本尺寸（mm）	
			到 50	大于 50 到 500
经常装拆零件的配合表面（如挂轮、滚刀等）	5	轴	0.2	0.4
		孔	0.4	0.8
	6	轴	0.4	0.8
		孔	0.4～0.8	0.8～1.6
	7	轴	0.4～0.8	0.8～1.6
		孔	0.8	1.6
	8	轴	0.8	1.6
		孔	0.8～1.6	1.6～3.2

续表

表 面 特 征			R_a（mm）不大于		
			基本尺寸（mm）		
	公差等级	表面	到 50	大于 50～120	大于 120～500
过盈配合的配合表面 （a）装配按机械压入法 （b）装配按热处理法	5	轴	0.1～0.2	0.4	0.4
		孔	0.2～0.4	0.8	0.8
	6～7	轴	0.4	0.8	1.6
		孔	0.8	1.6	1.6
	8	轴	0.8	0.8～1.6	1.6～3.2
		孔	1.6	1.6～3.2	1.6～3.2
	—	轴	1.6		
		孔	1.6～3.2		

精密定心用配合的零件 表面	表面	径向跳动公差（μm）					
		2.5	4	6	10	16	25
		R_a（μm）不大于					
	轴	0.05	0.1	0.1	0.2	0.4	0.8
	孔	0.1	0.2	0.2	0.4	0.8	1.6

滑动轴承的配合表面	表面	公差等级		液体湿摩擦条件
		6～9	10～12	
		R_a（μm）不大于		
	轴	0.4～0.8	0.8～3.2	0.1～0.4
	孔	0.8～1.6	1.6～3.2	0.2～0.8

表 4-6　　　　　　常用尺寸公差等级与表面粗糙度 R_a 大致对应关系

尺寸公差等级		6～8	8、9	10
R_a（μm）	尺寸范围（mm） > 3～18	≤0.4～0.8	≤0.8～1.6	≤1.6～3.2
	> 18～120	≤0.8～0.6	≤1.6～3.2	≤3.2～6.3

表 4-7　　　　　　各种加工方法所能达到的表面粗糙度数值

加工方法	表面粗糙度数值 R_a（μm）												
	50	40	25	12.5	6.3	3.2	1.6	0.8	0.4	0.2	0.1	0.05	0.025
砂型铸造、热轧		—	—	—									
锻造			—	—	—	—							
电火花加工													
冷轧、拉拔								—	—				
刨、插		—	—	—	—	—							
钻孔													

续表

加工方法	表面粗糙度数值 R_a（μm）												
	50	40	25	12.5	6.3	3.2	1.6	0.8	0.4	0.2	0.1	0.05	0.025
铣削			—	—	—	—	—	—					
车、镗			—	—	—	—	—	—					
拉削、铰孔					—	—	—	—	—				
磨削					—	—	—	—	—	—	—		
抛光							—	—	—	—	—		
研磨									—	—	—	—	—

注：1. 实线为平常适用，虚线为不常适用。

　　2. 表中最后一栏为平常适用的 R_a 值与表面光洁度等级的大致对应关系。

① 一般情况下，同一零件的工作表面应比非工作表面粗糙度数值小。

② 摩擦表面比非摩擦表面粗糙度数值小。

③ 运动速度越高、压力越大，承受交变载荷的表面粗糙度数值越小。

④ 尺寸精度高、形位公差精度高，则表面粗糙度数值小。

⑤ 要求防腐蚀、密封性能好或对外观有要求的表面（如手柄），其粗糙度数值应较小。

⑥ 如果有相应标准对表面粗糙度作出规定的，应按该标准确定该表面粗糙度参数值。例如，与滚动轴承相配的外壳孔和轴颈、键槽和齿轮的各主要表面的粗糙度，可查阅相关章节的表格。

小结

　　本章讲述了表面粗糙度的基本概念及其对零件使用性能的影响、表面粗糙度的评定参数、表面粗糙度的标注和表面粗糙度的选择方法；国标规定，表面粗糙度的评定参数有轮廓算术平均偏差和轮廓最大高度，表面粗糙度评定参数值已经标准化；国家标准对表面粗糙度的标注也作了相应规定；表面粗糙度的选择原则是：在满足零件表面使用功能的前提下，尽量使加工工艺简单、生产成本降低，尽量选用较大的参数值。

练习题

1. 填空题

（1）表面粗糙度评定参数 R_a 称为_____，R_z 称为_____。

（2）表面粗糙度符号中，基本符号为_____，表示表面可用任何方法获得。

（3）零件表面粗糙度为 12.5μm，可用任何方式获得，其标注为_____。

（4）测量表面粗糙度时，为排除波纹度和形状误差对表面粗糙度的影响，应把测量长度限制在一段足够短的长度上，该长度称为_____。

2．简答题

（1）表面粗糙度对零件使用性能有何影响？

（2）表面粗糙度的含义是什么？它与形状误差、表面波纹度有何区别？

（3）评定表面粗糙度时，为什么要规定取样长度？有了取样长度，为什么还要规定评定长度？

（4）评定表面粗糙度时，为什么要规定轮廓中线？

（5）解释标注的含义：① $\sqrt{\begin{array}{c} U\,R_a\,3.2 \\ L\,R_a\,1.6 \end{array}}$ ② $\sqrt{}\!\overset{\bigcirc}{}\,R_a\,3\,1.6$ ③ $\sqrt{}\,{}^{-1/R_a\,3\,1.6}$

3．判断题

图 4-32 中所示表面粗糙度的标注是否有错，如有，改正标注上的错误。

4．应用题

将下列表面粗糙度要求标注在图 4-33 中。

（1）用去除材料的方法获得表面 a 和 b，要求表面粗糙度参数 R_a 的上限值为 1.6μm。

（2）用任何方法加工 ϕd_1 和 ϕd_2 的圆柱面，要求表面粗糙度参数 R_a 的上限值为 6.3μm，下限值为 3.2μm。

（3）其余用去除材料的方法获得各表面，要求表面粗糙度参数 R_a 的最大值为 12.5μm。

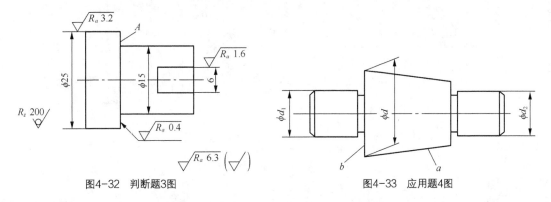

图4-32　判断题3图　　　　　　　　　　图4-33　应用题4图

中 篇

技术测量基础

Chapter

5

第5章

| 技术测量基本知识 |

【学习目标】

1. 了解技术测量的基本概念，方法的分类。
2. 了解量块的作用及使用方法。
3. 掌握测量误差和数据处理。

5.1 概述

在机械制造业中，判断加工后的零件是否符合设计要求，需要通过技术测量来进行。技术测量主要研究对零件的几何量进行测量和检验。其中零件的几何量包括长度、角度、几何形状、相互位置以及表面粗糙度等。国家标准是实现互换性的基础，技术测量是实现互换性的保证。

几何量测量是指为确定被测几何量的量值而进行的实验过程，本质是将被测几何量与作为计量单位的标准量进行比较，从而确定两者比值的过程。

若被测量为 L，标准量为 E，那么测量就是确定 L 是 E 的多少倍，即确定比值 $q=L/E$，最后获得被测量 L 的量值，即 $L=qE$。

一个完整的测量过程包括被测对象、测量单位、测量方法和测量精度 4 部分。

被测对象：本课程研究的被测对象是几何量，包括长度、角度、几何误差、表面粗糙度、螺纹及齿轮的几何参数等。

计量单位：采用国际单位制（SI），长度基本单位为米（m），常用单位为毫米（mm）和微米（μm）。角度以度（°）、分（'）、秒（"）为单位。

测量方法：测量时所采用的测量原理、计量器具和测量条件的总合。

测量精度：测量结果与真值相一致的程度。

测量结果还会受测量条件的影响，是指零件和测量器具所处的环境，如温度、湿度、震动和灰尘等会影响测量结果。测量时，标准温度应为 20℃，相对湿度应以 50%～60% 为宜，还应远离振动源，清洁度要高等。由于在测量过程中总是不可避免地出现测量误差，故无测量精度的测量是毫无意义的测量。

5.2 长度基准和长度量值传递系统

5.2.1 长度基准

目前国际上使用的长度单位有米制和英制两种，统一使用的公制长度基准是在1983年第17届国际计量大会上通过的，以米作为长度基准。在我国法定计量单位制中，长度的基本单位是米（m）。第17届国际计量大会上通过的米的定义是："米是（1/299 792 458）秒的时间间隔内光在真空中行进的长度。"这是米定义的第三次变化。

新定义的米，可以通过时间法、频率法和辐射法来复现。时间法利用光行进的时间来测量长度，主要用于天文学和大地测量学。频率法利用光的频率来测量其真空波长，故在准确度方面潜力很大，但在实际应用中尚需建立激光波长基准。在辐射法方面，1993年国际计量委员会推荐了8种稳频激光器辐射的标准谱线频率（波长）值，作为复现米定义的国际标准。目前米的定义主要采用稳频激光来复现，因为稳频激光的波长作为长度基准具有极好的稳定性和复现性。

5.2.2 长度量值传递系统

使用光波长度基准，虽然可以达到足够的准确性，但却不便直接应用于生产中的量值测量。为了方便、稳定地进行测量，人们通常使用实物标准器，例如端面类标准器（量块），线纹类标准器（如线纹尺）等进行测量。为了保证长度基准的量值能准确地传递到工业生产中去，实现零部件生产的互换性，必须保证量值的统一和建立一套完整而严密的量值传递系统。从光波基准到生产中使用的各种测量器具和工件的尺寸传递系统如图5-1所示。目前，量块和线纹尺仍是实际工作中的两种实体基准，是实现光波长度基准到实践测量之间的量值传递媒介。

5.2.3 量块基本知识

量块（又名块规），如图5-2所示，是由两个相互平行的测量面之间的距离来确定其工作长度的一种高精度量具。量块是没有刻度的平面平行端面量具，横截面为矩形或圆形。量块用特殊合金钢制成，具有线膨胀系数小、不易变形、耐磨性好等特点。量块分为长度量块和角度量块两类，用来检定、调整、校对计量器具，还可以用于测量工件精度、划线（配合划线爪使用）和调整设备等。

1. 量块的中心长度

量块长度是指量块上测量面的任意一点到与下测量面相研合的辅助体（如平晶）平面间的垂直距离。虽然量块精度很高，但其测量面亦非理想平面，两测量面也不是绝对平行的。可见，量块长度并非处处相等。因此，规定量块的尺寸是指量块测量面上中心点的量块长度，用符号 L 来表示，即用量块的中心长度尺寸代表工作尺寸。量块的中心长度是指量块上测量面的中心到与此量块下测量面相研合的辅助体（如平晶）表面之间的垂直距离，如图 5-3 所示。量块上标出的尺寸为名义上的中心长度，称为名义尺寸（或称为标称长度），如图 5-2 所示。尺寸小于 6 mm 的量块，名义尺寸刻在上测量面上；尺寸大于等于 6 mm 的量块，名义尺寸刻在一个非测量面上，而且该表面的左右侧面分别为上测量面和下测量面。

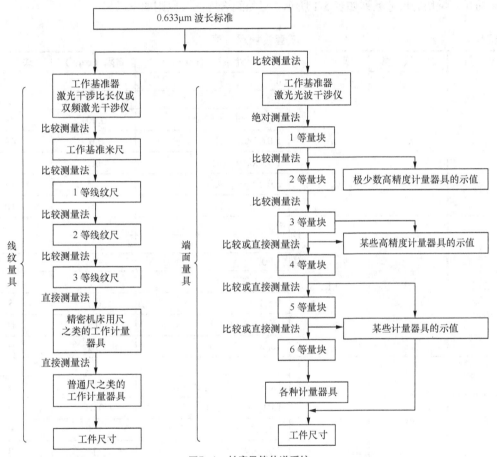

图5-1　长度量值传递系统

2．量块的研合性

　　每块量块只代表一个尺寸，由于量块的测量平面十分光洁（其表面粗糙度值 $R_a \leqslant 0.016\mu m$）和平整，因此，当表面留有一层极薄的油膜时（约 0.02μm），用力推合两块量块，使它们的测量平面互相紧密接触，因分子间的亲和力，两块量块便能粘合在一起，量块的这种特性称为研合性，也称为粘合性。利用量块的研合性，就可

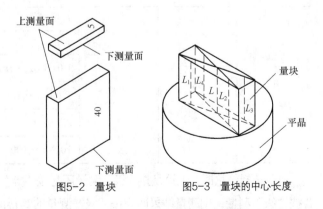

图5-2　量块　　　　图5-3　量块的中心长度

以把各种尺寸不同的量块组合成量块组，得到所需要的各种尺寸。例如 91 块的成套量块能组成 2～

100 mm 间、单位为微米的任何尺寸。

　　3．量块的组合

　　为了组成各种尺寸，量块是按一定的尺寸系列成套生产的，一套包含一定数量不同尺寸的量块，装在一特制的木盒内。国家量块标准中规定了 17 种成套的量块系列，从国家标准 GB 6093—2001 中摘录的几套量块的尺寸系列如表 5-1 所示。量块组合方法及原则如下。

表 5-1　　　　　　　　　　成套量块尺寸表

套　别	总　块　数	级　别	尺寸系列（mm）	间隔（mm）	块　数
1	91	0,1	0.5		1
			1		1
			1.001,1.002,…,1.009	0.001	9
			1.01,1.02,…,1.49	0.01	49
			1.5,1.6,…,1.9	0.1	5
			2.0,2.5,…,9.5	0.5	16
			10,20,…,100	10	10
2	83	0,1,2	0.5		1
			1		1
			1.005		1
			1.01,1.02,…,1.49	0.01	49
			1.5,1.6,…,1.9	0.1	5
			2.0,2.5,…,9.5	0.5	16
			10,20,…,100	10	10
3	46	0,1,2	1		1
			1.001,1.002,…,1.009	0.001	9
			1.01,1.02,…,1.09	0.01	9
			1.1,1.2,…,1.9	0.1	9
			2,3,…,9	1	8
			10,20,…,100	10	10
4	38	0,1,2	1		1
			1.005		1
			1.01,1.02,…,1.09	0.01	9
			1.1,1.2,…,1.9	0.1	9
			2,3,…,9	1	8
			10,20,…,100	10	10

　　（1）选择量块时，无论是按"级"测量还是按"等"测量，都应按照量块的名义尺寸进行选取。若按"级"测量，则测量结果即为按"级"测量的测得值；若按"等"测量，则可将测出的结果加上量块，检定表中所列各量块的实际偏差，即为按"等"测量的测得值。

（2）组合量块成一定尺寸时，应从所给尺寸的最后一位小数开始考虑，每选一块，应使尺寸至少去掉一位小数。

（3）使量块块数尽可能少，以减少积累误差，一般不超过 3～5 块。

（4）必须从同一套量块中选取，决不能在两套或两套以上的量块中混选。

（5）组合时，不能将测量面与非测量面相研合。

（6）组合时，下测量面一律朝下。

【例 5-1】 从 83 块一套的量块中组合成 66.765 mm 尺寸。

方法如下：   66.765

（1）   1.005   第一块

         65.76

（2）   1.26   第二块

         64.5

（3）   4.5   第三块

（4）   60   第四块

$66.765 = 1.005 + 1.26 + 4.5 + 60$，由 4 块粘合而成。

4．量块的精度

（1）量块的分级。按国标的规定，量块按制造精度分为 6 级，即 00、0、1、2、3 和 K 级。其中 00 级精度最高，依次降低，3 级精度最低，K 级为校准级，用来校准 0、1、2 级量块。各级量块精度指标见表 5-2。

表 5-2   **各级量块的精度指标**

标称长度 L (mm)		量块制造精度									
		0 级		K 级		1 级		2 级		3 级	
		长度 (μm)									
大于	到	级限偏差 $\pm D$	变动量允许值 T_v	极限偏差 $\pm D$	变动量允许值 T_v	极限偏差 $\pm D$	变动量允许值 T_v	极限偏差 $\pm D$	变动量允许值 T_v	极限偏差 $\pm D$	变动量允许值 T_v
≤10		0.12	0.10	0.20	0.05	0.20	0.16	0.45	0.30	1.00	0.50
10	25	0.14	0.10	0.30	0.05	0.30	0.16	0.06	0.30	1.20	0.50
25	50	0.20	0.10	0.40	0.06	0.40	0.18	0.80	0.30	1.60	0.55
50	75	0.25	0.12	0.50	0.06	0.50	0.18	1.00	0.35	2.00	0.55
75	100	0.30	0.12	0.60	0.07	0.60	0.20	1.20	0.35	2.50	0.60
100	150	0.40	0.14	0.80	0.08	0.80	0.20	1.60	0.40	3.00	0.65
150	200	0.50	0.16	1.00	0.09	1.00	0.25	2.00	0.40	4.00	0.70
200	250	0.60	0.16	1.20	0.10	1.20	0.25	2.40	0.45	5.00	0.75

量具生产企业根据各级量块的国标要求，在制造时就将量块分了"级"，并将制造尺寸标刻在量块上。使用时，就使用量块上的名义尺寸，这叫做按"级"测量。

与长度量块精度有关的术语。

① 实际长度是指量块长度的实际测得值，即任意点长度（指量块上测量面任意点到与此量块下测量面相研合的辅助体（如平晶）表面之间的距离）L_i。

② 长度变动量是指 L_i 的最大差值，即 $L_v = L_{imax} - L_{imin}$。量块长度变动量的允许值用 T_v 表示，见表 4-2。

③ 长度偏差指量块长度的实际值与标称长度之差。

（2）量块的分等。量块按其检定精度，可分为 1、2、3、4、5、6 六等，其中 1 等精度最高，依次降低，6 等精度最低。各等量块精度指标见表 5-3。

表 5-3   各等量块的精度指标

标称长度 L (mm)		量块鉴定精度										
		1 等		2 等		3 等		4 等		5 等		6 等	
		长度（μm）											
大于	到	测量的不确定度允许值±	变动量允许值 T_v	测量的不确定度允许值±	变动量允许值 T_v	测量的不确定度允许值±	变动量允许值 T_v	测量的不确定度允许值±	变动量允许值 T_v	测量的不确定度允许值±	变动量允许值 T_v	测量的不确定度允许值±	变动量允许值 T_v
0.5		0.02	0.05	0.06	0.10	0.11	0.16	0.22	0.30	0.6	0.5	2.1	0.5
0.5	10												
10	25	0.02	0.05	0.07	0.10	0.12	0.16	0.25	0.30	0.6	0.5	2.3	0.5
25	50	0.03	0.06	0.08	0.10	0.15	0.18	0.30	0.30	0.8	0.55	2.6	0.55
50	75	0.04	0.06	0.09	0.12	0.18	0.18	0.35	0.35	0.9	0.55	2.9	0.55
75	100	0.04	0.07	0.10	0.12	0.20	0.20	0.40	0.35	1.0	0.6	3.2	0.6
100	150	0.05	0.08	0.12	0.14	0.25	0.20	0.50	0.40	1.2	0.65	3.8	0.65
150	200	0.06	0.09	0.15	0.16	0.30	0.25	0.60	0.40	1.5	0.7	4.4	0.7
200	250	0.07	0.10	0.18	0.18	0.35	0.25	0.70	0.45	1.8	0.75	5.0	0.75

当新买来的量块使用了一个检定周期后（一般为一年），再继续按名义尺寸使用，即按"级"使用，组合精度就会降低（由于长时间的组合、使用，量块有所磨损），所以就必须对量块重新进行检定，测出每块量块的实际尺寸，并按照各等量块的国家标准将其分成"等"。使用量块检定后的实际尺寸进行测量，叫做按"等"测量。

这样，一套量块就有了两种使用方法。量块的"级"和"等"是从成批制造和单个检定两种不同的角度出发，对其精度进行划分的两种形式。按"级"使用时，以标记在量块上的标称尺寸作为工作尺寸，该尺寸包含制造误差，制造误差忽略不计；按"等"使用时，必须以检定后的实际尺寸作为工作尺寸，该尺寸不包含制造误差，但包含了检定时的测量误差，测量误差忽略不计。对同一量块而言，检定时的测量误差要比制造误差小得多，所以量块按"等"使用时，其精度比按"级"使用时要高，并且能在保持量块原有使用精度的基础上延长使用寿命。

计量器具和测量方法的分类

5.3.1　计量器具的分类

测量器具（也可称作计量器具）是指测量仪器和测量工具的总称，包括量具和量仪。通常把没有传动放大系统的测量工具称为量具，如游标卡尺、直角尺和量规等；把具有传动放大系统的测量器具称为量仪，如机械比较仪、长度仪和投影仪等。测量器具可按其测量原理、结构特点及用途分为以下 4 类。

（1）基准量具和量仪。在测量中体现标准量的量具和量仪。例如量块、角度量块、激光比长仪、基准米尺等。

（2）通用量具和量仪。可以用来测量一定范围内的任意尺寸的零件。它有刻度，可测出具体尺寸值，按结构特点可分为以下几种。

① 固定刻线量具。如米尺、钢板尺、卷尺等。

② 游标量具。如三用游标卡尺（含带表游标卡尺、数显游标卡尺等）、游标深度尺、游标高度尺、齿厚游标卡尺、游标量角器等。

③ 螺旋测微量具。如外径千分尺、内径千分尺、螺纹中径千分尺、公法线千分尺等。

④ 机械式量仪。机械式量仪是指用机械方法实现原始信号转换的量仪。如指示表、杠杆齿轮比较仪、扭簧仪等。

⑤ 光学量仪。是指用光学方法实现原始信号转换的量仪。如光学比较仪、工具显微镜、光学分度头、干涉仪等。这种量仪精度高、性能稳定。

⑥ 气动量仪将零件尺寸的变化量通过一种装置转变成气体流量（压力等）的变化，然后将此变化测量出来，即可得到零件的被测尺寸。如浮标式、压力式、流量计式气动量具等。这种量仪结构简单、测量精度和效率高、操作方便，但示值范围小。

⑦ 电动量仪。将零件尺寸的变化量通过一种装置转变成电流（电感、电容等）的变化，然后将此变化测量出来，即可得到零件的被测尺寸。如电感比较仪、电容比较仪、电动轮廓仪、圆度仪等。这种量仪精度高、测量信号易于与计算机接口，实现测量和数据处理的自动化。

（3）量规。为无刻度的专用量具。它只能用来检验零件是否合格，而不能测得被测零件的具体尺寸。如塞规、卡规、环规、螺纹塞规、螺纹环规等。

（4）检验装置。是指量具、量仪和其他定位元件等组成的组合体，是一种专用的检验工具，用来提高测量或检验效率，提高测量精度，便于实现测量自动化，在大批量生产中应用较多。如检验夹具、主动测量装置和坐标测量机等。

5.3.2　计量器具的基本技术指标

度量的技术指标是测量中应考虑的测量工具的主要性能，它是选择和使用测量工具的依据。计

量器具的基本技术指标如图 5-4 所示。

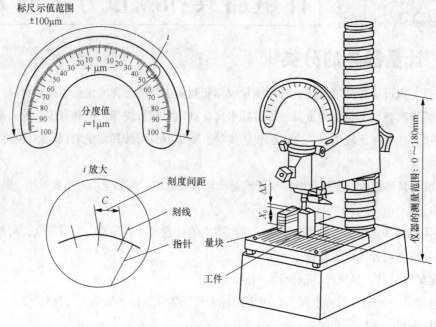

图5-4　计量器具的基本度量指标

（1）刻度间距 C。也叫刻线间距，简称刻度，是指计量器具的标尺或分度盘上相邻两刻线中心线之间的实际距离（圆周弧长）。为了便于目测估读，一般刻线间距在 $1 \sim 2.5$ mm 范围内。

（2）分度值 i。也叫刻度值、精度值，简称精度，是指计量器具的标尺或分度盘上一个刻度间隔所代表的测量数值。

（3）示值范围。是指计量器具的标尺或分度盘上全部刻度间隔所代表的测量数值。

（4）量程。指计量器具示值范围的上限值与下限值之差。

（5）测量范围。指测量器具所能测量出的最大和最小的尺寸范围。一般地，将测量器具安装在表座上。测量范围包括标尺的示值范围、表座上安装仪表的悬臂能够上下移动的最大和最小的尺寸范围。

（6）灵敏度。指能引起量仪指示数值变化的被测尺寸的最小变动量。灵敏度说明了量仪对被测数值微小变动引起反应的敏感程度。

（7）示值误差。指量具或量仪上的读数与被测尺寸实际数值之差。

（8）放大比 K。也叫传动比，是指量仪指针的直线位移（角位移）与引起这个位移的原因（即被测量尺寸变化）之比。这个比等于刻度间隔与分度值之比，即 $K=C/i$。

（9）修正值。是指为了消除和减少系统误差，用代数法加到测量结果上的数值。它的大小和示值误差的绝对值相等，而符号相反。在测量结果中加入相应的修正值后，可提高测量精度。

（10）不确定度。是指在规定条件下测量时，由于测量误差的存在，被测几何量值不能肯定的程度。

5.3.3　测量方法的分类

（1）直接测量与间接测量。

① 直接测量是指直接由计量器具上得到被测尺寸的数值或偏差。例如，用游标卡尺或千分尺测工件。

② 间接测量是指测量与被测尺寸有关的其他尺寸，通过计算得到被测量值。例如，孔中心距测量。

一般情况下，直接测量比间接测量的精度高，所以应该尽量采用直接测量，对于受条件所限无法进行直接测量的场合，可以采用间接测量。

（2）绝对测量与相对测量。

① 绝对测量是测量时计量器具显示的示值就是被测尺寸的实际值。例如，用游标卡尺或千分尺测量轴径的大小。

② 相对测量又叫做比较测量方法，测量时，测量器具显示的示值是被测尺寸相对于已知标准量（通常用量块体现）的偏差，最终被测几何量的量值等于已知标准量与该偏差值（示值）的代数和。例如，用立式光学比较仪测量轴径，测量时，先用量块调整示值零位，比较仪指示出的示值为被测轴径相对于量块尺寸的偏差。

一般来说，相对测量的精度比绝对测量的精度高。

（3）接触测量与非接触测量。

① 接触测量是指量具测头与被测表面直接接触，并有机械作用的测量力。例如，用立式光学比较仪测量轴径。

② 非接触测量是指量具测头与被测表面不直接接触，无机械作用的测量力。例如，用光切显微镜测量表面粗糙度，用气动量仪测量孔径。

（4）综合测量与单项测量。

① 综合测量是指测量被测零件上与几个参数有关联的综合参数，从而综合判断零件的合格性。例如，用螺纹塞规检验螺纹单一中径、螺距和牙形半角的综合结果（作用中径）是否合格。

② 单项测量是指分别测量零件上彼此没有联系的各个参数。例如，用工具显微镜分别测量螺纹的单一中径、螺距和牙形半角的实际值，并分别判断各项参数是否合格。

（5）静态测量与动态测量。

① 静态测量是指测量时被测表面与计量器具的测量头处于相对静止状态。

② 动态测量是指测量时被测表面与计量器具的测量头处于相对运动状态。例如，用圆度仪测量圆度，用电动轮廓仪测量表面粗糙度等。

（6）被动测量与主动测量。

① 被动测量是指对完工后的零件进行测量，其作用在于发现和剔出废品。

② 主动测量是指在零件加工过程中进行测量，同时按测量结果直接控制零件的加工过程，既能防止产生废品，又能缩短零件的生产周期。

测量误差的基本知识

5.4.1　测量误差的基本概念及其产生原因

1. 测量误差基本概念

测量误差是指测量结果与被测量真值之差，以绝对误差和相对误差来表示。

绝对误差 δ 是指测量结果（x）与被测量真值（x_0）之间的差值，即

$$\delta = x - x_0$$

测量结果可能大于或小于真值，故 δ 值可能为正值，亦可能为负值，绝对误差为代数数。

绝对误差 δ 只能反映同一尺寸的测量精度，评定不同尺寸的测量精度就需要用到相对误差。

相对误差 f 是指测量的绝对误差 δ 与被测量真值（x_0）之比的绝对值。由于测量结果近似于真值，因此常用测量结果代替真值，即

$$f = \frac{|x - x_0|}{x_0} \times 100\% = \frac{|\delta|}{x_0} \times 100\% \approx \frac{|\delta|}{x} \times 100\%$$

相对误差 f 是一个没有单位的数值，通常用百分数（%）表示。

2. 测量误差参数原因

产生误差的原因多种多样，归纳起来主要有以下几个方面。

（1）测量器具误差。指测量器具内在误差，包括设计原理、制造、装配调整存在的误差。

（2）基准件误差。常用基准件如量块或标准件，都存在着制造误差和检定误差，一般来说，基准件的误差不应超过总测量误差的 $1/5 \sim 1/3$。

（3）环境误差。是指由于环境因素与要求的标准状态不一致以及测量装置和被测量本身的变化、机构失灵、相互位置改变等引起的误差。这些环境因素包括温度、湿度、气压（引起空气各部分的扰动）、震动（大地微震、冲击、碰动等）、照明（引起视差）、电磁场等。其中温度误差的影响最大。温度误差是指在实际测量时，由于测量环境、测量器具和被测零件的温度偏离了计量的标准温度而产生的误差。

标准计量温度为 20℃，测量工作最好在标准计量温度情况下进行，或者力求被测零件的温度与计量器具温度相等，以减小温度对测量的影响。

（4）测量方法误差。指测量时选用的测量方法不完善而引起的误差。测量时，采用的测量方法不同，产生的测量误差也不一样。如测量基准、测量头形状选择不当，将生产测量误差。

（5）人员读数误差。指测量人员因生理差异和技术不熟练引起的误差。常表现为视差、观测误差、估读误差和读数误差等。

5.4.2　测量误差的分类和测量方法

1. 测量误差的分类

（1）系统误差。在相同条件下多次重复测量同一量值时，误差的数值和符号保持不变；或在条

件改变时，按某一确定规律变化的误差称为系统误差。

可见，系统误差有定值系统误差和变值系统误差两种。例如，在立式光较仪上用相对法测量工件直径，调整仪器零点所用量块的误差，对每次测量结果的影响都相同，属于定值系统误差；在测量过程中，若温度产生均匀变化，则引起的误差为线性系统变化，属于变值系统误差。

从理论上讲，当测量条件一定时，系统误差的大小和符号是确定的，因而也是可以被消除的。但实际工作中，系统误差不一定能够完全消除，只能减少到一定的限度。根据系统误差被掌握的情况，可分为已定系统误差和未定系统误差两种。

已定系统误差是符号和绝对值均已确定的系统误差。对于已定系统误差，应予以消除或修正，即将测得的值减去已定系统误差作为测量结果。例如，0～25 mm 千分尺两测量面合拢时，零刻度线不对准零位，而是在+0.005 mm 刻度处，用此千分尺测量零件时，每个测得值都将偏大 0.005 mm。此时可用修正值–0.005 mm 对每个测量值进行修正。

未定系统误差是指符号和绝对值未经确定的系统误差。对未定系统误差应在分析原因、发现规律或采用其他手段的基础上，估计误差可能出现的范围，并尽量减少并消除之。

在精密测量技术中，误差补偿和修正技术已成为提高仪器测量精度的重要手段之一，并越来越广泛地被采用。

（2）随机误差（偶然误差）。在相同的条件下，多次测量同一量值，误差的绝对值和符号以不可预定的方式变化着，但误差出现的整体是服从统计规律的，这种类型的误差叫随机误差。

大量的实践证明，多数随机误差，特别是在各不占优势的独立随机因素综合作用下的随机误差，是服从正态分布规律的，其正态分布曲线的数学表达式为：

$$y = \frac{1}{\sigma\sqrt{2\pi}}\,\mathrm{e}^{-\frac{\delta^2}{2\sigma^2}}$$

式中　y——概率密度；

　　　e——自然对数的底数，e = 2.718 28；

　　　δ——随机误差；

　　　σ——均方根误差，又称标准偏差，可按下式计算：

$$\sigma = \sqrt{\frac{\delta_1^2 + \delta_2^2 + \cdots + \delta_n^2}{n}} = \sqrt{\frac{\sum\limits_{i=1}^{n}\delta_i^2}{n}}$$

式中　n——测量次数。

正态分布曲线如图 5-5（a）所示。

不同的标准偏离对应不同的正态分布曲线，如图 5-5（b）所示。若 3 条正态分布曲线 $\sigma_1 < \sigma_2 < \sigma_3$，则 $y_{1max} > y_{2max} > y_{3max}$，表明 σ 愈小，曲线就愈陡，随机误差分布也就愈集中，测

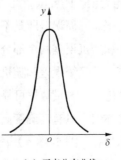
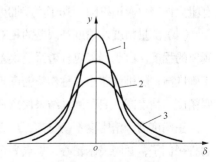

（a）正态分布曲线　　　（b）标准偏差对随机误差分布特性的影响
图5-5　计量器具的基本度量指标

量的可靠性也就愈高。可见，σ是表征随机误差分散程度的参数。

随机误差有如下特性。

① 对称性。绝对值相等的正、负误差出现的概率相等。

② 单峰性。绝对值小的随机误差比绝对值大的随机误差出现的机会多。

③ 有界性。在一定测量条件下，随机误差的绝对值不会大于某一界限值。

④ 抵偿性。当测量次数 n 无限增多时，随机误差的算术平均值趋向于零。

随机误差 δ 与标准偏差 σ 之间有一定的数量关系，这个关系在 $z=\delta/\sigma$ 为一定值时，利用正态分布曲线，可求出随机误差的概率。经过计算得到随机误差的概率与标准偏差关系，如表 5-4 所示。$0\sim\delta_i$ 范围内的概率密度如图 5-6 所示。

表 5-4　　　　　　　　　　　　随机误差的概率与标准偏差关系

$z=\dfrac{\delta}{\sigma}$	随机误差 δ	不超出 δ 的概率 $2\phi(z)$	超出 δ 的概率 $1-2\phi(z)$	测量次数 n	超出 δ 的次数
0.67	0.67σ	0.497 2	0.502 8	2	1
1	1σ	0.682 6	0.317 4	3	1
2	2σ	0.954 4	0.045 6	22	1
3	3σ	0.997 3	0.002 7	370	1
4	4σ	0.999 9	0.000 1	15 625	1

由表 5-4 中查出±1σ范围内的概率为 68.26%，即测量误差总次数的 1/3 超出±1σ的范围；在±3σ范围内的概率为 99.73%，即只有测量误差总次数的 0.27%超出±3σ的范围，因为概率很小，可近似认为不会发生超出的现象，所以通常评定随机误差时，就以±3σ作为单次测量的极限偏差，即$\delta_{\lim}=\pm3\sigma$。

随机误差分布曲线当中的有界性，确切地说是指不超出±3σ的界限。可以认为±3σ是随机误差的随机分布范围。

（3）粗大误差。粗大误差的数值较大，它是由测量过程中各种错误造成的，对测量结果有明显的歪曲，如已存在，则应予剔除。常用的剔除方法为，当$|\delta_i|>3\sigma$时，测得值就含有粗大误差，应予剔除。3σ作为判断粗大误差的界限，此方法称为3σ准则。

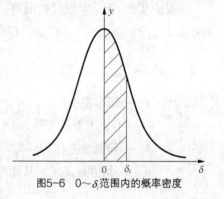

图5-6　$0\sim\delta_i$范围内的概率密度

（4）测量精度。精度是误差的相对概念，而误差即是不准确、不精确的意思，指测量结果偏离真值的程度。由于误差包含着系统误差和随机误差两个部分，我们把测量结果的系统误差小，称作正确度高；随机误差小，称作精密度高；若系统误差和随机误差都小，则称作精确度高，精确度又叫精度，精度高，表示测量结果偏离真值小，测量数据可靠。

正确度高，精密度不一定高，反之亦然。只有精确度高，精密度和正确度才都高。图 5-7 所示的打靶例子，圆圈表示靶心，黑点表示弹孔。图 5-7（a）表示随机误差小，但系统误差大，精密度还可以；图 5-7（b）表示系统误差小，但随机误差大，正确度可以，但精密度差；图 5-7（c）表示系统误差和随机误差都小，精确度高。图 5-7（d）表示系统误差和随机误差都大，精确度低。

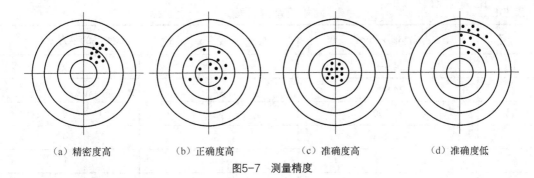

| （a）精密度高 | （b）正确度高 | （c）准确度高 | （d）准确度低 |

图5-7　测量精度

2. 随机误差的数据处理

（1）随机误差的评定指标。

① 算术平均值：是测量列中的 n 个测量值的代数和除以测量次数 n。

$$\bar{x} = \frac{1}{n}\sum_{i=1}^{n} x_i$$

② 残余误差 v_i：

$$v_i = x_i - \bar{x}$$

残余误差 v_i 有两个特性：一是残余误差的代数和等于零；二是残余误差的平方和为最小。

③ 任一测得值的标准偏差 σ：由于随机误差是未知的，标准偏差 σ 就不能确定，所以只能用残余误差估算出标准偏差 σ。标准偏差 σ 近似等于各误差平方和的平均数的平方根。

$$\sigma = \sqrt{\frac{1}{n-1}\sum v_i^2} = \sqrt{\frac{1}{n-1}\sum (x_i - \bar{x})^2}$$

④ 算术平均值的标准偏差 $\sigma_{\bar{x}}$

$$\sigma_{\bar{x}} = \pm\frac{\sigma}{\sqrt{n}}$$

对于有限次测量来说，随机误差超出 $\pm3\sigma$ 范围的可能性可以当作零，因此可将认为 $\pm3\sigma$ 看作随机误差的极限值。同理 $\delta_{\lim \bar{x}} = \pm3\sigma_{\bar{x}}$。

（2）随机误差的处理方法。随机误差的处理方法是利用测量列计算有关的评定指标，确定出随机误差的极限范围，进而写出测量结果。

如果用单个测得值 x_i（测量列中任意一个）表示测量结果，则可写为

$$x = x_i \pm 3\sigma$$

如果用算术平均值表示测量结果，则可写为

$$x = \bar{x} \pm 3\sigma_{\bar{x}}$$

【例 5-2】　用立式光学计对某轴进行等精度重复测量 10 次，按测量顺序将各测得值列于表 5-5，假设系统误差已消除，粗大误差已剔除，试确定测量结果。

表 5-5　　　　　　　　　　　随机误差数据表

序　号	测得值 x_i(mm)	残差 $v_i = x_i - \overline{x}$ (μm)	残差的平方 v^2(μm)^2
1	24.994	−3	9
2	24.999	+2	4
3	24.999	+2	4
4	24.994	−3	9
5	24.998	+1	1
6	24.999	+2	4
7	24.996	−1	1
8	24.998	+1	1
9	24.998	+1	1
10	24.995	−2	4
算术平均值 $\overline{x}$ = 24.997 mm		$\sum\limits_{i=1}^{10} v_i = 0$	$\sum\limits_{i=1}^{10} v_i^2 = 38$

① 计算测量列的算术平均值：

$$\overline{x} = \frac{1}{n}\sum_{i=1}^{n} x_i = \frac{1}{10}\sum_{i=1}^{10} x_i = 24.997 \text{ mm}$$

② 计算残余偏差：见表 5-5。

$$\sigma = \sqrt{\frac{1}{n-1}\sum v_i^2} = \sqrt{\frac{1}{n-1}\sum (x_i - \overline{x})^2}$$

③ 计算单个测得值的标准偏差：

$$\sigma = \sqrt{\frac{1}{n-1}\sum_{i=1}^{n} v_i^2} = \sqrt{\frac{38}{10-1}} = 2.1 \text{ μm}$$

④ 计算单个测得值随机误差极限值：

$$\delta_{\lim} = \pm 3\sigma = \pm 3 \times 2.1 \text{ μm} = \pm 6.3 \text{ μm}$$

⑤ 计算算术平均值的标准偏差：

$$\sigma_{\overline{x}} = \pm \frac{\sigma}{\sqrt{n}} = \pm \frac{2.1}{\sqrt{10}} \text{ μm} = 0.64 \text{ μm}$$

⑥ 计算算术平均值的极限误差：

$$\delta_{\lim \overline{x}} = \pm 3\sigma_{\overline{x}} = \pm 1.92 \text{ μm}$$

⑦ 算术平均值表示随机误差测量结果：

$$d = \overline{x} \pm 3\sigma_{\overline{x}} = (24.997 \pm 0.0019) \text{ mm}$$

⑧ 单个测得值表示随机误差测量结果：如第 8 次测得值为 24.998 mm，可写为

$$d_8 = （24.998 \pm 0.006\ 3）\text{mm}$$

本章讲述了测量的基本概念，长度的基本单位，量值传递系统，量块基本知识和组合方法，测量误差的概念、分类，随机误差的分布规律及其特性以及测量列中随机误差的处理。

测量器具按本身的结构特点和用途分为基准量具和量仪、通用量具和量仪、量规和检验装置。测量器具主要度量指标包括刻度间距 C、分度值、示值范围、量程、测量范围、灵敏度、示值误差、放大比 K、修正值和不确定度。

测量误差可用相对误差和绝对误差表示。测量误差按性质可分随机误差、系统误差和粗大误差。

1. 填空题

（1）测量误差中被测几何量的测量值与其真值之差称为_____。

（2）测量过程应包括被测对象、计量单位、_____和测量精度等 4 个要素。

（3）测量是将_____与_____进行比较，并确定其比值的实验过程。

（4）正态分布曲线中，σ 决定了分布曲线的_____，$\bar{x}$ 决定了分布曲线的_____。

（5）按"级"使用量块时，量块分为_____级。

（6）按测量方法分类，用游标卡尺测量轴的直径属于直接测量，_____测量以及_____测量。

（7）量块是没有_____的平行端面量具，利用量块的_____性，可将_____尺寸的量块组合成所需的各种尺寸。

（8）使用量块时，为减少量块的_____误差，应尽量减少使用的块数，一般要求不超过_____块。

（9）单项测量和综合测量：一般来说，_____结果便于工艺分析，_____适用于只要求判断合格与否的场合。

2. 选择题

（1）测量与被测几何量有一定函数关系的几何量，然后通过函数关系，求出该被测几何量的数值的方法，称为（　　）。

    A. 相对测量法　　　　B. 被动测量法　　　　C. 综合测量法　　　D. 间接测量法

（2）测量过程中由于不确定因素引起的测量误差属于（　　　）。

　　A. 方法误差　　　　　B. 系统误差　　　　　C. 粗大误差　　　D. 随机误差

（3）测量过程中温度波动引起的测量误差属于（　　　）。

　　A. 系统误差　　　　　B. 随机误差　　　　　C. 粗大误差　　　D. 方法误差

（4）用螺纹量规检验螺纹单一中径、螺距和牙侧角实际值的综合结果是否合格属于（　　　）。

　　A. 综合测量　　　B. 直接测量　　　C. 非接触测量　　　D. 单项测量

（5）用双管显微镜测量表面粗糙度，采用的是（　　　）测量方法。

　　A. 综合测量　　　B. 直接测量　　　C. 非接触测量　　　D. 接触测量

3. 简答题

（1）测量技术的基本任务是什么？

（2）测量的实质是什么？一个完整的测量过程包括哪几个要素？

（3）什么是测量器具？常用测量器具有哪些？

（4）什么事测量误差？测量误差分哪几类？

（5）随机误差有几个特性？各是什么？随机误差能消除吗？

4. 应用题

对同一几何量在等精度的情况下连续测量 12 次，各次测得的值如下（单位：mm）：40.042，40.043，40.040，40.041，40.039，40.040，40.039，40.041，40.043，40.042，40.043，40.041，设测量中不存在定值系统误差，试确定其测量结果。

Chapter 6

第6章

| 三大误差检测 |

【学习目标】

1. 了解尺寸检验范围、验收原则及方法、验收极限和计量器具的选择。
2. 了解光滑工件尺寸的检验、光滑极限量规的基本概念。
3. 理解量规工作尺寸计算。
4. 了解几何误差的检测原则与评定方法。
5. 掌握表面粗糙度的检测方法。

6.1 尺寸误差检测

6.1.1 尺寸误差检测的常用方法

检测工件尺寸的误差：对于单件测量，应以选择通用计量器具为主；对于成批的测量，应以专用量具、量规和仪器为主；对于大批的测量，则应选用高效率的自动化专用检验器具。

车间条件下，通常采用通用计量器具来测量工件尺寸，并按规定的验收极限判断工件尺寸是否合格。

由于计量器具和计量系统都存在误差，使测量结果有误差，因此，在测量工件尺寸时，必须正确确定验收极限。为了保证产品质量，国家标准 GB/T 3177—2009《产品几何技术规范（GPS）光滑工件尺寸的检验》对验收原则、验收极限、检验尺寸用的测量器具的测量不确定度允许值和计量器具选用原则等作出了规定，以保证验收合格的尺寸位于根据零件功能要求而确定的尺寸极限内。该标准适用于车间使用的普通计量器具（如各种游标卡尺、千分尺、比较仪、指示表等），其检测的公差等级范围为6～18级。该标准也适用于一般公差（未注公差）尺寸的检验。

6.1.2 尺寸误差检测通用计量器具

1. 游标卡尺类量具

游标卡尺类量具应用十分广泛，可测量各种工件的内外尺寸、高度和深度，还可测盲孔、凹槽、阶梯形孔等；按用途和结构，游标量具有游标卡尺、深度游标尺、高度游标尺、齿厚游标卡尺等多种。

（1）游标卡尺。游标卡尺有普通游标卡尺、自锁游标卡尺和微调游标卡尺3种，如图6-1所示。

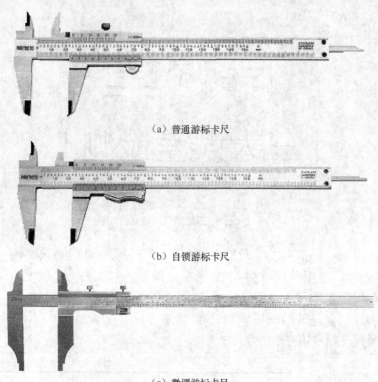

（a）普通游标卡尺

（b）自锁游标卡尺

（c）微调游标卡尺

图6-1　3种游标卡尺结构图

① 结构。现以普通游标卡尺（见图 6-2）为例进行介绍。游标量具在结构上的共同特征是都有主尺、游标尺（副尺）以及测量基准面（内表面、外表面），另外还有为便于使用而设的微动机构和锁紧机构等。主尺上有毫米刻度，游标尺上的分

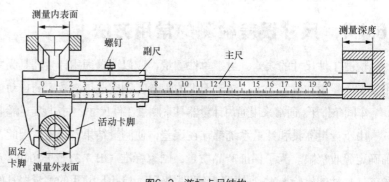

图6-2　游标卡尺结构

度有 10 分度、20 分度和 50 分度，分度值分别为 0.1 mm、0.05 mm 和 0.02 mm 3 种。

② 读数原理。游标卡尺的读数原理是利用主尺刻线间距与游标尺（副尺）刻线间距的间距差实现的。

不管是多少分度的，主尺刻度间距都是 $a=1$ mm。若使主尺刻度（$n-1$）格的宽度等于游标刻度 n 格的宽度，则游标的刻度间距 i 为 $[(n-1)/n]\times a$。

比如，50 分度的游标卡尺（分度值为 0.02 mm），游标尺的刻度分成 50 个小格，但总长为 49 mm，

因此游标刻度间距为 49/50=0.98 mm。

整数由主尺来读，小数部分由游标尺来读。测量时，游标尺相对主尺尺身向右移动，若游标尺的第 1 格正好与主尺的第 1 格对齐，则工件的厚度为 0.02 mm。同理，测量 0.06 mm 或 0.08 mm 厚度的工件时，应该是游标尺的第 3 格正好与主尺的第 3 格对齐或副尺的第 4 格正好与主尺的第 4 格对齐。图 6-2 所示为 50 分度游标卡尺的读数为 13.22 mm。首先，游标尺零刻线在主尺的 13 mm 刻线的右侧，所以整数读数为 13 mm；其次，游标尺的第 "22" 刻度与主尺的某刻度对齐，但仔细观察游标尺的 0 刻线到 22 刻线实际有 11 格，即小数读数为 11×0.02 mm=0.22 mm。

游标卡尺不要估读，如没有对齐的情况，则选择最近的刻度线读数，有效数字与精度对齐。

读数方法，可总结 3 个步骤。

第一步：根据副尺零线以左的主尺上的最近刻度读出整毫米数；

第二步：根据副尺零线以右与主尺上的刻度对准的刻线数乘上 0.02 读出小数；

第三步：将上面整数和小数两部分加起来，即为总尺寸。

③ 读数示例。见表 6-1。

表 6-1　　　　　　　　　　　游标卡尺读数示例

游标分度值 i	游标刻线格数	读 数 示 例	读数值（mm）
0.1	10		10+0.1×6=10.6
			2+0.1×3=2.3
0.05	20		10+0.05×18=10.90
0.02	50		20+0.02×1=20.02

④ 游标卡尺的使用如图 6-3 所示，依次为宽度、外径、内径和深度的测量。

⑤ 使用注意事项。使用前，应将测量表面擦干净，两测量爪间不能存在显著的间隙，并校对零位。移动游框时，力量要适度，测量力不易过大。注意防止温度对测量精度的影响，特别是测量器具与被测件不等温产生的测量误差。读数时，视线要与标尺刻线方向一致，以免造成视差。

（2）带表游标卡尺与数显游标卡尺。

① 带表游标卡尺。带表游标卡尺（见图 6-4）是通过机械传动系统，将两测量爪相对移动，转变为指示表指针的回转运动，并借助尺身刻度和指示表，对两测量爪相对移动所分隔的距离进行读

数的一种通用长度测量工具。

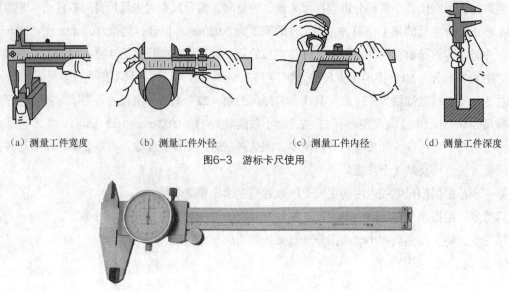

（a）测量工件宽度　　（b）测量工件外径　　（c）测量工件内径　　（d）测量工件深度

图6-3　游标卡尺使用

图6-4　带表游标卡尺

带表游标卡尺也叫附表游标卡尺。它是运用齿条传动齿轮带动指针显示数值，主尺上有大致的刻度，结合指示表读数，比游标卡尺读数更为快捷准确。

指示表（见图 6-4）的分度值有 0.01 mm、0.02 mm、0.05 mm 3 种。指示表指针旋转一周所指的长度，对分度值为 0.01 mm 的卡尺是 1 mm，对分度值为 0.02 mm 的卡尺是 2 mm，对分度值为 0.05 mm 的卡尺为 5 mm。带表游标卡尺的测量范围有 0～150 mm、0～200 mm、0～300 mm 3 种。带表游标卡尺读数时，先从尺身读毫米的整数值，再从指示表上读小数部分。

注意事项：带表游标卡尺不怕油和水，但是在使用过程中需要注意防震和防尘。振动轻则会导致指针偏移零位，重则会导致内部机芯和齿轮脱离，影响示值。灰尘会影响精度，大的铁屑进入齿条，不小心拉动会导致传动齿崩裂，卡尺报废。带表游标卡尺属于长度类精密仪器，在使用中，要轻拿轻放，使用完毕，请擦拭干净，闭合卡尺，避免灰尘和铁屑进入。

图6-5　数显游标卡尺

② 数显游标卡尺。数显游标卡尺（见图 6-5）是以数字显示测量示值的长度测量工具，是一种测量长度、内、外径和深度的仪器。数显卡尺具有读数直观、使用方便、功能多样的特点。

数显卡尺主要由尺体、传感器、控制运算部分和数字显示部分组成。按照传感器的不同形式划分，目前数显卡尺分为磁栅式数显卡尺和容栅式数显卡尺两大类。数显游标卡尺常用的分度值为 0.01 mm，也有 0.005 mm 的高精度数显卡尺，允许误差为±0.015 mm/150 mm；还有分度值为 0.001 mm 的多用途数显千分卡尺，允许误差为±0.005 mm/50 mm。数显游标卡尺读数直观清晰，测量效率高。

数显游标卡尺测量范围有 0～150 mm、0～200 mm、0～300 mm、0～500 mm 等多种。

（3）其他游标卡尺。有深度游标尺、高度游标尺、齿厚游标卡尺等多种，如表 6-2 所示。

表 6-2　　　　　　　　　　　　　　　　　其他游标卡尺

名称	结　构　图	实　物　图	数显实物图
深度游标卡尺	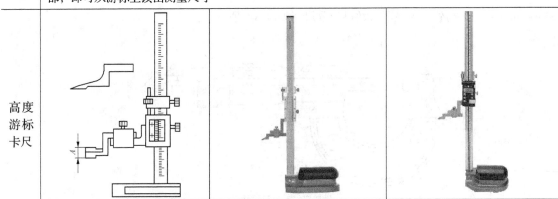		
	用途：用于测量孔、槽的深度、阶台的高度；使用时，将尺架贴紧工件的平面，再把尺身插到底部，即可从游标上读出测量尺寸		
高度游标卡尺			
	用途：用于测量工件的高度和进行划线；更换不同的卡脚，可适应不同的需要；使用时，必须注意：在测量顶面到底面的距离时，应加上卡脚的厚度尺寸 A		
齿厚游标卡尺	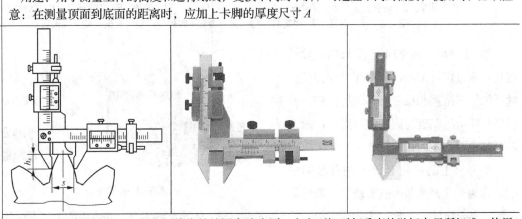		
	用途：用于测量直齿、斜齿圆柱齿轮的固定弦齿厚。它由两把互相垂直的游标卡尺所组成；使用时，先把垂直尺调到 h_x 处的高度，然后使端面靠在齿顶上；移动水平卡尺游标，使卡脚轻轻与齿侧表面接触，这时水平尺上的读数就是固定弦齿厚 s		

图6-6　千分尺实物图

2．千分尺类量具

千分尺类量具是机械制造中最常用的量具。千分尺又称螺旋测微器、螺旋测微仪或分厘卡，是比游标卡尺更精密的测量长度的工具。按用途可分外径千分尺（见图6-6）、内径千分尺、深度千分尺、杠杆千分尺、螺纹千分尺、齿轮公法线千分尺等多种。

（1）外径千分尺。

① 外径千分尺结构。外径千分尺主要由尺架、微分筒、固定套筒、测力装置（棘轮）、固定测砧、硬度合金测头（活动测砧）、测微螺杆、锁紧装置等组成，如图6-7所示。结构设计符合阿贝原则；以丝杆螺距作为测量的基准量，丝杆和螺母的配合精密，间隙能调整；固定套筒和微分筒作为示数装置，用刻度线进行读数；有保证一定测力的棘轮棘爪机构；用它测长度可以精确到0.01 mm。外径千分尺的测量范围分500 mm以内和500 mm以上两种。500 mm以内，每25 mm一档，常用的有0～25 mm；25～50 mm；50～75 mm……；500 mm以上，每100 mm一档，常用的有500～600 mm；600～700 mm……另外，现在还有数显千分尺，如图6-8所示。

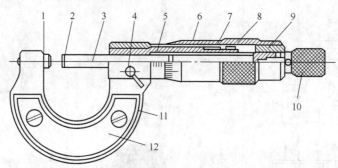

图6-7　千分尺结构图

1．固定测砧　2．硬度合金测头（活动测砧）　3．测微螺杆　4．锁紧装置　5．固定套筒　6．微分筒
7．刻线套　8．调节螺母　9．弹簧套　10．测力装置（棘轮）　11．尺架　12．隔热板

② 千分尺读数原理。千分尺的读数原理是：通过螺旋传动，将被测尺寸转换成丝杆的轴向位移和微分筒的圆周位移，并以微分筒上的刻度对圆周位移进行计量，从而实现对螺距的放大细分。

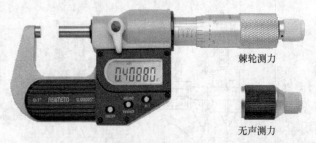

棘轮测力

无声测力

图6-8　数显千分尺

千分尺上的固定套筒上刻有轴向中线，作为微分筒读数的基准线。当微分筒两测砧靠合接触时，微分筒的零刻线应正好与固定套筒上的零刻线重合。在中线的上、下两侧，刻有两排刻线，每排刻线间距1 mm，上、下两排相互错开0.5 mm。测微螺杆的螺距$p=0.5$ mm，而微分套筒外圆周上刻有50等分的刻度。微分筒每转一周，测头就相对于主尺移动一个螺距p，因此，微分套

筒上的刻度每转过一格，测量头就移动 0.5/50 mm=0.01 mm，故外径千分尺的分度值为 0.01 mm。

测量尺寸时，先以微分筒的端面为准线，从固定套筒管上读取 0.5 mm 整数倍的读数，再以固定套管上的水平中线作为读数准线，从微分筒可动刻度上读出小于 0.5 mm 的分度值（读数时应估读到最小刻度的十分之一，即 0.001 mm），两读数之和为被测尺寸的测得值，即物体长度=固定刻度读数+可动刻度读数。但要注意定套筒上的读数是否"过5"，即过没过主尺的半格刻线。图 6-9（a）所示读数为 14 mm+0.10 mm =14.10 mm，而图 6-9（b）所示读数为 15.5 mm+0.281 mm=15.781 mm。

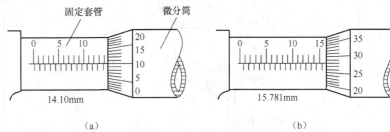

（a）　　　　　　　　　　　　　（b）

图6-9 千分尺读数示例

使用千分尺时，先要检查其零位是否校准。

校准好的千分尺，当测微螺杆与测砧接触后，可动刻度上的零线与固定刻度上的水平横线应该是对齐的。如果没有对齐，测量时就会产生系统误差——零误差。如无法消除零误差，则应考虑它们对读数的影响。若可动刻度的零线在水平横线上方，且第 x 条刻度线与横线对齐，即说明测量时的读数要比真实值小 $x/100$ mm，这种零误差叫做负零误差；若可动刻度的零线在水平横线的下方，且第 y 条刻度线与横线对齐，则说明测量时的读数要比真实值大 $y/100$ mm，这种零误差叫正零误差。

测量结果应等于读数减去零误差，即物体长度=固定刻度读数+可动刻度读数−零误差。

③ 注意事项。测量前，先松开锁紧装置，清除油污，特别是测砧与测微螺杆间接触面要清洗干净，并校对其零位；在读取测量数值时，要特别留心半毫米读数的读取；不准测量毛坯或表面粗糙的工件，以及正在旋转或发热的工件，以免损伤测量面或得不到正确读数。

（2）其他千分尺。为了适应不同形状和尺寸的工件的测量，千分尺的外形和结构还有其他形式，如内径千分尺、深度千分尺、杠杆千分尺、螺纹千分尺、齿轮公法线千分尺等多种，见表6-3。

表6-3　　　　　　　　　　　　　　　其他千分尺

名称	结 构 图	量 具 说 明
内径、内测千分尺	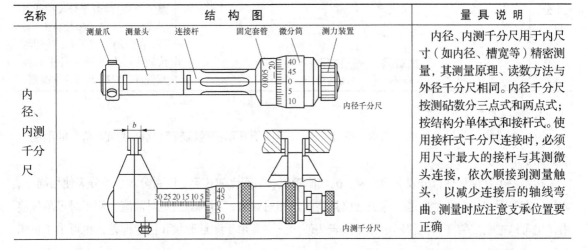	内径、内测千分尺用于内尺寸（如内径、槽宽等）精密测量，其测量原理、读数方法与外径千分尺相同。内径千分尺按测砧数分三点式和两点式；按结构分单体式和接杆式。使用接杆式千分尺连接时，必须用尺寸最大的接杆与其测微头连接，依次顺接到测量触头，以减少连接后的轴线弯曲。测量时应注意支承位置要正确

续表

名称	结　构　图	量具说明
杠杆千分尺	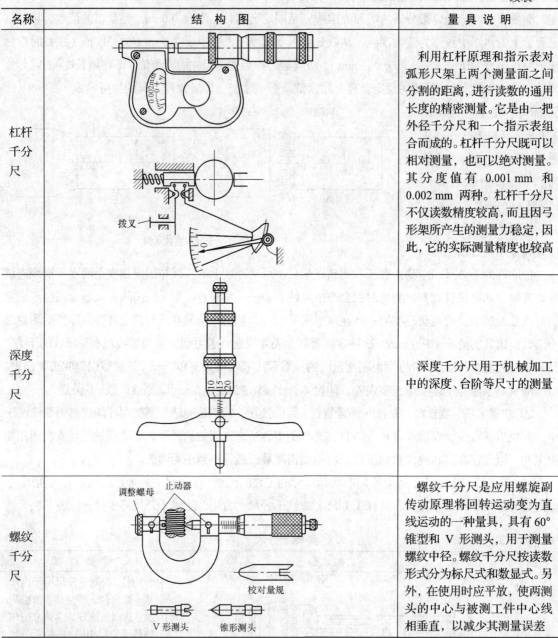	利用杠杆原理和指示表对弧形尺架上两个测量面之间分割的距离，进行读数的通用长度的精密测量。它是由一把外径千分尺和一个指示表组合而成的。杠杆千分尺既可以相对测量，也可以绝对测量。其分度值有 0.001 mm 和 0.002 mm 两种。杠杆千分尺不仅读数精度较高，而且因弓形架所产生的测量力稳定，因此，它的实际测量精度也较高
深度千分尺		深度千分尺用于机械加工中的深度、台阶等尺寸的测量
螺纹千分尺		螺纹千分尺是应用螺旋副传动原理将回转运动变为直线运动的一种量具，具有 60°锥型和 V 形测头，用于测量螺纹中径。螺纹千分尺按读数形式分为标尺式和数显式。另外，在使用时应平放，使两测头的中心与被测工件中心线相垂直，以减少其测量误差

3．指示表类

　　游标卡尺和千分尺虽然结构简单，使用方便，但由于其示值范围较大及机械加工精度的限制，故其测量准确度不易提高。

　　指示表类量仪包括百分表、千分表、机械比较仪、扭簧比较仪等。因百分表、千分表使用简单、方便，在实际应用中非常广范。这类量仪只能测出相对数值，不能测出绝对数值。使用时可单独使用，也可以把它安装在其他仪器中作测微表头使用。主要用于测量形状和位置误差，也可用于机床上安装工件时的精密找正。

① 结构。这类量仪的示值范围较小,示值范围最大的(如百分表)不超出 10 mm,最小的(如扭簧比较仪)只有±0.015 mm。其示值误差从±0.01～±0.000 1 mm。另外,这类量仪都有体积小、重量轻、结构简单、造价低等特点,不须附加电源、光源、气源等,也比较坚固耐用,因此仍应用十分广泛。

② 工作原理。针式机械量仪的工作常通过各种机械传动原理,将测杆的微小直线位移转变成指针的角位移,指出相应的被测量值。不同的类型的指针式机械量仪的结构各不相同。

下面以百分表为例,说明其工作原理。百分表的读数精确度为 0.01 mm,结构如图 6-10 所示。有齿条的测量杆 1 上下移动 1 mm 时,带动与齿条啮合的小齿轮 2 转动,此时与小齿轮 2 同轴的一个大齿轮 3 也跟着转动。大齿轮 3 又带动中间的小齿轮 4 以及与小齿轮 4 同轴的指针 5 转动一圈。这样,通过齿轮传动机构,就可将测量杆的微小位移,扩大转变为大指针的偏转量度并显示在表盘上。同时,小齿轮 4 又带动大齿轮 6 以及与大齿轮 6 同轴的小指针 7 转动一格(显示大于 1 mm 的数值)。因为测量杆位移 1 mm 时,在指示盘上对应大指针转动一圈,小指针转动一格(即表示 1 mm),百分表的表盘上一圈分度线为 100 格,所以百分表每一格的刻度值为 0.01 mm(百分表的分度值),小指针每格读数为 1 mm。测量时,指针读数的变动量即为尺寸变化量。刻度盘可以转动,以便测量时大指针对准零刻线。

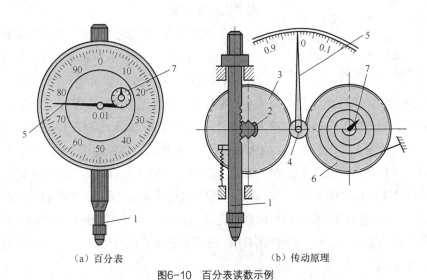

(a) 百分表　　　　　　　(b) 传动原理

图6-10　百分表读数示例

1. 测量杆　2. 小齿轮　3. 大齿轮　4. 小齿轮　5. 指针　6. 大齿轮　7. 小指针

③ 百分表的读数方法。先读小指针 7 转过的刻度线(即毫米整数);再读大指针 5 转过的刻度线(即小数部分),并乘以 0.01;然后两者相加,即得到所测量的数值。

④ 注意事项。使用前,应检查测量杆活动的灵活性。使用时,测头移动要轻缓,距离不要太大,更不能超量程使用;测量杆与被测表面的相对位置要正确,防止产生较大的测量误差;表体不得猛烈震动,被测表面不能太粗糙,以免齿轮等运动部件损坏。

4．立式光学比较仪

立式光学比较仪是测量精密零件的常用测量器具，主要利用量块与零件相比较的方法，来测量物体外形的微差尺寸。测量时，先将量块组放在仪器的测头与工作台面之间，以量块尺寸 L 调整仪器的指示表到达零位，再将工件放在测头与工作台面之间，从指示表上读出指针相对零位的偏移量，即工件高度对量块尺寸的差值 ΔL，则被测工件的高度为 $X=L+\Delta L$。

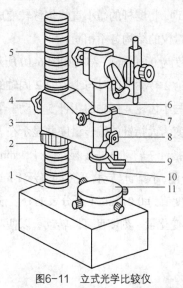

图6-11　立式光学比较仪

1．底座　2．升降圈　3．横臂　4．旋手
5．立柱　6．光学计管　7．微动手轮
8．旋手　9．提升器　10．测量杆　11．工作台

① 结构。立式光学比较仪结构如图 6-11 所示。立柱 5 在底座 1 上固定，用升降圈 2 可使横臂 3 沿立柱上下移动作粗大调节，位置确定后，用旋手 4 固定。光学计管 6 插入横臂 3 的套管中，微动手轮 7 可调节光学计管作微量的上下移动。调整完毕后，用旋手 8 固紧光学计管的位置。光学计管的下端装有提升器 9，以便在安装被测物体时，将测量杆 10 提起。工作台 11 的水平位置可用调整螺钉来调整，以使测量时工作台的平面和测量杆轴线相垂直。提升器上的螺钉可用来调节提起的距离。光学计管 6 的上端装有目镜，从中可以看到分划板标尺的像。利用零位调节钮，可使棱镜转动一个微小的角度，以便标尺影像的零刻线很快对准指标线。

② 工作原理。立式光学计是一种精度较高而结构简单的常用光学测量仪，所用长度基准为量块，按比较测量法测量各种工件的外尺寸。

光学计利用光学杠杆的放大原理，将微小的位移量转换为光学影像的移动，其光学系统如图6-12（b）所示。照明光线经反射镜1照射到刻度尺8上，再经直角棱镜2、物镜3，照射到反射镜4上。由于刻度尺8位于物镜3的焦平面上，故从刻度尺8上发出的光线经物镜3后，成为平行光束。若反射镜4与物镜3相互平行，则反射光线折回到焦平面，刻度尺的像7与刻度尺8对称。若被测尺寸变动，使测杆5推动反射镜4绕支点转动某一角度 α [见图6-12（a）]，则反射光线相对于入射光线偏转 2α 角度，从而使刻度尺像7产生位移 t [见图6-12（c）]，它代表被测尺寸的变动量。物镜至刻度尺8间的距离为物镜焦距 f，设 b 为测杆中心至反射镜支点间的距离，s 为测杆5移动的距离，则仪器的放大比 K 为

$$K = \frac{t}{s} = \frac{f\tan 2\alpha}{b\tan\alpha}$$

当 α 很小时，$\tan 2\alpha \approx 2\alpha$，$\tan\alpha \approx \alpha$，因此

$$K = \frac{2f}{b}$$

若光学计的目镜放大倍数为 12，$f=200$ mm，$b=5$ mm，则仪器的总放大倍数 n 为

$$n = 12K = 12\frac{2f}{b} = 12 \times \frac{2 \times 200}{5} = 960$$

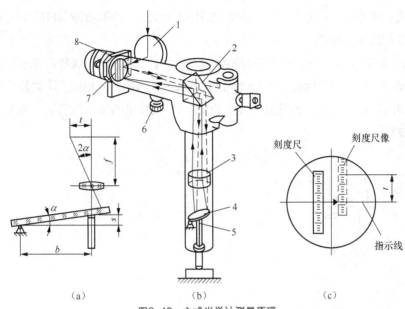

图6-12 立式光学计测量原理

1、4. 反射镜 2. 直角棱镜 3. 物镜 5. 测杆 6. 锁紧螺钉 7. 像 8. 刻度尺

由此说明，当测杆移动 0.001 mm 时，在目镜中可见到 0.96 mm 的位移量。

③ 使用注意事项。应注意保持清洁，不用时应将罩子套上防尘；使用完毕后，必须在工作台、测量头以及其他金属表面，用航空汽油清洗、拭干，再涂上无酸凡士林；光学计管内部构造比较复杂精密，不宜随意拆卸，出现故障应送专业部门修理；光学部件应避免用手指碰触，以免影响成像质量。

5. 工具显微镜

工具显微镜是一种在工业生产和科学研究部门中使用十分广泛的光学测量仪器。它具有较高的测量精度，适用于长度和角度的精密测量。同时由于配备多种附件，使其应用范围得到充分的扩大。工具显微镜分小型、大型和万能 3 种类型。工具显微镜主要用于测量螺纹的几何参数、金属切削刀具的角度、样板和模具的外形尺寸等，也常用于测量小型工件的孔径和孔距、圆锥体的锥度和凸轮的轮廓尺寸等。主要的测量对象有刀具、量具、模具、样板、螺纹和齿轮类工件等。

（1）结构。工具显微镜常见的测量范围为 50×25 mm、150 × 75 mm 和 200 × 100 mm，具有能沿立柱上下移动的测量显微镜和坐标工作台。测量显微镜的总放大倍数一般为 10 倍、20 倍、50 倍和 100 倍，外形如图 6-13 所示。小型和大型的坐标工作台能作纵向和横向移动，

一般采用螺纹副读数鼓轮、读数显微镜或投影屏读数，也有采用数字显示的，分度值一般为 10 mm、5 mm 或 1 mm。万能工具显微镜的工作台仅作纵向移动，横向移动由装有立柱和测量显微镜的横向滑架完成，一般采用读数显微镜、投影屏读数或数字显示，分度值为 1 mm。工具显微镜的附件很多，有各种目镜，例如螺纹轮廓目镜、双像目镜、圆弧轮廓目镜等，还有测量刀、测量孔径用的光学定位器和将被测件投影放大后测量的投影器。此外，万能工具显微镜还可带有光学分度

台和光学分度头等。

（2）测量原理。工具显微镜主要是应用直角或极坐标原理，通过主显微镜瞄准定位和读数系统读取坐标值而实现测量的一种光学仪器。根据被测件的形状、大小及被测部位的不同，基本测量方法有影像法、轴切法和接触法。

① 影像法：如图 6-14 所示，中央显微镜将被测件的影像放大后，成像在"米"字分划板上，利用测量显微镜中"米"字分划板上的标线瞄准被测长度一边后，从相应的读数装置中读数，然后移动工作台（横向滑架），以同一标线瞄准被测长度的另一边，再作第二次读数。两次读数值之差即为被测件的长度值。

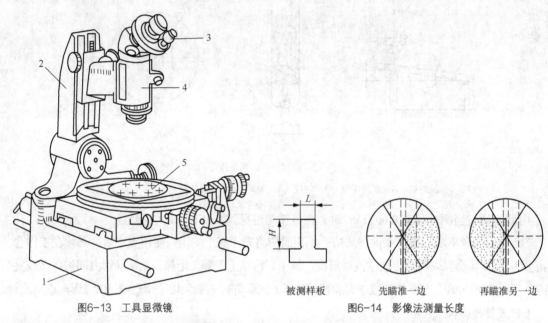

图6-13　工具显微镜　　　　　　　　　图6-14　影像法测量长度

1. 底座　2. 立柱和支臂　3. 目镜　4. 物镜组　5. 坐标工作台

② 轴切法：测量过程与影像法相同，但瞄准方法不同。为克服影像法测量大直径外尺寸时出现衍射现象而造成较大的测量误差，进行瞄准时，用仪器所配附件测量刀上的宽度为 3 mm 的刻线来替代被测表面轮廓，从而完成测量。

③ 接触法：用光学定位器直接接触被测表面来进行瞄准、定位并完成测量，适用于影像成像质量较差或根本无法成像的零件的测量，如对有一定厚度的平板件、深孔零件、台阶孔、台阶槽的测量等。

不同的被测件所采用的测量原理也各不相同，详细的使用方法可查阅使用说明书和有关的参考书。

（3）使用注意事项。工具显微镜的保养方法与立式光学比较仪、光切法显微镜等光学仪器相似。

另外，采用了新技术的数显万能工具显微镜和微机型万能工具显微镜功能更加完善。数显万能工具显微镜（见图 6-15）以直观的数字显示和数字打印方式取代了普通万工显的目视读数方式，以影像法和轴切法按直角坐标与极坐标精确地测量各种零件，是机械加工企业、电子制造业、计量测试所广泛使用的一种多用途计量器具。

微机型万能工具显微镜是在数字式万能工具显微镜的基础上，采用计算机技术对测量数据进行数据处理，是应用计算机辅助测量的新一代万能工具显微镜，能解决各种复杂的二维测量问题。传统的万能工具显微镜对于视场中不能直接观测到的几何元素如圆心、中点、交点、中心线及其相互距离、夹角，等等，都很难进行测量，而在微机型万能工具显微镜

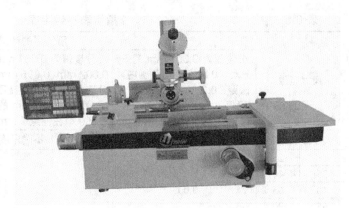

图6-15　数显万能工具显微镜

仪器上均能迎刃而解。该仪器采用优于影像法和轴切法的双光束干涉条纹测量法（光栅传感器），使微机型万能工具显微镜系统性能得到了大大提高，同时，还使用精密光栅传感器和 PC 系列微机以及数据接口卡采集测量数据，以二维测量程序进行数据处理、显示并打印测量结果。

6.1.3　尺寸误差检测计量器具的选择原则

1. 误收与误废

任何测量都存在测量误差。这里强调一点，误差可以是正值也可以是负值，它的存在影响着我们的测量结果。比如，我们用千分尺多次测量轴径读数时，每次读数有可能比上一次大，也可能比上一次小，这种不确定性与计量器具的不确定度有关，从而产生示值误差。游标卡尺和千分尺、指示表、比较仪的不确定度分别见表 6-4、表 6-5 和表 6-6。

表 6-4　　　　　　　　　　　游标卡尺、千分尺不确定度　　　　　　　　　　单位：mm

尺寸范围	不 确 定 度			
	分度值 0.01 mm 的外径千分尺	分度值 0.01 mm 的内径千分尺	分度值为 0.02 mm 的游标卡尺	分度值为 0.05 mm 的游标卡尺
> 0～50	0.004			0.050
> 50～100	0.005	0.008		0.050
> 100～150	0.006			
> 150～200	0.007			
> 200～250	0.008	0.013		
> 250～300	0.009			0.100
> 300～350	0.010		0.020	
> 350～400	0.011	0.020		
> 400～450	0.012			
> 450～500	0.013	0.025		
> 500～600				
> 600～700		0.030		0.015
> 700～1 000				

表 6-5　　　　　　　　　　　　　　　　指示表不确定度　　　　　　　　　　　　　单位：mm

尺寸范围		所使用的计量器具			
		分度值为 0.001 mm 的千分表（0 级在全程范围内，1 级在 0.2 mm 范围内）分度值为 0.002 mm 的千分表（在 1 转范围内）	分度值为 0.001 mm、0.002 mm、0.005 mm 的千分表（1 级在全程范围内）；分度值为 0.01 mm 的百分表（0 级在任意 1 mm 内）	分度值为 0.01 mm 的百分表（0 级在全程范围内、1 级在任意 1 nm 内）	分度值为 0.01 mm 的百分表（1 级在全程范围内）
大于	至	不确定度			
	25	0.005	0.010	0.018	0.030
25	40				
40	65				
65	90				
90	115				
115	165	0.006			
165	215				
215	265				
265	315				

表 6-6　　　　　　　　　　　　　　　　比较仪不确定度　　　　　　　　　　　　　单位：mm

尺寸范围	不确定度			
	分度值为 0.000 5 mm（相当于放大倍数 2 000 倍）的比较仪	分度值为 0.001 mm（相当于放大倍数 1 000 倍）的比较仪	公度值为 0.002 mm（相当于放大倍数 400 倍）的比较仪	分度值 0.005 mm（相当于放大倍数 250 倍）的比较仪
> 25	0.000 5	0.001 0	0.001 7	0.003 0
> 25～40	0.000 7		0.001 8	
> 40～65	0.000 8	0.001 1		
> 65～90	0.000 8			
> 90～115	0.000 9	0.001 2	0.001 0	
> 115～165	0.001 0	0.001 3		
> 165～215	0.001 2	0.001 4	0.002 0	
> 215～265	0.001 4	0.001 6	0.002 1	0.003 5
> 265～315	0.001 6	0.001 7	0.002 2	

在验收产品时，如果以被测工件规定的极限尺寸作为验收的界值，既零件的合格条件为理想条件—测得尺寸应小于最大极限尺寸，同时又大于最小极限尺寸。但在实际测量过程中，由于测量误差的影响，仪器读数有时偏大有时偏小，一方面，很可能把与公差界限极为接近，但却超出公差界限的废品错误地判断为合格品，这称为误收；另一方面，也可能把与公差界限极为接近的合格品判断为废品，称为误废。

【例 6-1】　用示值误差为 ±4μm 的千分尺验收 $\phi20h6(^{\ 0}_{-0.013})$mm 的轴径时，可能的"误收"、"误废"区域分布如图 6-16 所示。若以轴径的上、下极限偏差 0μm 和 −13μm 作为验收极限，则在验收极限附近 ±4μm 的范围内可能会出现以下 4 种情况。

（1）若轴径的实际尺寸落在 1 区，大于上极限尺寸，显然为不合格品，但此时恰巧碰到千分尺的测量误差为 −4μm 的影响，使其读数值可能小于上极限尺寸，而判为合格品，造成误收。

（2）若轴径的实际尺寸落在2区，小于上极限尺寸，显然为合格品，但此时恰巧碰到千分尺的测量误差为+4μm的影响，使其读数值可能大于上极限尺寸，而判为不合格品，造成误废。

（3）若轴径的实际尺寸落在3区，大于下极限尺寸，显然为合格品，但此时恰巧碰到千分尺的测量误差为-4μm的影响，使其读数值可能小于下极限尺寸，而判为不合格品，造成误废。

（4）若轴径的实际尺寸落在4区，小于下极限尺寸，显然为不合格品，但此时恰巧碰到千分尺的测量误差为+4μm的影响，使其读数值可能大于下极限尺寸，而判为合格品，造成误收。

2．安全裕度与验收极限

显然，误收和误废不利于产品质量的提高和成本的降低。为了适当的控制误废，尽量减少误收，并考虑国标中关于"应只接收位于规定尺寸极限之内的工件"的规定，因此，标准规定验收极限一般采用内缩方式，即从规定的上极限尺寸和下极限尺寸分别向公差带内移动一个安全裕度A来确定，如图6-17所示。安全裕度A由被测工件的尺寸公差来确定，其数值见表6-7。

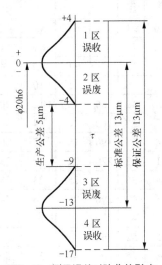

图6-16　测量误差对验收的影响

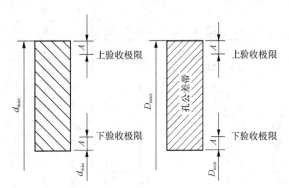

图6-17　安全裕度和验收极限

表 6-7　　　　安全裕度和计量器具的不确定度（GB/T 3177—2009）　　　　单位：μm

公差等级		6					7					8				
公称尺寸（mm）		T	A	u_1			T	A	u_1			T	A	u_1		
大于	至			I	II	III			I	II	III			I	II	III
≤3		6	0.6	0.54	0.9	1.4	10	1.0	0.9	1.5	2.3	14	1.4	1.3	2.1	3.2
3	6	8	0.8	0.72	1.2	1.8	12	1.2	1.1	1.8	2.7	18	1.8	1.6	2.7	4.1
6	10	9	0.9	0.81	1.4	2.0	15	1.5	1.4	2.3	3.4	22	2.2	2.0	3.3	5.0
10	18	11	1.1	1.0	1.7	2.5	18	1.8	1.7	2.7	4.1	27	2.7	2.4	4.1	6.1
18	30	13	1.3	1.2	2.0	2.9	21	2.1	1.9	3.2	4.7	33	3.3	3.0	5.0	7.4
30	50	16	1.6	1.4	2.4	3.6	25	2.5	2.3	3.8	5.6	39	3.9	3.5	5.9	8.8
50	80	19	1.9	1.7	2.9	4.3	30	3.0	2.7	4.5	6.8	46	4.6	4.1	6.9	10
80	120	22	2.2	2.0	3.3	5.0	35	3.5	3.2	5.3	7.9	54	5.4	4.9	8.1	12

续表

公差等级		6					7					8				
公称尺寸（mm）		T	A	u_1			T	A	u_1			T	A	u_1		
大于	至			I	II	III			I	II	III			I	II	III
120	180	25	2.5	2.3	3.8	5.6	40	4.0	3.6	6.0	9.0	63	6.3	5.7	9.5	14
180	250	29	2.9	2.6	4.4	6.5	46	4.6	4.1	6.9	10	72	7.2	6.5	11	16
250	315	32	3.2	2.9	4.8	7.2	52	5.2	4.7	7.8	12	81	8.1	7.3	12	18
315	400	36	3.6	3.2	5.4	8.1	57	5.7	5.1	8.4	13	89	8.9	8.0	13	20
400	500	40	4.0	3.6	6.0	9.0	63	6.3	5.7	9.5	14	97	9.7	8.7	15	22

公差等级		9					10					11				
公称尺寸（mm）		T	A	u_1			T	A	u_1			T	A	u_1		
大于	至			I	II	III			I	II	III			I	II	III
—	3	25	2.5	2.3	3.8	5.6	40	4.0	3.6	6.0	9.0	60	6.0	5.4	9.0	14
3	6	30	3.0	2.7	4.5	6.8	48	4.8	4.3	7.2	11	75	7.5	6.8	11	17
6	10	36	3.6	3.3	4.5	8.1	58	5.8	5.2	8.7	13	90	9.0	8.1	14	20
10	18	43	4.3	3.9	6.5	9.7	70	7.0	6.3	11	16	110	11	10	17	25
18	30	52	5.2	4.7	7.8	12	84	8.4	7.6	13	19	130	13	12	20	29
30	50	62	6.2	5.6	9.3	14	100	10	9.0	15	2.3	160	16	14	24	36
50	80	74	7.4	6.7	11	17	120	12	11	18	27	190	19	17	29	43
80	120	87	8.7	7.8	13	20	140	14	13	21	32	220	22	20	33	50
120	180	100	10	9.0	15	23	160	16	15	24	36	250	25	23	38	56
180	250	115	12	10	17	26	185	18	17	28	42	290	29	26	44	65
250	315	130	13	12	19	29	210	21	19	32	47	320	32	29	48	72
315	400	140	14	13	21	32	230	23	21	35	52	360	36	32	54	81
400	500	155	16	14	23	35	250	25	23	38	56	400	40	36	60	90

孔尺寸的验收极限：

上验收极限 K_s = 上极限尺寸（$D_{\max}$）$-A$

下验收极限 K_i = 下极限尺寸（$D_{\min}$）$+A$

轴尺寸的验收极限：

上验收极限 K_s = 上极限尺寸（$d_{\max}$）$-A$

下验收极限 K_i = 下极限尺寸（$d_{\min}$）$+A$

  对于遵循包容要求的尺寸、公差等级高的尺寸，检验时应按内缩原则确定验收极限，对工件进行检验；而对与非配合尺寸和一般公差尺寸，可按不内缩原则极限检验，即 $A=0$。

  安全裕度 A 由被测对象的允许误差范围确定。可见，安全裕度实际上就是对测量方法提出的准确度要求，即测量不确定度的允许值 u。因此，对规定范围内的被测对象尺寸的测量检验，应使测量不确定度允许值 u 小于或等于安全裕度 A。

  安全裕度 A 相当于测量中总的不确定度允许值 u，它包括计量器具的不确定度允许值 u_1 和由温

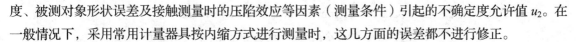

度、被测对象形状误差及接触测量时的压陷效应等因素（测量条件）引起的不确定度允许值 u_2。在一般情况下，采用常用计量器具按内缩方式进行测量时，这几方面的误差都不进行修正。

计量器具的不确定度允许值 u_1 是选择计量器具的依据，u_1 可根据表 6-7 确定。表中 u_1 的数值按尺寸段分 I 档、II 档、III 档。I 档值约为工件公差的 1/10，约为安全裕度 A 的 0.9 倍。II、III 档值分别约为工件公差的 1/6 和 1/4。选择计量器具时，优先选用 I 档，其次选用 II、III 档。

3. 计量器具的选择

车间条件下测量并验收工件，必须考虑测量误差的影响。测量误差的主要来源是计量器具的测量不确定度 u_1'。

选择时，应使所选用的计量器具的测量不确定度数值等于或小于标准所规定的允许值，即 $u_1' \leqslant u_1$。

常用计量器具的测量不确定度 u_1' 的数值可参阅表 6-4、表 6-5 和表 6-6。

准确度指标是选用计量器具的主要因素，除此之外，选用计量器具还须考虑适用性能和检测成本的要求，要经济可靠。

选择计量器具时，必须遵循以下几条原则。

（1）计量器具的测量范围及标尺的测量范围，要能够适应被测对象的外形、位置，被测量的大小以及其他要求。

（2）按被测对象的尺寸公差来选用计量器具时，为使对象的实际尺寸不超出原定的公差尺寸范围，必须考虑计量器具的测量极限误差来给出安全裕度，按对象极限尺寸双向内缩一个安全裕度数值得出验收极限，按验收极限判断对象尺寸是否合格。

（3）按被测对象的结构特殊性选用计量器具。如被测对象的大小、形状、重量、材料、刚性和表面粗糙度等都是选用时的考虑因素。被测对象的大小确定所选用计量器具的测量范围。被测对象的材料较软（如铜、铝），且刚性较差时，就不能用测量力大的计量器具，或只好选用非接触式仪器。

（4）被测对象所处的状态和测量条件是选择计量器具时的考虑因素。很显然，动态情况下的测量要比静态情况下的测量复杂得多。

（5）被测对象的加工方法、批量和数量等也是选择计量器具时要考虑的因素。对于单件测量，应以选择通用计量器具为主；对于成批的测量，应以专用量具、量规和仪器为主；对于大批的测量，则应选用高效率的自动化专用检验器具。

4. 计量器具选择实例

【**例 6-2**】 测 $\phi 35h9(^{\ 0}_{-0.062})$Ⓔ，请确定验收极限，并选择适当的计量器具。

解：（1）分析：该尺寸是外尺寸，应选测外尺寸的量具；是包容尺寸，应按内缩方式检测。

（2）确定验收极限。

① 查出该尺寸的上下偏差：es = 0，ei = −0.062 mm；

② 算出上、下极限尺寸：上极限尺寸 D_M = 35 mm−0 = 35 mm，

下极限尺寸 d_{min} = 35 mm−0.062 mm = 34.938 mm；

③ 查表 6-7，选 I 档，得 A = 0.006 2 mm；

④ 计算验收极限：上验收极限 = 35 mm−0.006 2 mm = 34.994 mm，

下验收极限 = 34.938 mm + 0.006 2 mm = 34.944 mm。

（3）选择量具。

① 查表 6-7，选 I 档，得 u_1 = 5.6μm = 0.005 6 mm；

② 查表 6-4，得分度值为 0.01 mm 的外径千分尺的不确定度 u = 0.004 mm；

③ 比较：$u < u_1$，所以该量具分度值为 0.01 mm 的外径千分尺可用。

实训一　游标卡尺测量零件尺寸

1. 实验目的

掌握游标卡尺的使用方法、测量范围和测量精度。

2. 实验设备

分度值为 0.02 mm 的游标卡尺、软布、被测工件、平板。

仪器说明：游标卡尺是机械加工中广泛应用的测量器具之一。它可以直接测量出各种工件的内径、外径、中心距、宽度、长度和深度等。本实验所用游标卡尺为 50 分度，分度值为 0.02 mm，结构如图 6-18 所示。其主要部分为一根主尺和一个套在主尺上可以沿主尺滑动的游标尺，还有附在两个尺上的其他部件。

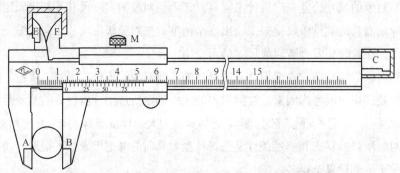

图6-18　精度为0.02 mm的游标卡尺

（1）内测量爪（也称上爪，E、F）。用于测量槽的宽度和管的内径。

（2）外测量爪（也称下爪，A、B）。用于测量工件的厚度和管的外径。

（3）窄片（C）。固定在游标尺上，用来测量槽、孔和筒的深度。

（4）锁紧螺钉（M）。读数时，为了防止游标尺挪动，旋紧 M 可使游标尺固定在主尺上。

3. 实验步骤

（1）将游标卡尺擦干净，轻轻推动尺框，使两个量爪靠拢，待严密贴合并没有明显的漏光间隙时，检查零位。若调零有困难，可先记录下零位时的误差，并注意误差的正负值，在测量结果中加以修正。

（2）测量时，左手拿工件，右手握尺，先张开活动量爪，测量外尺寸时，使用外测量爪；测量内尺寸时，使用内测量爪。将被测工件靠在固定量爪（A 或 E）上，然后推动尺框，使活动量爪（B

或 F）轻微接触工件，用锁紧螺钉固定，读取尺寸。游标卡尺的正确使用方法如图 6-19 所示。

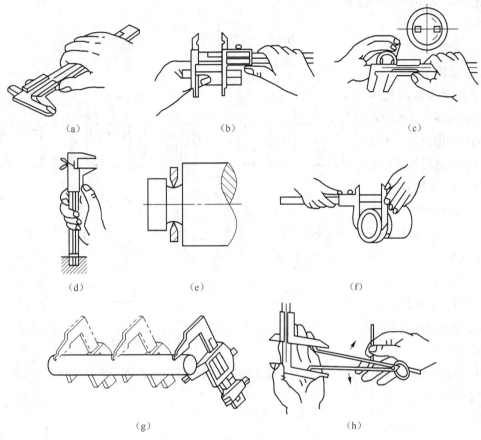

图6-19 游标卡尺的正确使用方法

（3）读数方法分 3 个步骤。

① 读整数。读出游标零线与左边靠近零线最近的尺身刻线数值，读数值就是被测工件尺寸的整数值。

② 读小数。找出与尺身刻线对齐的游标刻线，将其格数乘以游标分度值 0.02 mm 所得的积，即为被测工件尺寸的小数值。

③ 求和。把上面①、②读数值相加，就是被测工件尺寸值。

（4）用游标卡尺测量两孔的中心距。用游标卡尺测量两孔的中心距有两种方法。

一种是先用游标卡尺分别量出两孔的内径 D_1 和 D_2，再量出两孔内表面之间的最大距离 A，如图 6-20 所示，则两孔的中心距

$$L = A - \frac{1}{2}(D_1 + D_2)$$

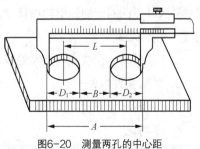

图6-20 测量两孔的中心距

另一种测量方法也是先分别量出两孔的内径 D_1 和 D_2，然后用刀口形量爪量出两孔内表面之间的最小距离 B，则两孔的中心距

$$L = B + \frac{1}{2}(D_1 + D_2)$$

4. 注意事项

（1）测量零件内尺寸时，必须使量爪分开的距离小于被测量的内尺寸，待量爪进入零件内孔后再慢慢张开，并轻轻地接触被测表面。用锁紧螺钉固定尺框后，轻轻取出卡尺，然后读数。

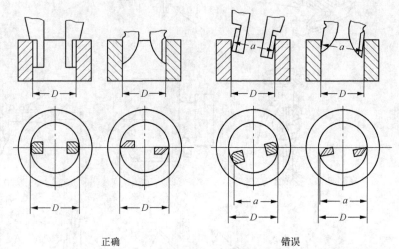

（2）测量内孔时，应使卡尺两测量刃位于孔内最大的弦上（即直径），不能歪斜，否则测量尺寸会小于实际孔径，如图 6-21 所示。

正确　　　　　　　　　错误

图6-21　测量内孔时正确与错误的位置

（3）测量零件的外尺寸时，应使卡尺测量面垂直于被测表面，否则测量尺寸会大于实际尺寸，如图 6-22 所示。

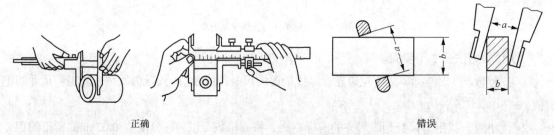

正确　　　　　　　　　　　错误

图6-22　测量外尺寸时正确与错误的位置

（4）测量沟槽时，应当用量爪的平面测量刃进行测量，尽量避免用端部测量刃和刀口形量爪去测量外尺寸。而对于圆弧形沟槽尺寸，则应当用刀口形量爪进行测量，不应当用平面形测量刃进行测量，如图 6-23 所示。

（5）读数时，视线应与卡尺测线表面垂直，以免产生读数误差。

5. 填写实训报告一

实训报告一见附录Ⅲ（P307）。

6. 思考题

简述游标卡尺的结构和分度值为 0.1 mm 的游标卡尺的读数原理。

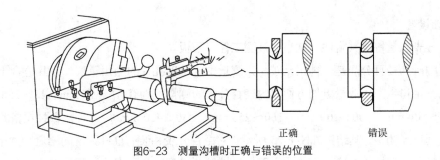

图6-23　测量沟槽时正确与错误的位置

实训二　外径千分尺测量轴径尺寸

1. 实训目的

掌握外径千分尺的使用方法、测量范围和测量精度。

2. 实训设备

0~25 mm、25~50 mm 的外径千分尺、软布、被测工件、平板。

3. 实训步骤

（1）首先将外径千分尺测头、被测工件表面擦洗干净。

（2）校准零位。测量范围小于 25 mm 时，直接合拢两测量面进行校正；测量范围大于 25 mm 时，使用量具盒内的校对量杆进行校正。若调零有困难，可记录下零位误差，在测量结果中修正。

（3）转动活动套筒（微分筒），使千分尺两测量面之间的距离大于工件的被测尺寸。

（4）将工件的被测表面放在两测头之间，并使被测轴线与千分尺测量杆保持垂直。

（5）转动活动套筒，使测量杆轴向移动，接近保持表面时，应改用棘轮装置（测力装置），直到棘轮发出响声时停止转动。

（6）锁紧千分尺后，可读数。读数方法见前述 6.1.2 小节中 2.（1）。

4. 注意事项

测量时，千分尺应放正；先转动微分筒，待测头接近被测表面时，再改用棘轮装置；读数时，不要错读 0.5 mm。

5. 填写实训报告二

实训报告二见附录Ⅲ（P308）。

6. 思考题

（1）简述外径千分尺的结构和工作原理。

（2）读出图 6-24 所示的测量结果。

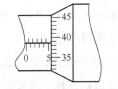

图6-24　外径千分尺读数

实训三　内径百分表测量孔径尺寸

1. 实训目的

掌握内径百分表的构造和工作原理；掌握内径百分表测量零件孔径的方法；加深对内尺寸测量特点的了解。

2. 实训设备

内径百分表、量块及其附件、软布、被测工件、平板。

仪器说明：内径百分表是一种用比较法来测量中等精度孔径的通用量仪，尤其适合于测量深孔的直径，在大批量生产中测量更加方便。内径百分表的测量范围有 10～18 mm、18～35 mm、35～50 mm、50～100 mm、100～160 mm、160～250 mm、250～450 mm 共 7 种。各种规格的内径百分表均备有整套可换测头，其结构如图 6-25 所示，它由百分表和装有杠杆系统的测量装置组成。百分表 7 的测量杆与传动杆 5 在弹簧力的作用下始终接触，弹簧 6 是用来控制测量力的，并经过传动杆 5、等臂杠杆 8 向外顶着活动测量头 1。测量时，活动测量头 1 的移动使等臂杠杆 8 回转，通过传动杆 5 推动百分表的测量杆，使百分表的指针偏转。由于杠杆 8 是等臂的，当活动测量头移动 1 mm 时，传动杆 5 也移动 1 mm，推动百分表指针回转一圈，所以活动测量头的移动量可以在百分表上读出来。

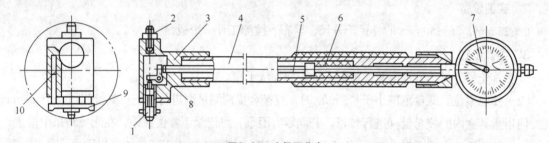

图6-25　内径百分表

1. 活动测量头　2. 可换测量头　3. 主体　4. 直管　5. 传动杆　6. 弹簧　7. 百分表
8. 等臂杠杆　9. 定位装置　10. 弹簧

百分表的表盘上每一格的刻度值为 0.01 mm，1 圈为 100 格，因此在指示盘上，大针转一圈，小针转动 1 格，表示测量杆位移 1 mm。

目前国产百分表的测量范围有 0～3 mm、0～5 mm、0～10 mm 3 种。定位装置 9 起找正直径位置的作用，因为可换测量头 2 和活动测量头 1 的轴线实际为定位装置的中垂线，此定位装置保证了可换测量头和活动测量头的轴线位于被测量孔的直径位置上。在调整零位和测量时，测量头在孔径内可能倾斜，影响测量结果的准确性，因此测量时，量仪应在孔内左右轻微摆动，找出百分表指针所指示的最小数值。

内径百分表活动测量头允许的移动量很小，它的测量范围是由更换或调整可换测量头的长度实现的。仪器备有一套长短不同的可换测头，可根据被测孔径大小进行了更换。内径百分表的测量范围取决于可换测头的尺寸范围。

3. 实训步骤

（1）将百分表和被测工件擦干净。

（2）将百分表装到手柄上，并使其指针压缩半圈左右，然后用固定螺帽将表盘固定。

（3）按被测孔径选择可换测头，把它旋入量仪的下端，拧装在螺孔里并紧固。

（4）根据被测量孔的公称尺寸，选择量块，把它研合后放于量块夹中。然后以量块夹为基准，按图 6-26 所示方法调整量仪零位。

（5）将量仪放入被测孔中测量孔径。使内径百分表的测杆与孔径轴线保持垂直，才能测量准确。沿内径百分表的测杆方向微微摆动量仪，如图 6-26 所示，找出指针所指最小数值的位置（顺时针方向的转折点），读出该位置上的指示值。

（6）在孔的 3 个不同横截面的每个截面相互垂直的两个方向上各测量一次，共测量 6 个点。

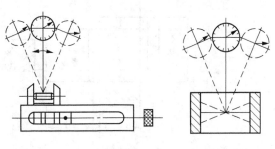

调整内径指示表示值零位　　　　测量孔径

图6-26　内径百分表

（7）将测量结果填入实训报告中，根据被测孔的公差值，做出合格性结论。

4．注意事项

（1）安装百分表时，夹紧力不宜过大，并且要有一定的预压缩量（一般为 1 mm 左右）。

（2）校对零位时，根据被测尺寸，选取一个相应尺寸的可换测头，并尽量使活动测头在活动范围的中间位置使用（此时杠杆误差最小）。

（3）内径百分表的零位对好后，不要松动其弹簧卡头，以防零位变化。

（4）装卸百分表时，不允许硬性的插入或拔出，要先松开弹簧夹头的紧固螺钉或螺母。

（5）使用完毕，要把百分表和可换测头取下擦净，并在测头上涂油防锈，放入专用盒内保存。

5．填写实训报告三

实训报告三见附录Ⅲ（P309）。

6．思考题

（1）为什么内径百分表调整零位和测量孔径时都要摆动量仪，找指针指示的最小数值？

（2）用内径百分表测量孔径属哪一种测量方法？

（3）除了用量块夹值作基准校对零位外，还可以用什么量具校对零位？

6.1.4　光滑极限量规

光滑极限量规是一种没有刻度的专用检验工具。它只能测量工件尺寸是不是处于规定的极限尺寸范围内，即判断工件的合格性，不能测量工件的实际尺寸。光滑极限量规使用方便、检验效率高，一般用于成批或大量生产中。

1．光滑极限量规检验原理

检验孔的光滑极限量规称为塞规，一个塞规按被测孔的最大实体尺寸制造，称为通规或过端；另一个塞规按被测孔的最小实体尺寸制造，称为止规或止端，如图 6-27（a）所示。检验轴的光滑极限量规称为环规或卡规，一个环规按被测轴的最大实体尺寸制造，称为通规；另一个环规按被测轴的最小实体尺寸制造，称为止规，如图 6-27（b）所示。测量时，通规和止规必须联合使用。只有当通规能够通过被测孔或轴，同时止规不能通过被测孔或轴，该孔或轴才是合格品。

我国在 2006 年制定了新的光滑极限量规国家标准 GB/T 1957—2006。

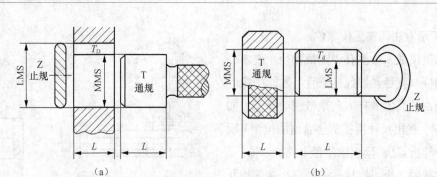

图6-27　光滑极限量规

2. 光滑极限量规分类

光滑极限量规按其用途可分为工作量规、验收量规和校对量规。

工作量规是操作者在生产过程中检验零件用的量规，其通规和止规分别用 T 或 Z 表示。工作量规应该选用新量规或磨损量小的量规，这样可以促使操作者提高加工精度，保证工件的合格率。

验收量规是检验部门或用户代表验收产品时使用的量规。为了使更多的合格件验收，并减少验收纠纷，在标准中规定：检验员使用磨损较多的通规和接近最小实体尺寸的止规作为验收量规。

校对量规只是用来校对轴用量规，以发现卡规或环规是否已经磨损或变形。对于孔用量规可以很方便地使用通用量仪检验，则不必使用校对量规。校对量规分为 3 类：校对轴用量规通规的校对量规，称为校通—通量规，用代号 TT 表示；校对轴用量规通规是否达到磨损极限的校对量规，称为校通—损量规，用代号 TS 表示；校对轴用量止规的校对量规，称为校止—通量规，用代号 ZT 表示。

3. 光滑极限量规尺寸公差带

（1）工作量规公差带。工作量规公差带由两部分组成：制造公差和磨损公差。

① 制造公差。量规是根据工件的尺寸要求制造出来的，不可避免会产生制造误差，因此需要规定制造公差。国家标准对量规的通端和止端规定了相同的制造公差 T，其公差带均位于被检工件的尺寸公差带内，以避免出现误收，如图 6-28 所示。

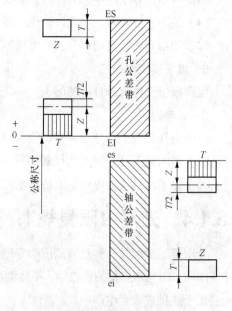

图6-28　工作量规公差带图

② 磨损公差。用通端检验工件时，需频繁通过合格件，容易磨损，为保证通端有合理的使用寿命，通端的公差带距最大实体尺寸线须有一段距离，即最小备磨量，其大小由图中通规公差带中心与工件最大实体尺寸之间的距离 Z 来确定，Z 为通端的位置要素值。通规使用一段时间后，其尺寸由于磨损超过了被检工件的最大实体尺寸，通规即报废。

用止端检验工件时，则不需要通过工件，因此不需要留备磨量。

制造公差 T 值和通规公差带位置要素 Z 值是综合考虑了量规的制造工艺水平和一定的使用寿命，按工件的基本尺寸和公差等级给出的，具体数值见表 6-8。

表 6-8　　　　　　　　IT6～IT14 级工作量规制造公差和位置要素值　　　　单位：mm

工件公称尺寸	IT6			IT7			IT8			IT9			IT10		
D（mm）	IT6	T	Z	IT7	T	Z	IT8	T	Z	IT9	T	Z	IT10	T	Z
≤3	6	1	1	10	1.2	1.6	14	1.6	2	25	2	3	40	2.4	4
>3～6	8	1.2	1.4	12	1.4	2	18	2	2.6	30	2.4	4	48	3	5
>6～10	9	1.4	1.6	1.5	1.8	2.4	22	2.4	3.2	36	2.8	5	58	3.6	6
>10～18	11	1.6	2	18	2	2.8	27	2.8	4	43	3.4	6	70	4	8
>18～30	13	2	2.4	21	2.4	3.4	33	3.4	5	52	4	7	84	5	9
>30～50	16	2.4	2.8	25	3	4	39	4	6	62	5	8	100	6	11
>50～80	19	2.8	3.4	30	3.6	4.6	46	4.6	7	74	6	9	120	7	13
>80～120	22	3.2	3.8	35	4.2	5.4	54	5.4	8	87	7	10	140	8	15
>120～180	25	3.8	4.4	40	4.8	6	63	6	9	100	8	12	160	9	18
>180～250	29	4.4	5	46	5.4	7	72	7	10	115	9	14	185	10	20
>250～315	32	4.8	5.6	52	6	8	81	8	11	130	10	16	210	12	22
>315～400	36	5.4	6.2	57	7	9	89	9	12	140	11	18	230	14	25
>400～500	40	6	7	63	8	10	97	10	14	155	12	20	250	16	28

工件公称尺寸	IT11			IT12			IT13			IT14		
D（mm）	IT11	T	Z	IT12	T	Z	IT13	T	Z	IT14	T	Z
≤3	60	3	6	100	4	9	140	6	14	250	9	20
>3～6	75	4	8	120	5	11	180	7	16	300	11	25
>6～10	90	5	9	150	6	13	220	18	20	360	13	30
>10～18	110	6	11	180	7	15	270	10	24	430	15	35
>18～30	130	7	13	210	8	18	330	12	28	520	18	40
>30～50	160	8	16	250	10	22	390	14	34	620	22	50
>50～80	190	9	19	300	12	26	460	16	40	740	26	60
>80～120	220	10	22	350	14	30	540	20	46	870	30	70
>120～180	250	12	25	400	16	35	630	22	52	1000	35	80
>180～250	290	14	29	160	18	40	720	26	60	1150	40	90
>250～315	320	16	32	520	20	45	810	28	66	1300	45	100
>315～400	360	18	36	570	22	50	890	32	74	1400	50	110
>400～500	400	20	40	630	24	55	970	36	80	1550	55	120

（2）验收量规公差带。在国家标准中，没有单独规定公差带，但规定了检验部门应使用磨损较多的通规，用户应使用接近工件最大实体尺寸的通规，以及接近工件最小实体尺寸的止规。

（3）校对量规公差带。轴用通规的校通—通量规 TT 的作用是防止轴用通规发生变形而尺寸过小。检验时，应通过被校对的轴用通规，它的公差带从通规的下偏差算起，向通规公差带内分布。轴用通规的校通—损量规 TS 的作用是检验轴用通规是否达到磨损极限，它的公差带从通规的磨损极限算起，向轴用通规公差带内分布。轴用止规的校止—通量规 ZT 的作用是防止止规尺寸过小。检验时，应通过被校对的轴用止规，它的公差带从止规的下偏差算起，向止规的公差带内分布。规

定校对量规的公差 T_p 等于工作量规公差的一半。

4. 量规设计

（1）量规设计原则及结构。当被测孔或轴遵守包容要求时，应遵循极限尺寸的判断原则：要求其被测要素的实体处处不超过最大实体边界，而实际要素局部实际尺寸不得超过最小实体尺寸。具体来讲，孔或轴的作用尺寸不允许超过最大实体尺寸（即对于孔的作用尺寸应不小于最小极限尺寸，轴的作用尺寸则应不大于最大极限尺寸）；任何位置上的实际尺寸不允许超过最小实体尺寸，即对于孔的实际尺寸不大于最大极限尺寸；轴的实际尺寸不小于最小极限尺寸）。

由上述内容可知：孔和轴尺寸的合格性应是作用尺寸和实际尺寸两者的合格性。作用尺寸由最大实体尺寸控制，而实际尺寸由最小实体尺寸控制。

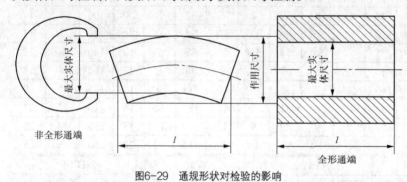

图6-29　通规形状对检验的影响

通规体现的是最大实体边界，故理论上应为全形规。全形规除直径为最大实体尺寸外，其轴向长度还应与被检工件的长度相同，若通规不是全形规，会造成检验错误。图 6-29 所示为用通规检验轴的示例，轴的作用尺寸已超出了最大实体尺寸，为不合格产品，不能通过是正确的，但非全形规却能通过，造成误判。

止规用于检验工件任何位置上的实际尺寸，理论上应为非全形规，采用两点式测量，否则也会造成误判。图 6-30 所示为止规形状不同对检验结果的影响，图中轴在 I—I 位置上实际尺寸已超出了最小实体尺寸，正确的检验情况是止规应在该位置上通过，从而判断出该轴不合格。但用全形的止规测量时，由于其他部分的阻挡，也通不过该轴，造成误判。

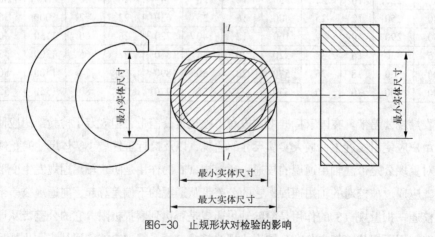

图6-30　止规形状对检验的影响

因此，符合极限尺寸判断原则的通规应为全形规，止规则应为非全形规，即通规的测量面应是与孔或轴形状相对应的完整表面（通常称为全形量规），其尺寸等于工件的最大实体尺寸，且长度等于配合长度；止规的测量面应是点状的，两测量面之间的尺寸等于工件的最小实体尺寸。

但在某些场合下，应用符合泰勒原则的量规不方便或有困难时，可在不至影响配合性质的前提下，极限量规可偏离上述原则。如对于尺寸大于 100 mm 的孔，用全形塞规通规很笨重，允许使用非全形塞规；环规通规不能检验正在顶尖上加工的工件及曲轴，允许用卡规代替；检验小孔的塞规止规常用便于制造的全形塞规；刚性差的工件也常用全形塞规或环规。

选用量规结构和形式时，必须考虑工件结构、大小、产量和检验效率等，图 6-31 所示给出了量规的形式及其应用范围。

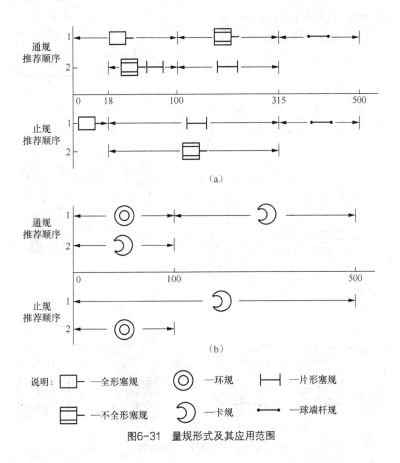

图6-31 量规形式及其应用范围

图 6-32 所示为常见量规的结构形式，其中图 6-32（a）～（f）为常见塞规的形式，图 6-32（g）～（k）为常见卡规的形式。

（2）工作量规的工作尺寸设计。量规设计的一般步骤如下。

① 按公差与配合确定孔、轴的上、下偏差；

② 按照表 6-8 查出工作量规制造公差 T 值和位置要素 Z 值；

③ 参考表 6-9 计算各种量规的上、下偏差，画出公差带图。

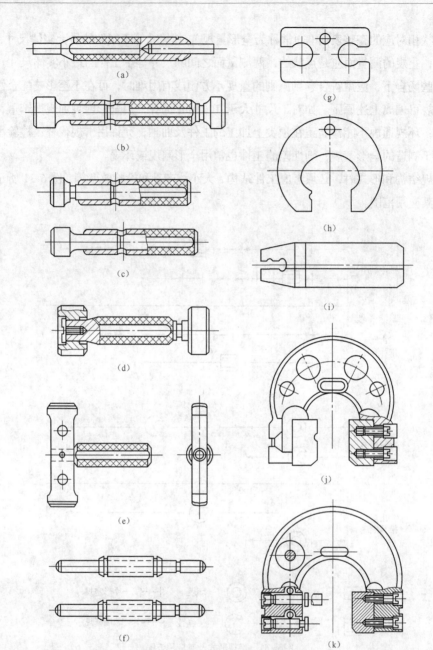

图6-32 常见量规的结构形式

表 6-9　　　　　　　　　　　　　工作量规极限偏差的计算公式

项　　目	检验孔的量规	检验轴的量规
通端上偏差	$T_s = \text{EI} + Z + \dfrac{1}{2}T$	$T_{sd} = \text{es} - Z + \dfrac{1}{2}T$
通端下偏差	$T_i = \text{EI} + Z - \dfrac{1}{2}T$	$T_{id} = \text{es} - Z - \dfrac{1}{2}T$
止端上偏差	$Z_s = \text{ES}$	$Z_{sd} = \text{ei} + T$
止端下偏差	$Z_i = \text{ES} - T$	$Z_{id} = \text{ei}$

通规、止规的极限尺寸可由被检工件的实体尺寸与通规、止规的上、下偏差的代数和求得。图样标注中，为了利于制造量规通、止端工作尺寸的标注，推荐采用"入体原则"，即塞规按轴的公差 h 标注上、下偏差，卡规或环规按孔的公差 H 标注上、下偏差。

【例 6-3】 试设计检测 $\phi25H8/f7$ 配合的孔用、轴用光滑极限量规。

解： ① 确定量规形式。由图 6-31 所示得出，检验孔 $\phi25H8$ 的孔用塞规；检验 $\phi25f7$ 的轴用卡规。

② 查表 1-2、表 1-4、表 1-5 得出 $\phi25H8/f7$ 的孔、轴尺寸标注为：$\phi25H8\left(^{+0.033}_{0}\right)$、$\phi25f7\left(^{-0.020}_{-0.041}\right)$。

③ 列表求出通规和止规的上、下偏差及有关尺寸，见表 6-10。

表 6-10　　　　　　　　　　例 6-3 中孔、轴的有关尺寸　　　　　　　　单位：mm

项　目	孔用塞规		轴用卡规	
	通　规	止　规	通　规	止　规
量规公差带参数	$Z=0.005$　$T=0.003\,4$		$Z=0.003\,4$　$T=0.002\,4$	
公称尺寸	$\phi25$	$\phi25.033$	$\phi24.980$	$\phi24.959$
量规公差带上偏差	$+0.006\,7$	$+0.033\,0$	$-0.022\,2$	$-0.038\,6$
量规公差带下偏差	$+0.003\,3$	$+0.029\,6$	$-0.024\,6$	-0.041
量规最大极限尺寸	$\phi25.006\,7$	$\phi25.033\,0$	$\phi24.977\,8$	$\phi24.961\,4$
量规最小极限尺寸	$\phi25.003\,3$	$\phi25.029\,6$	$\phi24.975\,4$	$\phi24.959$
通规的磨损极限	$\phi25$		$\phi24.980$	
尺 寸 标 注	$\phi25\left(^{+0.006\,7}_{+0.003\,3}\right)$	$\phi25\left(^{+0.033\,0}_{+0.029\,6}\right)$	$\phi25\left(^{-0.022\,2}_{-0.024\,6}\right)$	$\phi25\left(^{-0.038\,6}_{-0.041}\right)$
	$\phi25.006\,7\left(^{0}_{-0.003\,4}\right)$	$\phi25.033\,0\left(^{0}_{-0.003\,4}\right)$	$\phi24.975\,4\left(^{+0.002\,4}_{0}\right)$	$\phi25.959\left(^{+0.002\,4}_{0}\right)$

④ 量规的公差带图如图 6-33 所示，量规的标注图如图 6-34 所示。

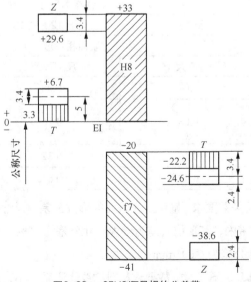

图6-33　$\phi25H8/f7$ 量规的公差带

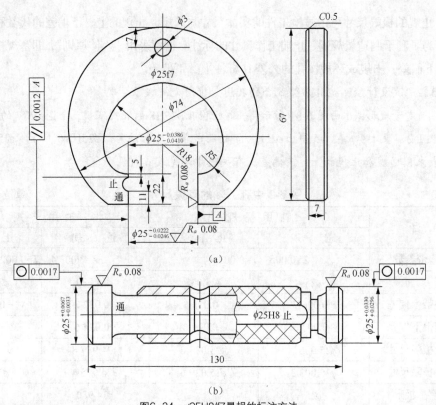

图6-34　φ25H8/f7量规的标注方法

（3）量规的其他技术要求。

① 量规的表面粗糙度要求。量规的表面粗糙度应小于表 6-11 所列数值。

表 6-11　　　　　　　　　　量规的测量表面的表面粗糙度参数值

工 作 理 规	工件基本尺寸（mm）		
	至 120	大于 120～315	大于 315～500
	表面粗糙度（μm）		
	R_a 不大于	R_a 不大于	R_a 不大于
IT6 孔用量规	0.04	0.08	0.16
IT6～IT9 级轴用量规	0.08	0.16	0.32
IT7～IT9 级孔用量规			
IT10～IT12 级孔轴用量规	0.16	0.32	0.63
IT13～IT16 级孔轴用量规	0.32	0.63	0.63

② 量规工作部位的形位公差要求。量规工作表面的形位公差与尺寸公差之间遵循包容要求。量规的形位置误差应在其公差带内，其形位公差为量规尺寸公差的 50%。当量规尺寸公差小于或等于 0.002 mm 时，其形状与位置公差为 0.001 mm。

③ 材料要求。量规要体现精确尺寸，故要求材料的线膨胀系数小，并要经过一定的稳定性处理后使其内部组织稳定。同时，工作表面还应耐磨，所以制造量规的材料通常为合金工具钢、碳素工

具钢、渗碳钢及其他耐磨性好的材料。

④ 外观要求。量规的表面不应有锈迹、毛刺、黑斑、划痕等明显影响外观和影响使用质量的缺陷，其他表面不应有锈蚀和裂纹。

⑤ 其他要求。塞规测头与手柄的联结应牢靠，不应有松动。

实训四 量规检验工件尺寸

1. 实训目的

掌握光滑极限量规检验尺寸的方法；熟悉极限尺寸判断原则。

2. 实训设备

卡规、塞规、被测工件、汽油、软布、麂皮。

（1）仪器说明。量规是一种没有刻线的专用量具。量规结构简单，通常为具有准确尺寸和形状的实体，如圆锥体、圆柱体、块体平板（量块、角度量块、平板、平晶）、尺（直尺、平尺、塞尺）和螺纹件等。常用的量规按被测工件的不同，可分为光滑极限量规（检测孔、轴用的量规）、直线尺寸量规（分高度量规、深度量规）、圆锥量规（正弦规）、螺纹量规、花键量规等。

（2）用量规检验工件通常有以下4种方法。

① 通止法：利用量规的通端和止端控制工件尺寸使之不超出公差带；

② 着色法：在量规工作表面上涂上一薄层颜料，用量规表面与被测表面研合，被测表面的着色面积大小和分布不均匀程度表示其误差；

③ 光隙法：使被测表面与量规的测量面接触，后面放光源或采用自然光，根据透光的颜色可判断间隙大小，从而表示被测尺寸、形状或位置误差的大小；

④ 指示表法：利用量规的准确几何形状与被测几何形状比较，以百分表或测微仪等指示被测几何形状误差。

其中利用通止法检验的量规称为极限量规。极限量规因其使用方便，检验效率高，结果可靠，在大批生产中应用十分广泛。本次实验就是采用光滑极限量规（孔用塞规、轴用卡规）测量工件尺寸，量规结构如图 6-35 所示。

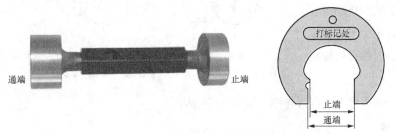

图6-35 光滑极限量规的结构

3. 实训步骤

量规是一种精密测量器具，使用量规过程中要与工件多次接触，如何保持量规的精度，提高检验结果的可靠性，这与操作者的关系很大，因此必须合理正确地使用量规。量规的正确使用如图6-36所示。

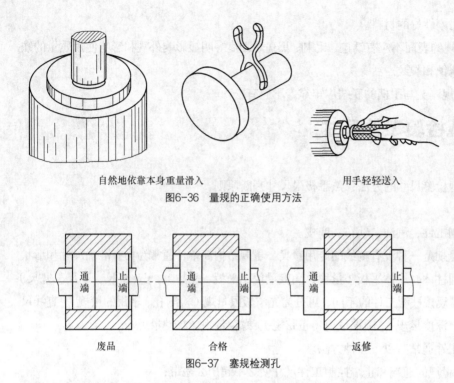

自然地依靠本身重量滑入　　　　　　　　　用手轻轻送入

图6-36　量规的正确使用方法

废品　　　　　　　　　合格　　　　　　　　返修

图6-37　塞规检测孔

（1）使用前先要核对，看这个量规是不是与要求的检验尺寸和公差相符，以免发生差错。

（2）用清洁的细棉纱或软布把量规的工作表面和工件擦干净，允许在工作表面上涂一层薄油，以减少磨损。

（3）用塞规检测孔尺寸。将塞规的通端测量面垂直插入工件内孔进行测量；再将塞规的止端测量面

垂直插入工件内孔进行测量，如图 6-37 所示。塞规通端要在孔的整个长度上检验，而且还要在 2 个或 3 个轴向平面内检验；塞规止端要尽可能在孔的两端进行检验。

工件合格性判断如下。

① 如工件顺利通过量规两个规测量面，则工件为不合格。

② 如工件通过通端测量面，而不通过止端，则工件为合格。

③ 如工件没有通过量规两个测量面，则工件为不合格，但可以返修。

（4）用卡规检测轴尺寸。

将工件垂直放入卡规的两测量面之间，进行测量，如图 6-38 所示。卡规的通端和止端都应在沿轴和围绕轴不少于 4 个位置上进行检验。工件合格性判断同（3）。

废品　　　　　　　　　合格　　　　　　　　返修

图6-38　卡规检测轴

（5）将测量结果填入实训报告中，做出合格性结论。

4. 注意事项

不要用量规去检验表面粗糙和不清洁的工件。测量时，位置必须放正，不能歪斜，否则检验结果不会可靠；被检工件与量规温度一致时，才能进行检验；量规检验时，要轻卡轻塞，不可硬卡硬塞，不能用力推入；不能旋入。塞规的错误使用方法如图 6-39 所示。

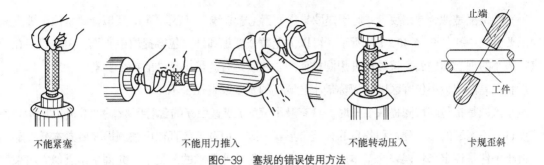

| 不能紧塞 | 不能用力推入 | 不能转动压入 | 卡规歪斜 |

图6-39 塞规的错误使用方法

5. 填写实训报告四

实训报告四见附录Ⅲ（P310）。

6. 思考题

试述光滑极限量规的检测特点和应用场合。

6.2 几何（形位）误差检测

6.2.1 形位误差及评定原则

1. 形状误差的评定

形状误差是指被测提取要素（实际要素）对其拟合要素（理想要素）的变动量，拟合要素应符合最小条件。最小条件是指被测提取要素对其拟合要素的最大变动量为最小。最小条件不仅是形状误差，也是方向误差、位置误差、跳动误差评定的基本原则。

最小条件的拟合要素有拟合组成要素和拟合导出要素两种情况。

一种情况是拟合组成要素：对于提取组成要素（线、面轮廓度除外），其拟合要素位于实体之外且与被测提取组成要素接触，并使被测提取组成要素对其拟合要素的最大变动量最小，符合最小条件，如图 6-40（a）所示。

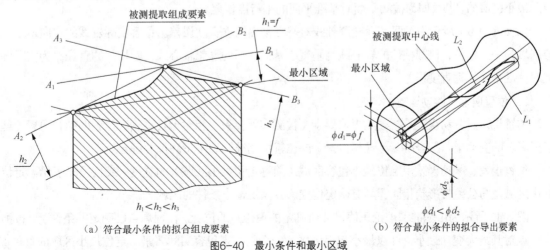

（a）符合最小条件的拟合组成要素　　　　（b）符合最小条件的拟合导出要素

图6-40 最小条件和最小区域

另一种情况是拟合导出要素：对于提取导出要素（中心线、中心面等），其拟合要素位于被测提取导出要素之中，如图 6-40（b）所示。可以由无数个理想圆柱面包容提取中心线，但必然存在一个直径最小的理想圆柱面，该最小理想圆柱面的轴线就是符合最小条件的拟合要素。

形状误差值用最小包容区域（简称最小区域）的宽度或直径表示。

最小区域是指包容被测提取要素时，具有最小宽度 f 或直径 ϕf 的包容区域，如图 6-40 所示。各误差项目最小区域的形状分别和各自的公差带形状一致，但宽度或直径由被测提取要素本身决定。

最小条件是评定形状误差的基本原则，在满足零件功能要求的前提下，允许采用近似方法来评定形状误差。

2. 方向误差的评定

方向误差、位置误差和跳动误差的评定涉及被测要素和基准。

基准是确定要素之间几何方位关系的依据，必须是拟合要素（理想要素）。通常采用精确工具模拟的基准要素来建立基准。

方向误差是指被测提取要素（被测实际要素）相对于具有确定方向的拟合要素（理想要素）的变动量，该拟合要素（理想要素）的方向由基准及理论正确角度确定。

方向误差值用定向最小包容区域（简称定向最小区域）的宽度 f 或直径 ϕf 表示。定向最小区域是与公差带形状相同、具有确定方向、并满足最小条件的区域。

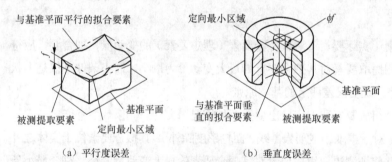

（a）平行度误差　　　　　　　　（b）垂直度误差

图6-41　定向最小区域

图 6-41（a）所示为评定被测实际平面对基准平面的平行度误差，拟合要素（理想要素）首先要平行于基准平面，然后再按拟合要素（理想要素）的方向来包容被测提取要素（被测实际要素），按此形成最小包容区域，即定向最小区域。

定向最小区域的宽度 f 即为被测平面对基准平面的平行度误差。

图 6-41（b）所示为关联实际被测轴线对基准平面的垂直度误差。包容实际轴线的定向最小包容区域为一圆柱体，该圆柱体的轴心线为垂直于基准平面的理想轴心线，圆柱体的直径 ϕf 为实际轴线对基准平面的垂直度误差。

3. 位置误差、跳动误差的评定

位置误差、跳动误差是指被测提取要素（被测实际要素）相对于具有确定位置的拟合要素（理想要素）的变动量。拟合要素（理想要素）的位置由基准及理论正确尺寸确定。

位置误差、跳动误差用定位最小包容区域（简称定位最小区域）的宽度 f 或直径 ϕf 表示。定位最小区域是与公差带形状相同、具有确定位置、并满足最小条件的区域。

图 6-42 所示为由基准和理论正确尺寸所确定的理想点的位置。在理想点已确定的条件下，被测实际点对其最大变动最小，即以最小包容区域（一个圆）来包容实际要素。定位最小区域的直径 ϕf

即为该点的位置度误差。

4. 几何（形位）误差的检测原则

由于几何公差的项目繁多，生产实际中其检验方法也是多种多样的，GB/T1958—2004（产品几何量技术规范（GPS）形状和位置公差检测规定将常用的检测方法）归纳了 5 种检测原则，并以附录的形式推荐了 108 种检测方案。这 5 种检测原则是检测形位误差的理论依据，实际应用时，根据被测要素的特点，按照这些原则，选择正确的检测方法。现将这 5 种原则描述如下。

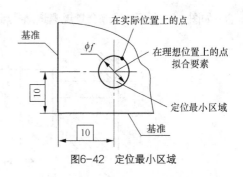

图6-42 定位最小区域

（1）与理想要素比较原则。与理想要素比较原则是将被测实际要素与其理想要素相比较，用直接法或间接法测出其形位误差值。实际测量中理想要素用**模拟方法**来体现。如以平板、小平面、光线扫描平面作为理想平面；以刀口尺、拉紧的钢丝等作为理想的直线。

这是一条基本原则，大多数形位误差的检测都应用这个原则。

（2）测量坐标值原则。测量坐标值原则是测量被测要素的坐标值（如直角坐标值、极坐标值、圆柱面坐标值），并经过数据处理获得形位误差值。

（3）测量特征参数原则。测量特征参数原则是测量被测实际要素上有代表性的参数，并以此来表示形位误差值。如图 6-43 所示，用两点法测量圆度误差值，其特征参数是直径，用指示表分别测出同一正截面内不同方向上的直径值，取最大直径与最小直径值差值的一半，作为圆度误差。

按测量特征参数原则评定形位误差是一种近似的测量评定原则。该原则检测简单，在车间条件下尤为适用。

（4）测量跳动原则。测量跳动原则是将被测实际要素绕基准轴线回转，沿给定方向测量其对某参考点或线的变动量。这一变动量就是跳动误差值。如图 6-44 所示，用指示表测量径向圆跳动误差，当被测要素回转一周时，指示器的最大、最小读数之差，即径向圆跳动误差。按上述方法测量若干个截面，取其跳动量最大的截面的误差作为该零件的径向圆跳动误差。

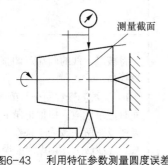

图6-43 利用特征参数测量圆度误差

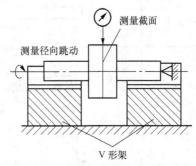

图6-44 跳动原则测量径向圆跳动

（5）控制实效边界原则。控制实效边界原则一般用综合量规来检验被测实际要素是否超出实效边界，以判断合格与否。该原则适用于图样上标注最大实体原则的场合，即形位公差框格中标注Ⓜ的场合。如图 6-45 所示，用综合量规测量两孔轴线的同轴度，综合量规通过被测零件，同轴度公差为合格。

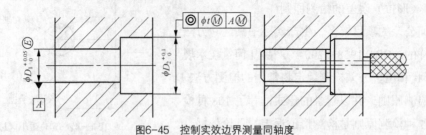

图6-45   控制实效边界测量同轴度

6.2.2   形状误差的检测

形状误差包括直线度误差、圆度误差、平面度误差、圆柱度误差、线轮廓度误差及面轮廓度误差 6 种。

1. 直线度误差检测（见表 6-12）

表 6-12   直线度误差检测

序号	检具	简 图	检测方法说明
1	平尺（或样板直尺）、塞尺	平尺 ① 刀口尺	1. 将平尺或样板直尺与被测素线直接接触，并使两者之间的最大间隙为最小，此时的最大间隙即为该条被测素线的直线度误差。误差的大小应根据光隙测定。当光隙较小时，可按标准光隙来估读；当光隙较大时，则可用塞尺测量。 2. 按上述方法测量若干条素线，取其中最大的误差值，并将其作为该被测零件的直线度误差
2	平板、固定和可调支撑、测量架、百分表或千分表	① ②	将被测素线的两端点调整到与到平板等高。 1. 在被测素线的全长范围内测量，同时记录读数。根据记录的读数用计算法或图解法按最小条件（也可按两端点连线法）计算直线度误差。 2. 按上述方法测量若干条素线，取其中最大的误差值，并将其作为该被测零件的直线度误差

续表

序号	检具	简 图	检测方法说明
3	平板、顶尖架或偏摆检查仪、百分表、支架百分表或千分表		将被测零件安装在平行于平板的两顶尖之间。 1. 沿铅垂轴截面的两条素线测量，同时分别记录两指示表在各自测点的读数 M_a、M_b；取各测点读数差之半，即（$M_a - M_b$）/2 中的最大差值作为该截面轴线的直线度误差。 2. 按上述方法测量若干条素线的若干个截面，取其中最大的误差值，并将其作为该被测零件轴线的直线度误差
4	综合检测		综合量规的直径等于被测零件的实效尺寸，综合量规必须通过被测零件

直线度误差的评定方法有图解法和计算法，图解法参见【例6-4】，计算法参见"实训五 直线度误差检测"。

【例6-4】 用合像水平仪测量一窄长平面的直线度误差，仪器的分度值为 0.01 mm/m，选用的桥板节距 $L=200$ mm，测量直线度记录数据如表 6-13 所示。若被测直线度的公差等级为 5 级，则用作图法评定该平面的直线度误差是否合格。

表 6-13　　　　　　　　　　　测量直线度记录数据

测点序号 i		α	1	2	3	4	5	6	7
仪表读数 α_i（格）	顺测	—	298	300	296	298	296	294	298
	回测	—	296	296	298	294	294	296	296
	平均	—	297	298	297	296	295	295	297
相对差（格）$\Delta\alpha_i = \alpha_i - \alpha$		0	+1	+2	+1	0	−1	−1	+1

注：α 值可任意选取，但要有利于数字差的简化，本例取 $\alpha = 296$。

　　解：（1）根据各测点的相对差 $\Delta\alpha_i$，在坐标纸上取点（注意作图时不要漏掉首点，同时后一测点的坐标位置是以前一点为基准，根据相邻差数取得的）。将各点连接起来，得出误差折线，如图 6-46 所示。

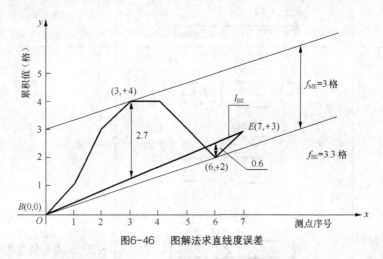

图6-46　图解法求直线度误差

　　（2）用两条平行直线包容误差折线，其中一条直线与实际误差折线的两个最低（高）点相接触，另一平行线与实际误差折线的最高（低）点相接触，且该最高（低）点在第一条平行线上的投影应位于两最低（高）点之间。

　　注：直线度误差的判断准则评定直线度误差的最小条件为相间准则。在给定平面内，用两平行直线包容实际直线时，成高低相间的 3 点接触，如图 6-47（a）所示；具有 I、II 两种形式之一，即为最小包容区域，如图 6-47（b）所示。

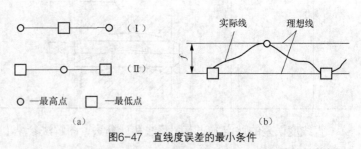

图6-47　直线度误差的最小条件

　　（3）从平行于纵坐标方向画出这两条平行直线间的距离，此距离就是被测表面的直线度误差值 f。

$$f = 0.01 \times 200 \times 3 \mu m = 6 \mu m$$

（4）国家标准规定，直线度5级公差值为25μm。误差值小于公差值，则工件直线度误差合格。

2. 平面度误差检测（见表6-14）

表6-14　　　　　　　　　　　　　平面度误差检测

序号	检具	简　图	检测方法说明
1	平　面　平　晶		将平面平晶工作面贴在被测表面上，稍加压力就有干涉条纹出现 被测表面的平面度误差为封闭的干涉条丝纹数乘以光波波长的一半。对于不封闭的干涉条纹，平面误差为条纹的弯曲度与相邻两条纹间距之比再乘以光波波长的一半 此方法适用于测量高准确度的小平面
2	平板、水平仪、桥板、固定和可调支撑		把被测表面调到水平位置。用水平仪按一定的布点和方向逐点地测量被测表面，同时记录读数，并换算成线值；根据各线值用计算法或图解法按最小条件（也可按对角线法）计算平面度误差
3	自准直仪、反射镜、桥板		将反射镜放在被测表面上，并把自准直仪调整至与被测表面平行。沿对角线按一定布点测量； 重复用上述方法分别测量另一对角线和被测表面上其他各直线上的各布点；把各点读数换算成线值，记录在图表上，通过中心点，建立参考平面。由计算法或图解法按对角线法计算平面度误差；必要时应按最小条件计算平面度误差

用最小条件评定平面度误差有3种准则，分别是三角形准则、交叉准则和直线度准则。

（1）三角形准则。如果被测实际表面上有3个最高（低）点及1个最低（高）点分别与两个包容平面相接触，并且最高（低）点能投影到3个最低（高）点之间，如图6-48（a）所示，称为三角形准则。

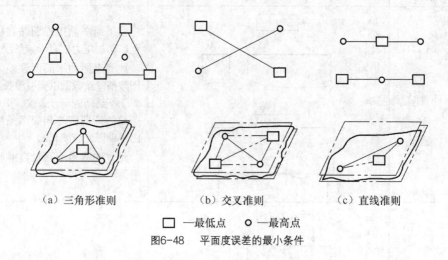

（a）三角形准则　　　（b）交叉准则　　　（c）直线准则

□ —最低点　　o —最高点

图6-48　平面度误差的最小条件

（2）交叉准则。如果被测表面上有两个最高（低）点和两个最低点（高）分别与两个平行的包容面相接触，并且两高（低）点投影于两低（高）点连线的两侧，如图6-48（b）所示，称为交叉准则。

（3）直线准则。如果被测表面上的同一截面内有两个最高（低）点和一个最低（高）点分别与两个平行的包容面相接触，并且一个最低（高）点的投影落在两个高（低）点的连线上，如图6-48（c）所示，称为直线准则。

符合上述条件之一的两个包容面之间的距离为被测实际直线的直线度误差。

除最小区域法评定平面度误差外，工厂中经常使用以下两种平面度的近似的评定方法。

① 三远点法测量时，调整被测表面最远的3点，使其与平板平行，然后按一定的形式布点，对被测表面上各点进行测量，测量结果中最大读数值与最小读数值之差，就是平面度误差，如图6-49所示。

② 对角线法测量时，将被测表面上对角线方向最远的两个点调整成等高，然后将另一条对角线方向上的最远的两个点也调整成等高，

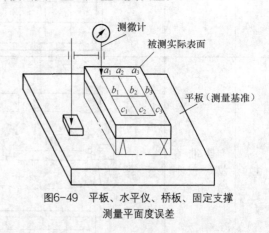

图6-49　平板、水平仪、桥板、固定支撑测量平面度误差

按一定的形式布点，对被测表面上各点进行测量，测量结果中最大读数值与最小读数值之差，就是平面度误差。

3. 圆度误差检测（见表 6-15）

表 6-15　　　　　　　　　　　　　圆度误差检测

序号	检具	简　图	检测方法说明
1	平板、带指示表的测量架、V 形块、固定和可调支承		将被测零件放在 V 形块上，使其轴线垂直于测量截面，同时固定轴向位置： 　1. 在被测零件回转一周过程中，指示表读数的最大差值的一半作为个截面的圆度误差； 　2. 按上述方法测量若干个截面，取其中最大的误差值，并将其作为该零件的圆度误差。 　此方法测量结果的可靠性取决于截面形状误差和 V 形块夹角的综合效果。常以夹角 $\alpha = 90°$ 和 $120°$ 或 $72°$ 和 $108°$ 的两块 V 形块分别测量。 　此方法适用测量内外表面的奇数棱形状误差（偶数棱形状误差采用两点法测量）。使用时可以转动被测零件，也可转动量具
2	平板、带指示表的测量架、支撑或千分表		被测零件轴线应垂直于测量截面，同时固定轴向位置： 　1. 在被测零件回转一周过程中，指示表读数的最大差值的半作为单个截面的圆度误差； 　2. 按上述方法，测量若干个截面，取其中最大的误差值，并将其作为该零件的圆度误差。 　此方法适用于测量内外表面的偶数棱形状误差（奇数棱形状误差采用三点法测量）。测量时可以转动被测零件，也可以转动量具。 　二点法测量圆度误差的方法与用千分尺测量外径、用内径百分表测量内径的方法相同，在圆周不同位置上多测量几处，取直径上两点的最大差值的一半作为圆度误差

圆度误差还可以用圆度仪进行检测，参见实训七圆度误差检测。

评定圆度误差的最小条件为交叉准则。如图 6-50 所示，由两同心圆包容实际被测轮廓时，至少有 4 个实测点内外相间地在两个圆周上，称为交叉准则。半径差 f 为圆度误差。

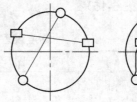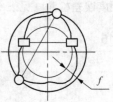

○ —与外圆接触的点
▢ —与内圆接触的点

图6-50　圆度误差的最小条件

4．圆柱度误差检测（见表 6-16）

表 6-16　　　　　　　　　　　圆柱度误差检测

序号	检具	简　图	检测方法说明
1	平板、V型块、带指示表的测量架		三点法测量圆柱度的方法如下。 将被测零件放在平板上长度大于零件长度的 V 形块内。 1．在被测零件回转一周过程中，测量一个横截面上最大与最小读数。 2．按上述方法，连续测量若干个横截面，然后取各截面内所测得的所有读数中最大与最小读数的差值的一半，并将其作为该零件的圆柱度误差。 此方法适用于测量外表面的奇数棱形状误差。 为测量准确，通常使用夹角 $\alpha=90°$ 和 $\alpha=120°$ 的两个 V 形块分别测量
2	平板、直角座、带指示表的测量架		两点法测量圆柱度的方法如下。 将被测零件放在平板上，并紧靠直角座。 1．在被测零件回转一周过程中，测量一个横截面上的最大与最小读数。 2．按上述方法，测量若干个横截面，然后取各截面内所测得的所有读数中最大与最小数差值的一半，并将其作为该零件的圆柱度误差。 此方法适用于测量外表面的偶数棱形状误差

5. 线轮廓度误差检测

轮廓度误差包括线轮廓度误差和面轮廓度误差。当无基准标注时为形状误差，当有基准标注时为方向误差或位置误差。轮廓度误差检测涉及被测要素和基准。

在规定方向公差、位置公差或跳动公差项目时，一般都要注出基准。**基准**是具有理想形状的几何要素，是确定被测要素方向或位置的依据。基准要素的形式有基准点（很少采用）、基准轴线、基准平面等几种。基准按其个数、方向和位置关系通常可分为单一基准、公共基准、三基面体系和任选基准。

（1）基准的建立。

因实际基准要素本身是加工出来的，存在形状误差，所以建立基准时是将实际基准要素的拟合要素（理想要素）作为基准，拟合要素的位置应符合最小条件。即先对实际基准要素作最小包容区域，然后确定其拟合要素（基准）的位置。

① 单一基准。由实际轴线建立基准轴线时，基准轴线为穿过基准实际轴线，且符合最小条件的理想轴线，如图 6-51（a）所示；由实际表面建立基准平面时，基准平面为处于材料之外并与基准实际表面接触、符合最小条件的理想平面，如图 6-51（c）所示。

② 组合基准（公共基准）。由两条或两条以上实际轴线建立而作为一个独立基准使用的公共基准轴线时，公共基准轴线为这些实际轴线所共有的理想轴线，如图 6-51（b）所示。

③ 基准体系（三基面体系）。当单一基准或组合基准不能对关联要素提供完整的走向或定位时，就有必要采用基准体系。基准体系即三基面体系，它由 3 个互相垂直的基准平面构成，由实际表面所建立的三基面体系如图 6-51（d）所示。

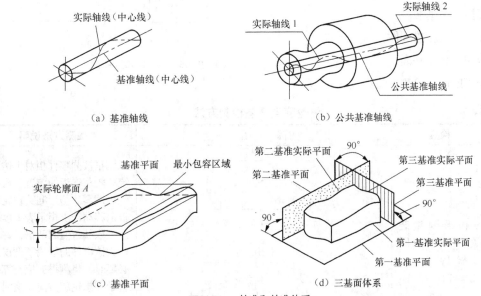

（a）基准轴线 　　　　　　　（b）公共基准轴线

（c）基准平面 　　　　　　　（d）三基面体系

图6-51　基准和基准体系

应用三基面体系时，设计者在图样上标注基准应特别注意基准的顺序，在加工或检验时，不得随意更换这些基准顺序。单一基准平面是三基准体系中的一个基准平面。

④ 任选基准。任选基准是指有相对位置要求的两要素中，基准可以任意选定。它主要用于两要素的形状、尺寸和技术要求完全相同的零件，或在设计要求中，各要素之间的基准有可以互换的条件，从而使零件无论上下、反正或颠倒装配仍能满足互换性要求。

（2）基准的体现。建立基准的基本原则是基准应符合最小条件。但在实际应用中，允许在测量时用近似方法体现。基准常用的体现方法有模拟法和直接法。

① 模拟法。实际应用时，通常采用具有足够几何精度的表面来体现基准平面和基准轴线。

用平板表面体现基准平面，如图 6-52 所示。

用心轴表面体现内圆柱面的轴线，如图 6-53 所示。

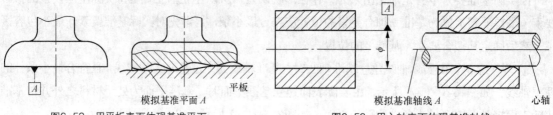

图6-52　用平板表面体现基准平面　　　　图6-53　用心轴表面体现基准轴线

用 V 形块表面体现外圆柱面的轴线，如图 6-54 所示。

② 直接法。当基准实际要素具有足够形状精度时，可直接作为基准。

若在平板上测量零件，可将平板作为直接基准。

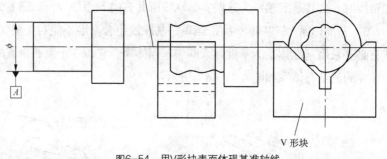

图6-54　用V形块表面体现基准轴线

线轮廓度误差检测方法如表 6-17 所示。

表 6-17　　　　　　　　　　　　线轮廓度误差检测方法

序号	检具	简　图	检测方法说明
1	仿形测量装置、指示表、固定和可调支承、轮廓样板		调正被测零件相对于仿形系统和轮廓样板的位置，再将指示表调零。仿形测头在轮廓样板上移动，由指示表上读取数值。取其数值的两倍，并将其作为该零件的线轮廓度误差。必要时，将测得的值换算成垂直于理想轮廓方向（法向）上的数值后评定误差。 　指示表测头应与仿形测头的形状相同

续表

序号	检具	简　图	检测方法说明
2	轮廓样板		将轮廓样板按规定的方向放置在被测零件上，根据光隙法估读间隙的大小，取最大间隙，并将其作为该零件的线轮廓度误差
3	投影仪		将被测轮廓投在投影屏上与极限轮廓相比较，实际轮廓的投影应在极限轮廓线之间。 此法适用于测量尺寸较小和薄的零件

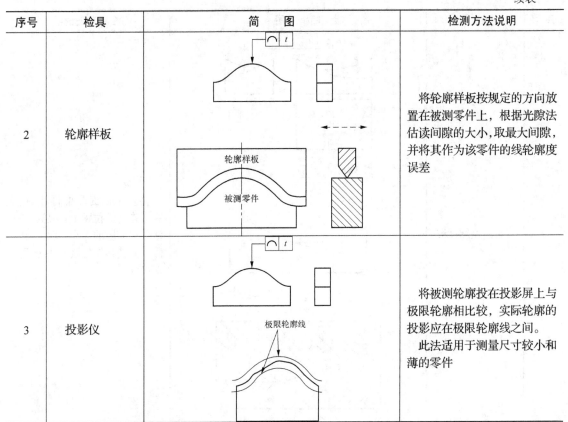

6．面轮廓度误差检测（见表 6-18）

表 6-18　　　　　　　　　　　　面轮廓度误差检测

序号	检具	简　图	检测方法说明
1	三坐标测量装置、固定和可调支承		将被测零件放置在仪器工作台上，并进行正确定位。测出若干个点的坐标值，并将测得的坐标值与理论轮廓的坐标值进行比较，取其中差值最大的绝对值的两倍，并将其作为该零件的面轮廓度误差

续表

序号	检具	简　　图	检测方法说明
2	截面轮廓样板		将若干截面轮廓样板放置在各指定的位置上。根据光隙法估读间隙的大小，取最大间隙，并将其作为该零件的面轮廓度误差

实训五　直线度误差检测

1．实训目的

通过测量加深理解直线度误差的定义；了解合像水平仪的结构，并熟悉使用它测量直线度的方法；熟练掌握直线度误差的测量及数据处理。

2．实训设备

基准平板、被测工件、粉笔、合像水平仪。

测量原理：为了控制机床、仪器导轨或其他窄而长平面的直线度误差，常在给定平面（垂直平面、水平平面）内进行检测。常用的计量器具有框式水平仪、合像水平仪、电子水平仪和自准直仪等。使用这类器具的共同特点是测定微小角度的变化。由于被测表面存在直线度误差，当计量器具置于不同的被测部位时，其倾斜角度就要发生相应的变化。如果节距（相邻两测点的距离）一经确定，这个变化的微小角度与被测相邻两点的高低差就有确切的对应关系。通过对逐个节距的测量，得出变化的角度，通过作图或计算，即可求出被测表面的直线度误差值。由于合像水平仪的测量准确度高、测量范围大（±10 mm/m）、测量效率高、价格便宜、携带方便等优点，因此合像水平仪在检测工作中得到了广泛的应用。

　　合像水平仪的结构如图6-55（a）所示，它由底板1和壳体4组成外壳基体，其内部由杠杆2、水准器8、两个棱镜7、测量系统9、10、11以及放大镜6所组成。水准器8是一个密封的玻璃管，管内注入精镏乙醚，并留有一定量的空气，以形成气泡。管的内壁在长度方向具有一定的曲率半径。气泡在管中停住时，气泡的位置必然垂直于重力方向，也就是说，当水平仪倾斜时，气泡本身并不倾斜，而始终保持水平位置。测量时，通过放大镜6观察，后调整读数。先将合像水平仪放于桥板（见图6-56）上相对不动，再将桥板置于被测表面上。若被测表面无直线度误差，并与自然水平面基准平行，此时水准器的气泡则位于两棱镜的中间位置，气泡边缘通过合像棱镜7所产生的影像，在放大镜6中观察将出现如图6-55（b）所示的情况。但在实际测量中，由于被测表面安放位置不理想和被测表面本身不直，致使气泡移动，其视场情况将如图6-55（c）所示。此时可转动测微螺杆10，使水准器转动一角度，从而使气泡返回棱镜组7的中间位置，则图6-55（c）所示中两影像的错移量Δ将消失而恢复成一个光滑的半圆头如图6-55(b)所示。水平仪的分度值i用[角]秒和mm/m表示。合像水平仪的分度值为$2''$，该角度相当于在1m长度上，对边高0.01 mm的角度，这时分度值也用0.01 mm/m或0.01/1 000表示。测微螺杆移动量s导致水准器的转角α与被测表面相邻两点的高低差$h（m）$有确切的对应关系，即误差f为

$$f=h=0.01 \cdot L\alpha$$

式中：　0.01——合像水平仪的分度值i(mm/m)；

　　　　L——桥板节距（mm）；

　　　　α——角度读数值（用格数来计数）。

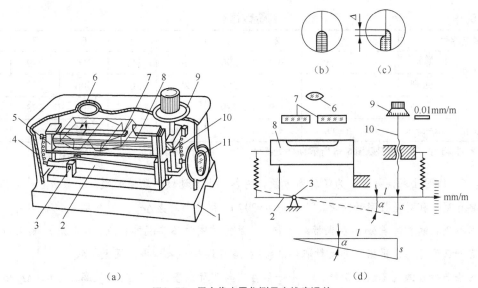

图6-55　用合像水平仪测量直线度误差

1. 底板　2. 杠杆　3. 桥板　4. 壳体　5. 支架　6. 放大镜　7. 两个棱镜
8. 水准器　9. 微调旋钮　10. 螺杆　11. 读数视窗

　　如此逐点测量，就可得到相应的读数α值，后面将用实例来阐述直线度误差的评定方法。

3. 实训步骤

（1）量出被测工件表面总长，继而确定相邻两点之间的距离（节距）。

（2）按节距 L 用粉笔在工件表面划记号线，然后将工件放置在基准平板上。

（3）调整桥板（见图6-56）的两圆柱中心距。置合像水平仪于桥板之上，然后将桥板依次放在各节距的位置。每放一个节距后，要旋转微分筒9合像，使放大镜中出现如图6-55（b）所示的情况，此时即可进行读数。先在放大镜11处读数，它反映的是螺杆10的旋转圈数。微分筒9（标有十、一旋转方向）的读数则是螺杆10旋转一圈（100格）的细分读数。如此顺测（从首点到终点）、回测（由终点到首点）各一次。回测时，注意桥板不能调头，各测点两次读数的平均值作为该点的测量数据，

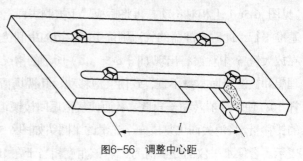

图6-56　调整中心距

将所测数据记入表中。必须注意，假如某一测点两次读数相差较大，说明测量情况不正常，应仔细查找原因并加以消除，然后重测。

（4）数据处理。数据处理有作图法和计算法两种方法，下面以实例分别说明。

【例6-5】　用合像水平仪测量一窄长平面的直线度误差，仪器的分度值为 0.01 mm/m，选用的桥板节距 $L=200$ mm，测量直线度，记录（顺测、回测、平均）数值见表6-19。若被测平面直线度的公差等级为5级，试判断该平面的直线度误差是否合格。

表6-19　　　　　　　　　　　　测量数据表

测点序号 i		α	1	2	3	4	5	6	7	8
仪器读数 a_i（格）	顺测	－	298	300	290	301	302	306	299	296
	回测	－	296	298	288	299	300	306	297	296
	平均	－	297	299	289	300	301	306	298	296
相对差（格）$\triangle a_i = a_i - \alpha$		0	0	+2	-8	+3	+4	+9	+1	-1

注：表列读数中，百分数是从图6-55所示的11处读得，十位、个位数是从图6-54所示的9处读得。

　　解：① 作图法求误差值。为了作图方便，将各测点的读数平均值同减一个数 α（α 值可取任意数，但要有利于相对差数字的简化，本例取 $\alpha=297$），得出相对差 Δa_i（见实验表，后同）。

　　根据各测点的相对差 Δa_i，在坐标纸上取点（注意作图时不要漏掉首点，同时后一测点的坐标位置是以前一点为基准，根据相邻差数取得的）。将各点连接起来，得出误差折线。

　　用两条平行直线包容误差折线，其中一条直线与实际误差折线的两个最高点 M_1、M_2 相接触，另一平行线与实际误差折线的最低点 M_3 相接触，且该最低点 M_3 在第一条平行线上的投影，应位于 M_1 和 M_2 两点之间，如图6-57所示。

　　从平行于纵坐标方向画出这两条平行直线间的距离，此距离就是被测表面的直线度误差值 $f=11$(格)，按公式 $f(\mu m)=0.01Lf$(格)，将 f(格)换算为 $f(\mu m)$，即

$f = 0.01 \times 200 \times 11\mu m = 22\mu m$

② 计算法求直线度误差值。如图 5-56 所示中 $M_1(0, 0)$、$M_2(6, 10)$、$M_3(3, -6)$，设包容线的理想方程为 $Ax+By+C=0$，因包容理想直线 l_1 通过 M_1、M_2，因此通过两点法求得 l_1 的方程为 $11x-7y=0$。

又因 M_3 所在直线 l_2 平行于 l_1，其方程为

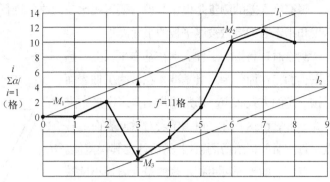

图6-57　作图法求直线度误差

$$11x-7y+C_2 = 0$$

将 M_3 代入上式，求得 $C_2=-66$，故 l_2 的方程为

$$11x-7y-66 = 0$$

令式 $11x-7y=0$ 中 $x=0$，则 $y=0$；令式 $11x-7y-66=0$ 中 $x=0$，则 $y=-11$，所以 l_1、l_2 在 y 轴上的截距之差为 11 格，即 l_1、l_2 在平行于纵轴方向上的距离为 11 格，由公式 $f(\mu m)= 0.01La(格)$，求得 $f = 0.01 \times 200 \times 11\mu m=22\mu m$。

按国家标准 GB/T 1184—1996，直线度 5 级公差值为 25μm，误差值小于公差值，所以被测工件直线度误差合格。

4．填写实训报告五

实训报告五见附录Ⅲ（P311）。

5．思考题

（1）目前部分工厂用作图法求解直线度误差时，仍沿用以往的两端点连线法，即把误差折线的首点和终点连成一直线作为评定标准，然后再作平行于评定标准的两条包容直线，从平行于纵坐标计量的两条包容直线之间的距离作为直线度误差值。以例题作图为例，试比较按两端点连线和最小条件评定的误差值，何者准确？为什么？

（2）假若误差折线只偏向两端点连线的一侧（单凹、单凸），上述两种评定误差值方法的情况又如何？

（3）用作图法求解直线度误差值时，如前所述，总是按平行于纵坐标计量，而不是垂直于两条平行包容直线之间的距离，原因何在？

┃实训六　平面度误差检测┃

1．实训目的

掌握平面度误差的测量及数据处理方法；加深对平面度误差概念的理解。

2．实训设备

基准平板、被测工件、指示表及指示表架。

测量原理说明如下。

平面度误差的测量是根据与理想要素相比较的原则进行的。用标准平板作为模拟基准，利用指示表和指示表架测量被测平板的平面度误差。

测量时，将被测工件支承在基准平板上，基准平板的工作面作为测量基准，在被测工件表面上按一定的方式布点，通常采用的是米字形布点方式，如图6-58所示。用指示表对被测表面上各点逐行测量并记录所测数据，然后评定其误差值。

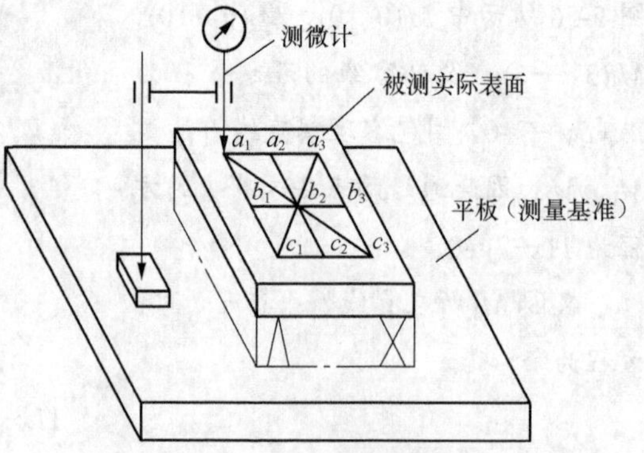

低精度的平面可用指示表的最大与最小读数差近似作为该平面的误差值。较高精度的平面通常用计算法、图解法或最小包容区域法确定其平面度误差。

图6-58　平面度误差测量

平面度的测量结果必须符合最小条件。确定理想平面的位置，使之符合平面度误差评定准则形式中的一种。由于测得的数据既含有被测平面的平面度误差，又含有被测平面对基准平面的平行度误差，所以需要对各测点的结果进行基面旋转，即将实际被测要素上的各点对基准平面（测量基准）的坐标值转换为与评定方法相应的另一坐标平面（评定基准）的坐标值，才能摆脱因基面本身误差所造成的对测量精度的影响。

按图6-58所示，以较大平板作为测量基准，利用千分表和表架，测量小平板平面的平面度误差，共布9个点，测量结果如表6-20所示。

表 6-20　　　　　　　　测量结果

测点	a_1	a_2	a_3	b_1	b_2	b_3	c_1	c_2	c_3
读数	0	−1	+5	+7	−2	+4	+7	−3	+4

从所测数据分析看出，测量结果不符合任何一种平面度误差的评定准则，说明评定基准和与测量结果不一致，因此需要进行基面旋转。

在基面旋转过程中要注意保持实际平面不失真。例如用上例测得的数据处理方法如图6-59所示。

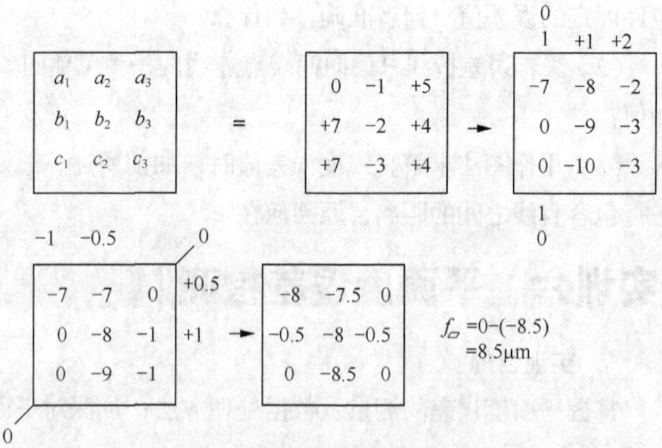

（1）减去最大的正值，建立评定基准的上包容面，相当于将基准平面平移到与被测基准接触而不分割的位置，最高点为零。

（2）通过最高点选择旋转轴（这样有利于减去最大的负值）。然后选择旋转量和旋转方向，要标出旋转轴的位置。

图6-59　平面度误差数据处理

旋转量取决于最低点。为改变各点至评定轴的距离，必须使最低点缩小距离，不能出现正值。

（3）测量轴两侧的旋转量分别与它们至旋转轴的格数成正比。

以上旋转结果符合平面度误差评定准则的3种接触形式之一——三高一低。最低点的投影落在由3个最高点形成的三角形投影内，两平行平面就构成最小区域，其宽度为实际表面的平面度误差值。

平面度误差值用最小区域法评定，结果数值最小，且唯一，并符合平面度误差的定义。但在实际工作中需要多次选点计算才能获得，因此它主要用于工艺分析和发生争议时的仲裁。在满足零件使用功能的前提下，检测标准规定可用近似方法来评定平面度误差。常用的近似方法有三点法和对角线法。三点法评定结果受选点的影响，使结果不唯一，一般用于低精度的工件；对角线法选点确定，结果唯一，计算出的数值虽稍大于定义值，但相差不多，且能满足使用要求，故应用较广。

3种方法分别计算如下。

① 三远点法。把 a_1、a_3、c_3 3 点旋转成了等高点，则平面度误差 $f=$ [(+19)−(−9.5)]μm=28.5μm，如图 6-60 所示。

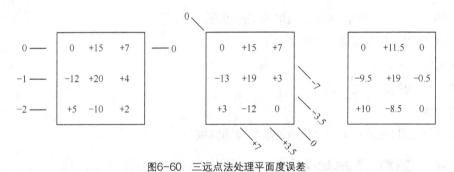

图6-60　三远点法处理平面度误差

② 对角线法。把 a_1 和 c_3、c_1 和 a_3 分别转成了等高点，则平面度误差 $f=$[(+20)−(−11)]μm=31μm，如图 6-61 所示。

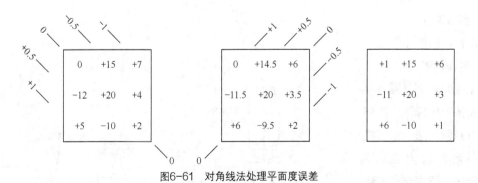

图6-61　对角线法处理平面度误差

③ 最小区域法。把 a_3、b_1、c_2 3 点旋转成了最低的 3 点，b_2 是最高点且投影落在了 a_3、b_1、c_2 3 点之间，符合三角形准则，则平面度误差 $f=$[(+20)+(−5)] μm=25μm，如图 6-62 所示。

3．实训步骤

（1）将被测工件用可调支承支撑在平板上，指示表夹在表架上。

（2）按米字形布线的方式进行布点。

（3）在 a_1 点将指示表调零，然后移动指示表架，依次记取各点读数，将结果填入实训报告中。

（4）用最小区域法或对角线法计算出平面度误差值，并与其公差值比较，做出合格性结论。

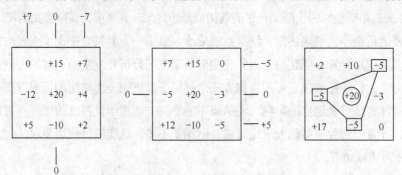

图6-62　最小区域法处理平面度误差

4. 注意事项

（1）测量时，百分表的测量杆要与被测工件表面保持垂直。

（2）不要使用百分表测量表面粗糙的工件。

5. 填写实训报告六

实训报告六见附录Ⅲ（P312）。

6. 思考题

平面度误差的检测应用了国家标准的哪项检测原则？

实训七　圆度误差检测

1. 实训目的

掌握圆度误差的测量方法。

2. 实训设备

圆度仪、被测工件。

3. 实训步骤

测量说明：测量圆度有半径测量法、坐标测量法和两点、三点测量法。本实验采用半径测量法，半径测量法是确定被测要素半径变化量的方法。实训步骤如下。

（1）将被测工件固定于工作台上不动，如图6-63(a)所示。

（2）仪器的主轴带着传

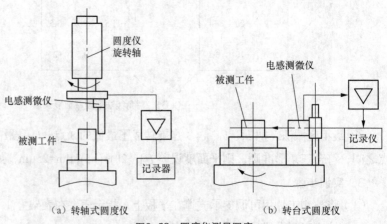

（a）转轴式圆度仪　　　　　（b）转台式圆度仪

图6-63　圆度仪测量圆度

感器的测头一起回转，转一周时，仪器测头端点所形成的轨迹为一圆。

（3）随着轮廓半径的变化，主轴回转中测头作径向变化，传感器获得的信息即为实际轮廓的半径变动量。

（4）圆度仪可运用测得信号的输出特性，将被测轮廓的半径变化量放大后，同步自动记录下来，获得轮廓误差的放大图形。

（5）经仪器附带的电子计算装置的运算，将圆度误差数字显示并打印。

4．注意事项

该实验用的是转轴式圆度仪，适合测量直径较大的零件，如果测量小直径的零件，宜采用转台式圆度仪，如图6-63（b）所示。

5．填写实训报告七

实训报告七见附录Ⅲ（P313）。

6.2.3　方向误差的检测

（1）平行度误差检测。平行度误差分为面对面、面对线、线对线、线对面的平行度误差，如表6-21所示。

表 6-21　　　　　　　　　　　　　　平面度误差检测

序号	检具	简　　图	检测方法说明
1．面对面平行	平板、磁性百分表支架、百分表或千分表	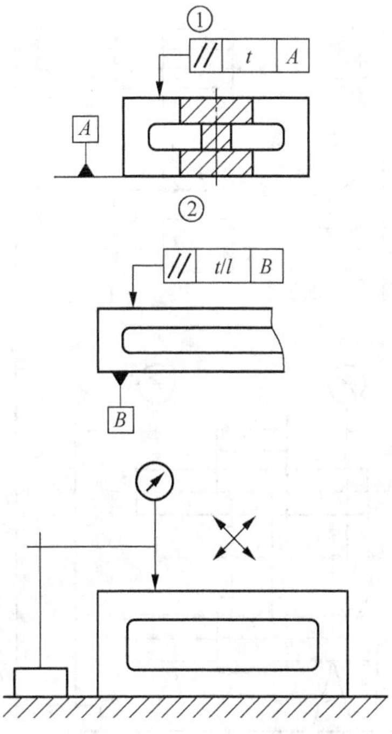 	将被测零件放在平板上，在整个被测表面上按规定测量线进行测量。 1．取指示表的最大与最小读数之差作为该零件的平行度误差。 2．取各条测量线上任意给定长度内指示表的最大与最小读数之差，并将其作为该零件的平行度误差

续表

序号	检具	简　图	检测方法说明
2. 线对面平行	平板、带指示表的测量架、心轴		将被测零件直接放置在平板上，被测轴线由心轴模拟。在测量距离为 L_2 的两个位置上，测得的读数分别为 M_1 和 M_2。 则平行度误差为 $$f = \frac{L_1}{L_2}\lvert M_1 - M_2 \rvert$$ 其中 L_1 为被测轴线长度。 测量时应选用可胀式或与孔成无间隙配合的心轴
3. 线对线平行	平板、心轴、等高支承、带指示表的测量架		基准轴线和被测轴线均由心轴模拟。 将被测零件放在等高支承上，在测量距离为 L_2 的两个位置上测得的读数分别为 M_1 和 M_2。则平行度误差为 $$f = \frac{L_1}{L_2}\lvert M_1 - M_2 \rvert$$ 其中 L_1 为被测轴线长度。 在 $0° \sim 180°$ 范围内，按上述方法测量若干个不同角度位置，取各测量位置所对应的 f 值中最大值，并将其作为该零件中的平行度误差

续表

序号	检具	简　　图	检测方法说明
4. 线对线平行	平板、等高 V 形块、带指示表的测量架	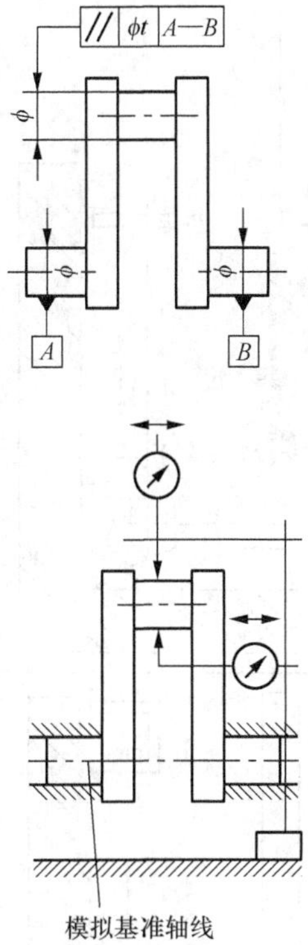	基准轴线由同轴外接圆柱面模拟。将被测零件放在两等高 V 形块上。测量时，测量架沿上下两条素线移动，同时记录两指示表读数的差值的一半，取最大值作为该零件的平行度误差；也可在相互垂直的两个方向上进行测量，取这两个方向上测得的平行度误差 f_x 和 f_y，再按 $$f = \sqrt{f_x + f_y}$$ 计算，得出的值作为该零件的平行度误差

（2）垂直度误差检测。垂直度误差分为面对面、面对线、线对线、线对面的垂直度误差，如表 6-22 所示。

表 6-22　　　　　　　　　　　　垂直度误差检测

序号	检具	简　　图	检测方法说明
1	平板、直角座、带指示表的测量架	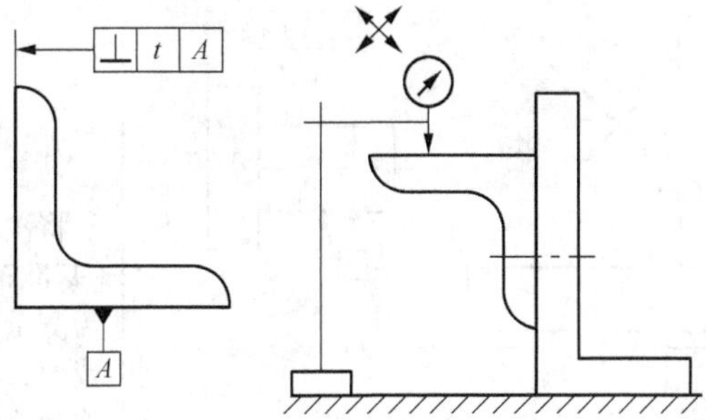	将被测零件的基准面固定在直角座上，同时调整靠近基准的被测表面的读数，将其调为最小值，取指示表在整个被测表面各点测得的最大与最小读数之差，并将其作为该零件的垂直度误差

续表

序号	检具	简　　图	检测方法说明
2	准直仪、转向棱镜、瞄准靶	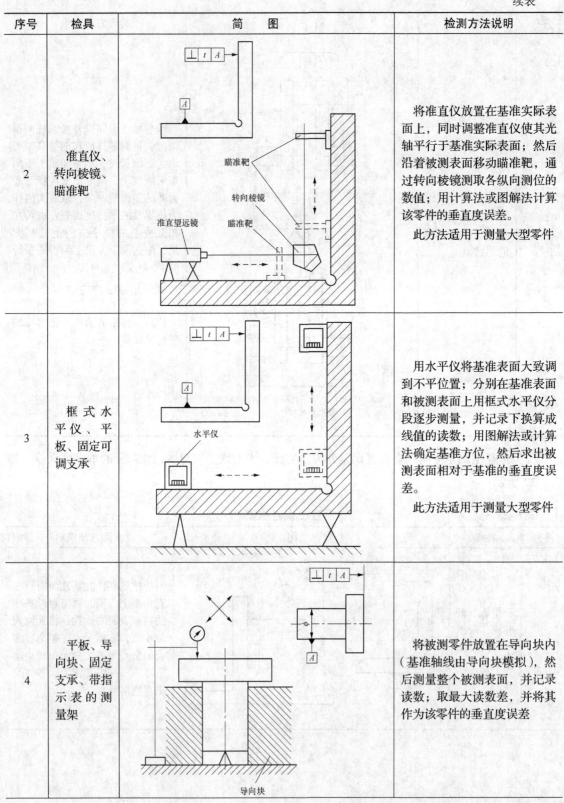	将准直仪放置在基准实际表面上，同时调整准直仪使其光轴平行于基准实际表面；然后沿着被测表面移动瞄准靶，通过转向棱镜测取各纵向测位的数值；用计算法或图解法计算该零件的垂直度误差。 此方法适用于测量大型零件
3	框式水平仪、平板、固定可调支承		用水平仪将基准表面大致调到不平位置；分别在基准表面和被测表面上用框式水平仪分段逐步测量，并记录下换算成线值的读数；用图解法或计算法确定基准方位，然后求出被测表面相对于基准的垂直度误差。 此方法适用于测量大型零件
4	平板、导向块、固定支承、带指示表的测量架		将被测零件放置在导向块内（基准轴线由导向块模拟），然后测量整个被测表面，并记录读数；取最大读数差，并将其作为该零件的垂直度误差

续表

序号	检具	简 图	检测方法说明
5	平板、固定和可调支承、带指示表的测量架		首先将基准轴线调整到与平板垂直；然后测量整个被测表面，并记录读数，取最大读数差值，并将其作为该零件的垂直度误差
6	平板、直角尺、心轴、固定和可调支承、带指示表的测量架		基准轴线和被测轴线由心轴模拟。调整基准心轴，使其与平板垂直；在测量距离为 L_2 的两个位置上测得的读数分别为 M_1 和 M_2。则平行度误差为 $$f = \frac{L_1}{L_2}|M_1 - M_2|$$ 测量时，应选用可胀式或与孔成无间隙配合的心轴
7	转台、直角座、带指示表的测量架		将被测零件放置在转台上，并使被测轮廓要素的轴线与转台对中（通常在被测轮廓要素的较低位置对中）。 按需要，测量若干个轴向截面轮廓要素上各点的半径差，并记录在同一坐标图上，用图解法求解垂直度误差；也可近似地按下式计算 $$f = \frac{1}{2}(M_{max} - M_{min})$$ 式中 M_{max}、M_{min} 分别为指示表最大读数与最小读数

续表

序号	检具	简　图	检测方法说明
8	平板、直角座、带指示表的磁力表座		将被测零件放置在平板上，在相互垂直的两个方向（x、y）上测量；在距离为 L_2 的两个位置测量被测轮廓要素与直角座的距离 M_1 和 M_2 及相应的轴径 d_1 和 d_2。则测量方向上的垂直度误差为 $$f = \left| (M_1 - M_2) + \frac{d_1 - d_2}{2} \frac{L_1}{L_2} \right|$$ 取两测量方向上测得的误差中的较大值，并将其作为该零件的垂直度误差

（3）倾斜度误差检测。与平行度、垂直度误差同理，倾斜度误差也分为面对面、面对线、线对线、线对面的倾斜度误差如表 6-23 所示。

表 6-23　　　　　　　　　　　倾斜度误差检测

序号	检具	简　图	检测方法说明
1	平板、定角座固定支承、带指示表的测量架		将被测零件放置在定角座上；调整被测件，使整个被测表面的读数差为最小值。 取指示表的最大读数与最小读数之差，并将其作为该零件的倾斜度误差。 定角座可用正弦规或精密转台代替

续表

序号	检具	简　　图	检测方法说明
2	平板、定角导向座、心轴、带指示表的测量架		调整被测零件，使心轴在 M_1 点处于最低位置或在 M_2 点处于最高位置；在测量距离为 L_2 的两个位置上，测得的数值分别为 M_1 和 M_2，则倾斜度误差为 $$f = \frac{L_1}{L_2}\left|M_1 - M_2\right|$$ 测量时，应选用可胀式或与孔成无间隙配合的心轴

（4）线轮廓度、面轮廓度误差检测。线轮廓度、面轮廓度误差检测方法见 5.2.2 小节形状误差检测 6.6 所述。

6.2.4　位置误差检测

（1）同轴度误差检测，如表 6-24 所示。

表 6-24　　　　　　　　　　同轴度误差检测

序号	检具	简　　图	检测方法说明
1	平板、刃口状 V 形块、带指示表的测量架		将被测零件安置在两 V 形块之间。把两指示表分别在铅垂轴截面调零。1. 在轴向测量，取指示表在垂直基准轴线的正截面上测得的各对应点的读数差值 $\left|M_a - M_b\right|$，并将其作为在该截面上的同轴度误差。2. 转动被测零件，按上述方法测量若干个截面，取各截面测得的读数差中的最大值（绝对值），并将其作为该零件的同轴度误差

续表

序号	检具	简　图	检测方法说明
2	综合量规	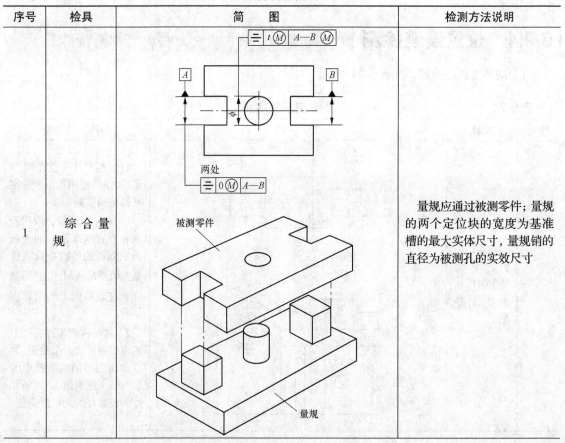	量规销的直径为孔的实效尺寸，量规应通过被测零件

（2）对称度误差检测，如表 6-25 所示。

表 6-25　　　　　　　　　　对称度误差检测

序号	检具	简　图	检测方法说明
1	综合量规		量规应通过被测零件；量规的两个定位块的宽度为基准槽的最大实体尺寸，量规销的直径为被测孔的实效尺寸

续表

序号	检具	简 图	检测方法说明
2	平板、V形块、定位块带指示的测量	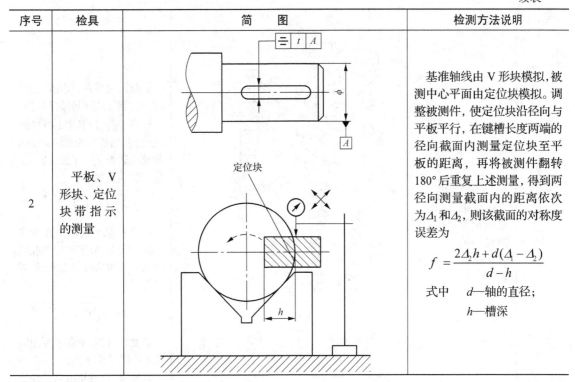	基准轴线由 V 形块模拟,被测中心平面由定位块模拟。调整被测件,使定位块沿径向与平板平行,在键槽长度两端的径向截面内测量定位块至平板的距离,再将被测件翻转 180° 后重复上述测量,得到两径向测量截面内的距离依次为 Δ_1 和 Δ_2,则该截面的对称度误差为 $$f = \frac{2\Delta_2 h + d(\Delta_1 - \Delta_2)}{d - h}$$ 式中 d——轴的直径; h——槽深

（3）位置度误差检测，如表 6-26 所示。

表 6-26　　　　　　　　　　　　位置度误差检测

序号	检具	简 图	检测方法说明
1	标准零件、测量钢球、回转定心夹头、平板、带指示表的测量架		被测件由回转定心夹头定位,选择适当直径的钢球,放置在被测零件的球面内,以钢球球心模拟被测球面的中心。 在被测零件回转一周的过程中,径向指示表最大示值差的一半为相对基准 A 的径向误差 f_x,轴向指示表直接读取相对于基准 B 的轴向误差 f_y,该指示表应先按标准零件调零,被测点位置度误差为 $$f = 2\sqrt{f_x^2 + f_y^2}$$

续表

序号	检具	简　图	检测方法说明
2	分度和坐标测量装置、心轴、指示表	（a） （b）（c）	调整被测零件，使基准轴线与分度装置的回转轴线同轴。 　　任选一孔，以其中心作轴向定位，测出各孔的径向误差 f_R 和角度误差 f_a ［见图（b）］，位置度误差为 $$f = 2\sqrt{f_R^2 + (R \cdot f_a)^2}$$ 该零件也可用两个指示表［见图（c）］分别测出各孔径向误差 f_y 和切向误差 f_x，位置度误差为 $$f = 2\sqrt{f_x^2 + f_y^2}$$ 必要时，位置度误差可用定位最小区域法求出。 　　测量时，应选用可胀式或与孔成无间隙配合的心轴
3	综合量规		量规应通过被测零件，并与被测零件的基准面相接触。 　　量规销的直径为被测孔的实效尺寸，量规各销的位置与被测孔的理想位置相同。 　　对于小型薄板零件，可用投影仪测量位置度误差，其原理与综合量规一样

| 6.2.5 跳动误差检测 |

（1）圆跳动误差检测，如表 6-27 所示。

表 6-27　　　　　　　　　　　圆跳动误差检测

序号	检具	简　图	检测方法说明
1	一对同轴顶尖、带指示表的测量架		将被测零件安装在两顶尖之间。 　1. 在被测零件回转一周过程中，指示表读数最大差值即为单个测量平面上的径向跳动。 　2. 按上述方法，测量若干个截面，取各截面测得的跳动量中的最大值，并将其作为该零件的径向跳动
2	一对同轴顶尖、带指示表的测量架，导向心轴		将被测零件固定在导向心轴上，同时安装在两顶尖之间。 　1. 在被测零件回转一周过程中，指示表读数最大差值即为单个测量平面上的径向跳动。 　2. 按上述方法，测量若干个截面，取各截面上测得的跳动量中的最大值，并将其作为该零件的径向跳动。 　应采用可胀式心轴

（2）全跳动误差检测，如表 6-28 所示。

表 6-28　　　　　　　　　　　　　　　全跳动误差检测

序号	检具	简　图	检测方法说明
1	平板、导向套筒、支承、带指示表的测量架		将被测零件支承在导向套筒内，并在轴向固定。导向套筒的轴线应与平板垂直。在被测零件连续回转过程中，指示表沿其径向作直线移动；在整个测量过程中的指示表读数的最大差值即为该零件的端面全跳动。 也可用 V 形块来测量
2	平板、一对同轴导向套筒（等高 V 形块或一对顶尖）、支承、带指示表的测量架		将被测零件放在两同轴导向套筒内，同时在轴向上固定并调整套筒，使其同轴和与平板平行。在被测件连续回转过程中，同时让指示表沿基准轴线方向作直线移动；在整个测量过程中，指示表读数最大差值即为该零件的径向全跳动。 基准轴线也可用一对顶尖或等高 V 型块来体现

实训八　线轮廓度误差检测

1．实训目的

掌握线轮廓度误差的测量方法。

2．实训设备

工作样板、被测工件。

3．实训步骤

测量说明：本实训采用样板测量法，将工作样板形状与被测实际形状相较，如图 6-64 所示。

实训步骤如下。

（1）将工作样板按规定的方向放置在被检测

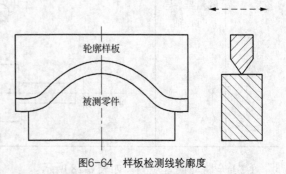

图6-64　样板检测线轮廓度

的轮廓上，使工作样板与被检测轮廓对和在一起。

（2）观察两轮廓之间的光隙的大小。

（3）根据观察到光隙的大小来判断线轮廓度的误差，取最大间隙并将其作为该零件的线轮廓度误差。

光隙法判断间隙大小的方法如下：当间隙较大时，可用塞尺直接测出最大间隙值，此即为被测根据的直线度误差值；当间隙较小时，可按标准光隙估计其间隙大小。光隙较小时，将呈现不同的颜色：光隙为 2.5μm 时，呈白光；光隙为 1.25～1.75μm 时，呈红光；光隙为 0.8μm 时，呈蓝光；光隙小于 0.5μm 时，则不透光。

4．其他常用方法

（1）坐标测量方法。如图 6-65 所示。调正被测零件相对于仿形系统和轮廓样板的位置，再将指示表调零。仿形测头在轮廓样板上移动，由指示表上读取数值。取其数值的两倍，并将其作为该零件的线轮廓度误差。必要时，将测得的值换算成垂直于理想轮廓方向（法向）上的数值后，再评定误差。

（2）投影仪测量方法。将被测轮廓投在投影屏上与极限轮廓相比较，实际轮廓的投影应在极限轮廓线之间。此法适用于测量尺寸较小和薄的零件。

图6-65　坐标法检测线轮廓度

5．填写实训报告八

实训报告八见附录Ⅲ（P314）。

实训九　平行度、垂直度误差检测

1．实训目的

了解平行度与垂直度误差的测量原理及方法；熟悉通用量具的使用；加深对位置公差的理解。

2．实训设备

平板、被测件（角座）、心轴、带指示表的测量架、精密直角尺、塞尺、外径游标卡尺等。

仪器说明：被测件角座如图 6-66 所示，图样上提出 4 个位置公差要求。

（1）顶面对底面的平行度公差为 0.15 mm；

（2）两孔的轴线对底面的平行度公差为 0.15 mm；

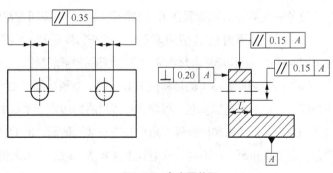

图6-66　角座零件图

（3）两孔轴线之间的平行度公差为 0.35 mm；

（4）侧面对底面的垂直度公差为 0.20 mm。

3．实训步骤

（1）按检测原则1（与理想要素比较原则）测量顶面对底面的平行度误差（见图6-67）。将被测件放在测量平板上，以平板面作为模拟基准；调整百分表在支架上的高度，将百分表测量头与被测面接触，使百分表指针倒转1～2圈，固定百分表，然后在整个被测表面上沿规定的各测量线移动百分表支架，取百分表的最大与最小读数之差，并将其作为被测表面的平行度误差。

（2）按检测原则1，分别测量两孔轴线对底面的平行度误差。将被测件放在测量平板上，心轴放置在被测孔内，以平板模拟为基准，用心轴模拟被测孔的轴线（见图6-68），按心轴上的素线调整百分表的高度，并固定之（调整方法同步骤（1）），在测量距离为 L_2 的两个位置上测得的读数分别为 M_1 和 M_2。则该孔被测轴线的平行度误差应为

$$f = \frac{L_1}{L_2} |M_1 - M_2|$$

式中：L_1 ——被测轴线的长度。

L_2 ——测量距离。

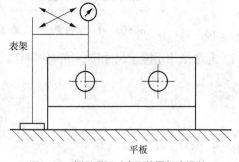

图6-67　测量顶面对底面的平行度误差

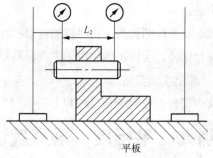

图6-68　测量两孔轴线对底面的平行度误差

在0°～180°范围内按上述方法测量若干个不同角度位置，取各测量位置所对应的 f 值中最大值，并将其作为平行度误差。

测量一孔后，心轴放置在另一被测孔内，采用相同方法测量。

（3）按检测原则1测量两孔轴线之间的平行度误差（见图6-69）。将心轴放置在两被测孔内，用心轴模拟两孔轴线。用游标卡尺在靠近孔口端面处测量尺寸 a_1 及 a_2，差值（a_1-a_2）即为所求平行度误差。

（4）按检测原则3（测量特征参数原则）测量侧面对底面的垂直度误差（见图6-70）。被测件放在平板上，用平板模拟基准，将精密直角尺的短边置于平板上，长边靠在被测侧面上，此时直角尺长边即为理想要素。用塞尺测量直角尺长边与被测侧面之间的最大间隙，测得的值即为该位置的垂直度误差。移动直角尺，在不同位置重复上述测量，取最大误差值并将其作为该被测面的垂直度误差。

4．填写实训报告九

实训报告九见附录Ⅲ（P315）。

5．思考题

线对面的平行度误差检测与直线度误差检测有何不同？

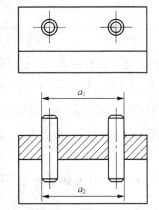

图6-69 测量两孔轴线之间的平行度误差

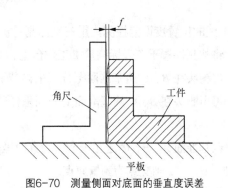

图6-70 测量侧面对底面的垂直度误差

实训十 位置度误差检测

1. 实训目的

掌握位置度的检测方法。

2. 实训设备

平板、指示表、表架、回转定心夹头。

3. 实训步骤

（1）点的位置度误差检测。如图6-71（b）所示，图6-71（a）所示为点的位置度误差检测的零件。

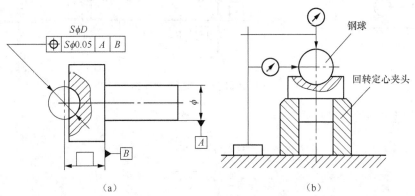

图6-71 测量点的位置度误差示图

① 首先将标准件放入回转定心夹头中定位，在将钢球放在标准件的球面内。

② 带指示器的测量架放在平面板上，并使测量架上两个指示器的测头分别与标准件钢球的垂直和水平直径处接触，并调零。

③ 取下标准件，换上被测件，以同样的方法使两指示器的测头再与标准件球的垂直和水平直径处接触（指示器不能调零），转动被测件，在同一周内观察指示器的读数变化，取水平方向指示器最大读数的一半，将其作为相对基准 A 的径向误差 f_x，并在垂直方向直接读出相对基准 B 的轴向误差值 f_y，则被测点的位置度误差值为

$$f = 2\sqrt{f_x^2 + f_y^2}$$

（2）线的位置度误差检测。用三坐标测量机测量，被测件的零件图如图 6-72（a）所示。

① 将被测件置于三坐标测量机工作台上，基准面 B、C 尽量分别与仪器 x、y 方向平行。

② 用测头在 B、C 两基准面上分别采样若干点，由计算机所采点的坐标定于基准面 A 内。

③ 再用测头在 B、C 两基准面上分别采样若干点并投影在基准面 A 上，得出 B、C 两基准面的方向。

④ 以基准面 A、B、C 建立一个新的直角坐标系，并且 A、B、C 3 基准面相交线分别为 x 轴、y 轴、z 轴，x、y、z 轴交点为测量原点。

⑤ 用测头分别在 1～6 孔采样若干点，并向 A 基准投影，得出 1～6 孔的中心在新坐标系中的 x、y 坐标：x_1, y_1; x_2, y_2; x_3, y_3; …; x_6, y_6。

⑥ 计算各孔中心的理论正确尺寸 $\boxed{x_i}$, $\boxed{y_i}$; 由公式 $\Delta x_i = x_i - \boxed{x_i}$, $\Delta y_i = y_i - \boxed{y_i}$ 计算出各个孔中心 x 和 y 方向的误差值 f_{1x}, f_{1y}（即Δx_1, Δy_1）; f_{2x}, f_{2y}（即Δx_2, Δy_2）; …; f_{6x}, f_{6y}（即Δx_6, Δy_6），如图 6-72（b）所示。

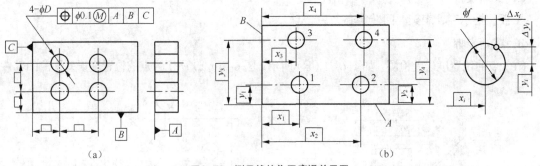

图6-72　测量线的位置度误差示图

⑦ 计算各孔轴线的位置度误差值：

$$f_1 = 2\sqrt{f_{1x}^2 + f_{1y}^2}$$

$$f_2 = 2\sqrt{f_{2x}^2 + f_{2y}^2}$$

$$\vdots$$

$$f_6 = 2\sqrt{f_{6x}^2 + f_{6y}^2}$$

取其中最大值，并将其作为该件的位置度误差值。

⑧ 将测量结果填入实训报告中，根据被测零件的公差值，做出合格性结论。

4. 其他的常用检测方法

（1）用万能工具显微测量；

（2）用投影仪测量。

5．填写实训报告十

实训报告十见附录Ⅲ（P316）。

实训十一　径向圆跳动和端面圆跳动误差检测

1．实训目的

熟悉百分表、偏摆仪的使用方法；掌握径向圆周跳动、端面圆跳动的检测方法。

2．实训设备

带指示表的测量架、被测零件、偏摆检查仪。

仪器说明：偏摆检查仪结构如图 6-73 所示，主要由底座 1、前顶尖座 2、后顶尖座 8 和支架 6 等组成。两个顶尖座和支架座可沿导轨面移动，并通过手柄 11 固定。两个顶尖分别装在固定套管 3 和活动套管 7 内，按动杠杆 10 可使活动套管后退，当松开杠杆时，活动套管 7 借弹簧作用前移，可以方便更换被测零件。转动手柄 9 可紧固活动套管。支架座上可根据需要安装测微表。

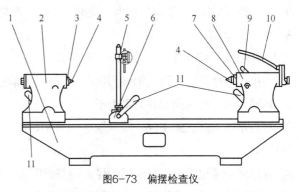

图6-73　偏摆检查仪

1. 底座　2. 前顶尖座　3. 固定套管　4. 顶尖　5. 测微表　6. 支架
7. 活动套管　8. 后顶尖座　9. 手柄　10. 杠杆　11. 手柄

3．实训步骤

实训时，将被测工件安装在两顶尖之间，让指示表的测量头置于被测件的外轮廓，并垂直于基准轴线，调整指示表压缩一圈左右，然后慢慢转动被测工件，在被测工件回转一周过程中，指示表读数的最大差值即为所测工件的径向圆跳动误差。调整指示表测头让其平行于被测件基准轴线，重复上述动作，被测工件回转一周过程中，指示表读数的最大差值即为所测工件的端面圆跳动误差。

（1）将被测工件及量具擦净，按说明安装在仪器的两顶尖间，以两顶尖模拟基准轴线。

（2）将指示表垂直于基准轴线安装。在被测零件回转一周过程中，指示表的最大值与最小值之差为单个测量面上的径向圆跳动。

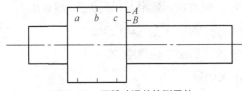

图6-74　圆跳动误差检测零件

（3）按上述方法测量若干个截面，如图 6-74 所示的 a、b、c 3 个截面，取各截面上测得的跳动量中的最大值，将其作为该零件的径向圆跳动误差。

（4）调整指示表位置至图 6-74 所示 A、B 点所在的轴肩面，测量端面圆跳动。

（5）指示表与被测面垂直，在零件回转一周过程中，指示表的最大值与最小值之差为单个测量圆柱面上的端面圆周跳动误差。

（6）测量若干个端面，取各测量端面上截面测得的最大值，将其作为该零件的端面圆跳动误差。

（7）将测量结果填入实训报告中，根据被测零件的公差值，做出合格性结论。

4. 填写实验报告单十一

实训报告十一见附录Ⅲ（P317）。

实训十二　径向全跳动和端面全跳动误差检测

1. 实训目的

掌握全跳动的测量方法。

2. 实训设备

平板、带指示器的测量架、支承、被测零件、一对同轴导向套筒。

3. 实训步骤

（1）径向全跳动误差检测，如图 6-75 所示。

① 将被测零件固定在两同轴导向筒内，同时在轴向上固定。

② 调整套筒，使其同轴并与平板平行。

③ 将指示器接触被测工件一端并调零，转动被测工件，同时让指示器沿基准轴线方向向另一端作直线移动。

④ 在整个测量过程中，指示器的最大误差值即为该零件的径向全跳动误差。

⑤ 将测量结果填入实训报告中，根据被测零件的公差值，做出合格性结论。

（2）端面全跳动误差检测，如图 6-76 所示。

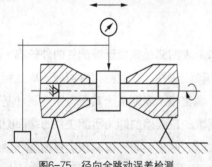

图6-75　径向全跳动误差检测

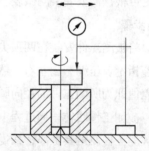

图6-76　端面全跳动误差检测

① 将被测零件支承在导向套筒内，并在轴向上固定。

② 将指示器接触被测工件并调零，然后转动被测工件，同时指示器沿其径向做直线移动。

③ 在整个测量过程中，指示器读数的最大差值即为该零件的端面全跳动误差。

④ 将测量结果填入实训报告中，根据被测零件的公差值，做出合格性结论。

注：基准轴线也可以用一对 V 形块或一对顶尖的方法来确定。

4. 填写实验报告十二

实训报告十二见附录Ⅲ（P318）。

5. 思考题

圆跳动与全跳动在测量时有何区别？

表面粗糙度检测

常用的表面粗糙度的测量方法有比较法、光切法、光波干涉法和针描法。这些方法基本上用于测量表面粗糙度的幅度参数。

（1）比较法。比较法是将被测零件表面与粗糙度样板直接进行比较的一种测量方法。它可以通过视觉、触觉或借助放大镜、比较显微镜，估计出表面粗糙度的值。这种方法多用于车间，评定一些表面粗糙度参数值较大的表面。这种方法精度较差，只能做定性分析比较。

（2）光切法。光切法是利用光切原理，即光的反射原理测量表面粗糙度的一种方法。常用的仪器是光切显微镜（双管显微镜），该仪器适宜测量车、铣、刨或其他类似加工方法所加工的零件平面或外圆表面。光切法主要用来测量粗糙度参数 R_z 的值，其测量范围为 $0.8\sim50\ \mu m$。

光切显微镜工作原理：图 6-77（a）表示被测表面为阶梯面，其阶梯高度为 h。由光源发出的光线经狭缝后形成一个光带，此光带与被测表面以夹角为 45° 的方向 A 被被测表面相截，被测表面的轮廓影像沿 B 向反射后，可由显微镜中观察得到图 6-77（b）所示的影像。其光路系统如图 6-77（c）所示，光源 1 通过聚光镜 2、狭缝 3 和物镜 5，以 45° 角的方向投射到工件表面 4 上，形成一窄细光带。光带边缘的形状，即光束与工件表面的交线，也就是工件在 45° 截面上的轮廓形状，此轮廓曲线的波峰在 S_1 点反射，波谷在 S_2 点反射，这两点通过物镜 5 分别成像在分划板 6 上的 S_1'' 和 S_2'' 点，其峰、谷影像高度差为 h''。由仪器的测微装置可读出此值，按定义测出评定参数 R_z 的数值。

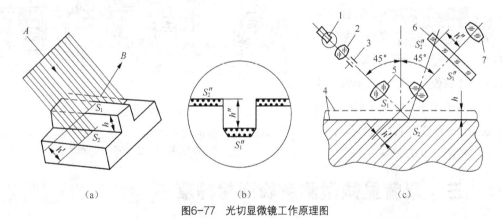

(a)   (b)   (c)

图6-77 光切显微镜工作原理图

1. 光源　2. 聚光镜　3. 狭缝　4. 被测表面　5. 物镜　6. 分划板　7. 目镜

（3）光波干涉。光波干涉法是利用光波的干涉原理测量表面粗糙度的方法。常用的仪器是干涉显微镜，适宜用来测量粗糙度参数 R_z，测量范围为 $0.05\sim0.8\ \mu m$。

干涉显微镜工作原理：干涉显微镜基本光路系统如图 6-78（a）所示。由光源 1 发出的光线经平面镜 5 反射向上，至分光镜 9 后分成两束。一束向上射至被测表面 18 返回，另一束向左射至参考镜 13 返回。此两束光线会合后形成一组干涉条纹。干涉条纹的相对弯曲程度反映被测表面微观不平度的状况，如图 6-78（b）所示。仪器的测微装置可按定义测出相应的评定参数 R_z 的值。

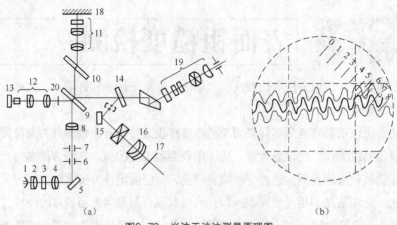

（a）　　　　　　　　　　　　　　　　　　　（b）

图6-78　光波干涉法测量原理图

1. 光源　2、4、8、16. 聚光镜　3、20. 滤色片　5、15. 平面镜　6. 可变光栏　7. 视物光栏
9. 分光镜　10. 补偿板　11、12. 物镜　13. 参考镜　14. 遮光板　17. 照相机　18. 被测表面　19. 目镜

（4）针描法。针描法的工作原理是利用金刚石触针在被测表面上等速缓慢移动，被测表面的微观不平度将使触针作垂直方向的上下移动，该微量移动通过传感器转换成电信号，并经过放大和处理，得到被测参数的相关数值。

按针描法原理设计制造的表面粗糙度测量仪器通常称为轮廓仪。根据转换原理的不同，有电感式轮廓仪、电容式轮廓仪、电压式轮廓仪等。轮廓仪可测 R_a、R_z、RS_m 及 $R_{mr(c)}$ 等多个参数。图 6-79 所示是一台较大的轮廓仪。

除上述轮廓仪外，还有光学触针轮廓仪，它适用于非接触测量，以防止划伤零件表面。这种仪器通常直接显示 R_a 值，其测量范围为 0.025～6.3 μm。

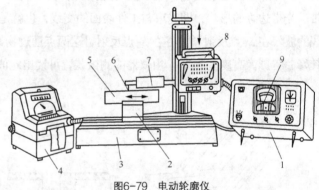

图6-79　电动轮廓仪

1. 电箱　2. V形块　3. 工作台　4. 记录器　5. 工件　6. 触针
7. 传感器　8. 驱动箱　9. 指示表

实训十三　双管显微镜测量表面粗糙度

1. 实训目的

了解用双管显微镜测量表面粗糙度的原理和方法，加深对表面粗糙度评定参数微观不平度 10 点平均高度 R_z 的理解。

2. 实训设备

双管显微镜、被测零件。

3. 实训步骤

（1）测量原理及计量器具说明。

微观不平度十点平均高度 R_z 是指在基本长度 L 内，从平行于轮廓中线 m 的任意一条线算起，

到被测轮廓的 5 个最高点（峰）和 5 个最低点（谷）之间的平均距离，即

$$R_z = \frac{(h_2 + h_4 + \cdots + h_{10}) - (h_1 + h_3 + \cdots + h_9)}{5}$$

双管显微镜的外形如图 6-80 所示。它由底座 1、工作台 2、观察光管 3、投射光管 11、支臂 7 和立柱 8 等几部分组成。双管显微镜能测量 $0.8 \sim 80\mu m$ 的表面粗糙度。

双管显微镜是利用光切原理来测量表面粗糙度的。如图 6-81（a）所示，被测表面为 P_1、P_2 阶梯表面，当一平行光束从 45° 方向投射到阶梯表面上时，就被折成 S_1 和 S_2 两段。从垂直于光束的方向上就可在显微镜内看到 S_1 和 S_2 两段光带的放大象 S_1'和 S_2'。同样，S_1 和 S_2 之间的距离 h 也被放大为 S_1' 和 S_2' 之间的距离 h_1'。通过测量和计算，可求得被测表面的不平度高度 h。

图 6-81（b）所示为双管显微镜的光学系统图。由光源 1 发出的光，经聚光镜 2、狭缝 3、物镜 4，以 45° 方向投射到被测工件表面上。调整仪器，使反射光束进入与投射光管垂直的观察光管内，经物镜 5 成像在目镜分划板 6 上，通过目镜 7 可观察到凹凸不平的光带，如图 6-81（b）所示。光带边缘即工件表面上被照亮了的 h_1 的放大轮廓像为 h_1'，即测量亮带边缘的宽度为 h_1'，可求出被测表面的不平度高度 h，即

$$h = h_1 \cos 45° = \frac{h_1'}{N} \cos 45°$$

式中：N 为物镜放大倍率。

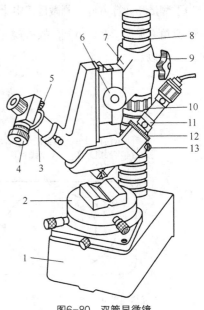

图6-80 双管显微镜

1. 底座 2. 工作台 3. 观察光管
4. 目镜测微器（刻度套筒） 5. 锁紧螺钉
6. 微调手轮 7. 支臂 8. 立柱
9. 锁紧螺钉 10. 支臂调节螺母
11. 投射光管 12. 调焦环 13. 调节螺钉

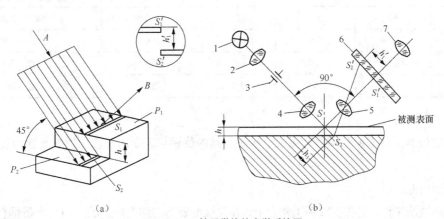

（a） （b）

图6-81 双管显微镜的光学系统图

为了测量和计算方便，测微目镜中十字线的移动方向［见图 6-82（a）］和被测量光带边缘宽度 h_1' 成 45° 斜角［见图 6-82（b）］，故目镜测微器刻度套筒上的读数值 h_1'' 与不平高度的关系为：$h_1' = h_1'' \cos 45°$，所以

$$h = \frac{h_1'' \cos^2 45°}{N} = \frac{h_1''}{2N}$$

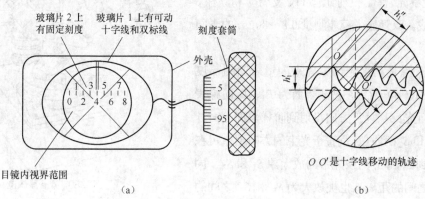

图6-82　目镜影像调节

这里需要注意：刻度套筒鼓轮每转一转或每转一小格所代表的被测轮廓峰谷高度的实际值 h 取决于物镜的放大倍数 N，但由于仪器在使用过程中，机械件及光学件难免有微小变形和位置变化，每格代表的实际值也会随之变化，所以要定期进行定度工作。通常我们把 $\frac{1}{2N}$ 值称为定度值 C。C 为刻度套筒上的每一格刻度反映到被测平面上的实际高度值。$C = \frac{0.01}{2\beta}$（mm/格）$= \frac{5}{\beta}$（μm/格），β 为实际物镜总的放大倍率，显微镜定度实例如表 6-29 所示。

表 6-29　　　　　　　　　　物镜放大倍率

物镜放大倍率		基本测量长度（mm）	工作距离（mm）	物方视场直径（mm）	可测范围微观不平度10点平均高度 R_z 值（μm）
标称倍率	总倍率 β				
60×	68	0.8	0.04	0.3	0.8～3.2
30×	33.54	0.8	0.3	0.6	1.6～6.3
14×	16.10	0.8/2.5	2.5	1.3	3.2～20
7×	8	2.5/8	9.5	2.5	10～80

（2）测量步骤。

① 根据被测工件表面粗糙度的要求，选择合适的物镜组，分别安装在投射光管和观察光管的下端。

② 接通电源。

③ 擦净被测工件，把它安放在工作台上，并使被测表面的切削痕迹的方向与光带垂直。当测量

圆柱形工件时，应将工件置于 V 形块上。

④ 粗调节。参看图 6-80，用手托住支臂 7，松开锁紧螺钉 9，缓慢旋转支臂调节螺母 10，使支臂 7 上下移动，直到目镜中观察到绿色光带和表面轮廓不平度的影像，如图 6-85（b）所示。然后将螺钉 9 固紧。要注意防止物镜与工件表面相碰，以免损坏物镜组。

⑤ 细调节。缓慢而往复转动调节手轮 6，使目镜中光带最狭窄，轮廓影像最清晰并位于视场的中央。

⑥ 松开螺钉 5，转动目镜测微器 4，使目镜中十字线的一根线与光带轮廓中心线大致平行（此线代替平行于轮廓中线的直线），如图 6-83（a）～（c）所示。然后将螺钉 5 固紧。

⑦ 根据被测表面的粗糙度级别，按国家标准 GB 1031—2009 的规定，选取基本长度和测量长度。

⑧ 旋转目镜测微器的刻度套筒，使目镜中十字线的一根线与光带轮廓一边的峰（谷）相切，如图 6-82（b）所示，并从测微器读出被测表面的峰（谷）的数值，此数值单位是格。视场内看到的双标线对准分划板刻度值为百位数，刻度套筒鼓轮转动值为十位数和个位数。以此类推，在基本长度范围内分别测出 5 个最高点（峰）和 5 个最低点（谷）的数值，计算出 R_z 的数值。

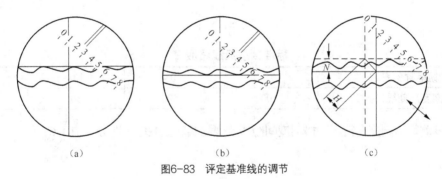

图6-83 评定基准线的调节

⑨ 纵向移动工作台，在测量长度范围内，共测出 n 个基本长度上的 R_z 值，取它们的平均值作为被测表面的不平度平均高度。

⑩ 根据计算结果，判断被测表面粗糙度的适用性。

计算公式：

a. $h = = \dfrac{h_1''}{2N} = \mathrm{C} \cdot h_1''$；

b. $R_z = \dfrac{(h_2 + h_4 + \cdots + h_{10}) - (h_1 + h_3 + \cdots + h_7)}{5}$；

c. $R_z(平均) = \dfrac{\sum\limits_1^n R_z}{n}$，计算出平均 R_z。

（3）目镜测微器分度值 C 的确定。由前述可知，目镜测微器套筒上每一格刻度间距所代表的实际表面不平度高度的数值（分度值）与物镜放大倍率有关。由于仪器生产过程中的加工和装配误差，

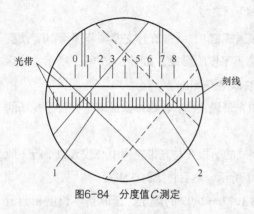

图6-84　分度值 C 测定

以及仪器在使用过程中可能产生的误差，会使物镜的实际倍率与前表所列的公称值之间有某些差异。因此，仪器在投入使用时以及经过较长时间的使用之后，或者在调修重新安装之后，要用玻璃标准刻度尺来确定分度值 C，即确定每一格刻度间距所代表的不平度高度的实际数值，确定方法如下。

① 将玻璃标准刻度尺置于工作台上，调节显微镜的焦距，并移动标准刻度尺，使在目镜视场内能看到清晰的刻度尺刻线（见图6-84）。

② 参看图6-84，松开螺钉5，转动目镜测微器4，使十字线交点移动方向与刻度尺像平行，然后固紧螺钉5。

③ 按表6-30选定标准刻度尺线格数 Z，将十字线焦点移至与某刻线重合（图6-84中实线位置），读出第一次读数 n_1。然后将十字线焦点移动 Z 格（图6-84中虚线位置），读出第二次读数 n_2，两次读数差为

$$A = \left| n_2 - n_1 \right|$$

表 6-30　　　　　　　　　　　　　　标准刻度尺线路数 Z

物镜标称倍率 N	7×	10×	30×	60×
标准刻度尺刻线格数 Z	100	50	30	20

④ 计算测微器刻度套筒上一格刻度间距所代表的实际被测值（即分度值）C：

$$C = \frac{TZ}{2A}$$

式中：T 为标准刻度尺的刻度间距（10 μm）。

把从目镜测微器测得的十点读数的平均值 h'' 乘上 C 值，即可求得 R_z 值：

$$R_z = Ch''$$

4. 填写实验报告十三

实训报告十三见附录Ⅲ（P319）。

5. 思考题

（1）为什么只测量光带一边的最高点（峰）和最低点（谷）？

（2）测量表面粗糙度还有哪些方法？

本章讲述了尺寸误差的检测、形位误差的检测和表面粗糙度的检测。

尺寸误差检验介绍了尺寸检验范围、验收原则及方法、验收极限和计量器具的选择。通常采用通用量具和量规进行尺寸检验。通用量具检测的公差等级范围一般为6～18级。主要介绍了游标卡尺、千分尺、指示表、立式光学计、工具显微镜的使用方法及量具的选用原则：$u_1' \leqslant u_1$。对于遵循包容要求的尺寸、公差等级高的尺寸检验时，应按内缩原则确定验收极限，对工件进行检验；对与非配合尺寸和一般公差尺寸可按不内缩原则，进行检验。还介绍了光滑工件尺寸的检验方法，光滑极限量规的基本概念及量规工作尺寸计算，并采用实训来介绍常用量具和光滑极限量规的使用方法和尺寸误差检验方法。

形位误差检测介绍了形位误差的检测原则，包括与理想要素比较原则、测量坐标值原则、测量特征参数原则、测量跳动原则和控制实效边界原则；介绍了评定形位误差的基本原则为最小条件；误差值用最小包容区域（简称最小区域）的宽度或直径表示；还介绍了形位误差的评定方法，并采用大量实训加深对形位误差评定方法的理解。

表面粗糙度的检测介绍了几种表面粗糙度检测的常用方法：比较法、光切法、光波干涉法、针描法等。

1. 填空题

（1）几何误差是_____的控制对象。

（2）按不内缩原则，孔类零件检测工件尺寸时，其尺寸合格的条件为 $D_{min} \leqslant D_a \leqslant$ _____。

（3）双管显微镜测量表面粗糙度，采用的是_____测量方法（非接触/接触）。

2. 简答题

（1）光滑极限量规的通规和止规分别检验工件的什么尺寸？被测工件的合格条件是什么？

（2）工作量规的公差带是如何设置的？量规公差带与哪些因素有关？

（3）何谓误收？何谓误废？误收、误废是怎样造成的？

下 篇

典型零件的公差配合与测量

Chapter 7

第7章
| 圆锥的公差 |

【学习目标】

1. 了解圆锥配合的特点、基本参数和基本要求。
2. 熟悉圆锥公差项目和标注形式；了解圆锥配合的种类及形成。
3. 掌握圆锥公差的标注。

7.1　概述

7.1.1　有关圆锥的术语及定义

1. 圆锥配合的特点

圆锥是由圆锥表面和一定尺寸所限定的几何体，如图 7-1 所示。圆锥配合是机械设备中常用的典型结构。圆锥配合的特点如下。

（1）内、外两圆锥体的配合，可以自动定心，容易保证内、外圆锥体的轴线具有较高的同轴度，而且能快速装拆。

（2）圆锥配合的间隙和过盈，可随内、外圆锥体的轴向相互位置不同而得到调整，而且能补偿零件的磨损，延长配合的使用寿命。但它不适宜孔、轴轴向相互位置要求较高的配合。

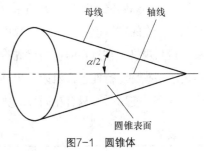

图7-1　圆锥体

（3）圆锥体的配合具有较好的自锁性和密封性。

（4）内、外圆锥体的配合比较复杂，影响互换性的参数比较多，加工和检验也相对麻烦。

为保证圆锥结构的互换性，我国发布了一系列圆锥标准，如 GB/T 157—2001《产品几何量技术规范（GPS）圆锥的锥度和角度系列》、GB/T 11334—2005《产品几何量技术规范（GPS）圆锥公差》、GB/T 15754—1995《技术制图　圆锥的尺寸和公差标注》等国家标准。

2. 有关圆锥的术语及定义

圆锥分内圆锥和外圆锥两种，其主要几何参数有圆锥表面、圆锥直径、圆锥长度、圆锥角和锥度，如图7-2所示。

（1）圆锥表面。指与轴线成一定角度，且一端相交于轴线的一条线段（母线），并围绕着该轴线旋转形成的表面（见图7-1）。

（2）圆锥直径。指与圆锥轴线垂直的截面内的直径。有内、外圆锥的最大直径 D_i、D_e，内、外圆锥最小直径 d_i、d_e 及任意约定截面圆锥直径 d_x（离锥面有一定距离）。

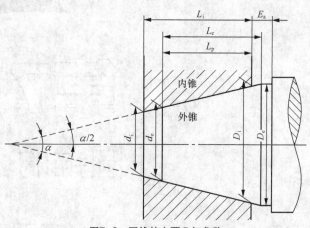

图7-2　圆锥的主要几何参数

（3）圆锥长度 L。指最大圆锥直径截面与最小圆锥直径截面之间的轴向距离。内、外圆锥长度分别用 L_i、L_e 来表示。圆锥配合长度指内、外圆锥配合面的轴向距离，用符号 L_p 表示。

（4）圆锥角（锥角）α。指在通过圆锥轴线的截面内，两条素线间的夹角。

（5）锥度 C。指两个垂直圆锥轴线截面的圆锥直径 D 和 d 之差与其两截面间的轴向距离 L 之比（见图7-2），即

$$C = \frac{D-d}{L}$$

锥度 C 与圆锥角 α 的关系为

$$C = 2\tan\frac{\alpha}{2} = 1:\frac{1}{2}\cot\frac{\alpha}{2}$$

锥度一般用比例或分式表示，例如 $C = 1:20$ 或 1/20。

一般用途圆锥的锥度与锥角系列见表 7-1。为便于圆锥件的设计、生产和控制，表中给出了圆锥角或锥度的推算值，其有效位数可按需要确定。为保证产品的互换性，减少生产中所需的定值工具、量具规格，在选用时应当优先选用第一系列。特殊用途圆锥的锥度与锥角系列见表 7-2，它仅适用于某些特殊行业，在机床、工具制造中，广泛使用莫氏锥度。常用的莫氏锥度共有 7 种，从 0 号至 6 号，使用时，只有相同号的莫氏内、外锥才能配合。

表 7-1　　　　　　　　　　一般用途圆锥锥角和锥度系列

基 本 值		推 算 值		应 用 举 例
系列 1	系列 2	圆锥角 α	锥度 C	
120°		—	1：0.288 675	节气阀、汽车、拖拉机阀门
90°		—	1：0.500 000	重型顶尖、重型中心孔、阀的阀销锥体、埋头螺钉、小于 100 mm 的丝锥
	75°	—	1：0.651 613	顶尖、中心孔、弹簧夹头、埋头钻、埋头与半埋头铆钉

续表

基　本　值		推　算　值			应用举例
系列 1	系列 2	圆锥角 α		锥度 C	
60°		—	—	1 : 0.866 025	摩擦轴节、弹簧夹头、平衡块
45°		—	—	1 : 1.207 107	受力方向垂直于轴线易拆开的连接
30°		—	—	1 : 1.866 025	受力方向垂直于轴线的连接、锥形摩擦离合器、磨床主轴
1 : 3		18°55′28.7″	18.924 644°	—	重型机床主轴
	1 : 4	14°15′0.1″	14.250 033°	—	受轴向力和扭转力的连接处，主轴承受轴向力调节套筒
1 : 5		11°25′16.3″	11.421 186°	—	主轴齿轮连接处，受轴向力之机件连接处，如机车的十字头轴
	1 : 6	9°31′38.2″	9.527 283°	—	机床主轴刀具刀杆的尾部、锥形铰刀心轴。 锥形铰刀套式铰刀、扩孔钻的刀杆、主轴颈。 锥销、手柄端部、锥形铰刀、量具尾部受震及静变负载不拆开的连接件，如心轴等。 导轨镶条，受震及冲击负载不拆开的连接件
	1 : 7	8°10′16.4″	8.171 234°	—	
	1 : 8	7°9′9.6″	7.152 669°	—	
1 : 10		5°43′29.3″	5.724 810°	—	
	1 : 12	4°46′18.8″	4.711 888°	—	
	1 : 15	3°49′5.9″	3.818 305°	—	
1 : 20		2°51′51.1″	2.864 192°	—	
1 : 30		1°54′34.9″	1.906 82°	—	
	1 : 40	1°25′56.4″	1.432 302°	—	
1 : 50		1°8′45.2″	1.145 877°	—	
1 : 100		0°34′22.6″	0.572 953°	—	
1 : 200		0°17′11.3″	0.286 478°	—	
1 : 500		0°6′52.5″	0.114 592°	—	

表 7-2　　　　　　　　　　特殊用途圆锥锥角和锥度系列

基　本　值	推　算　值			备　注
	圆角 α		锥度 C	
18°30′	—	—	1 : 3.070 151	纺织工业
11°54′	—	—	1 : 4.797 451	
8°40′	—	—	1 : 6.598 442	
7°40′	—	—	1 : 7.462 208	
7 : 24	16°35′39.4″	16.594 290°	1 : 3.428 571	机床主轴，工具配合
1 : 9	6°21′34.8″	6.359 660°	—	电池接头
1 : 16.666	3°26′12.7″	3.436 853°	—	医疗设备
1 : 12.262	4°40′12.2″	4.670 042°	—	贾各锥度 No2
1 : 12.927	4°24′52.9″	4.414 696°	—	No1
1 : 15.748	3°38′13.4″	3.637 067°	—	No33

续表

基　本　值	推　算　值		备　注
	圆角 α	锥度 C	
1 : 18.779	3°3′1.2″	3.050 335°	—	No3
1 : 19.264	2°58′24.9″	2.973 573°	—	No6
1 : 20.288	2°49′24.8″	2.823 550°	—	No0
1 : 19.002	3°0′52.4″	3.014 554°	—	莫氏锥度 No5
1 : 19.180	2°59′11.7″	2.986 590°	—	No6
1 : 19.212	2°58′53.8″	2.981 618°	—	No0
1 : 19.254	2°58′30.4″	2.975 117°	—	No4
1 : 19.922	2°52′31.4″	2.875 402°	—	No3
1 : 20.020	2°51′40.8″	2.861 332°	—	No2
1 : 20.047	2°51′26.9″	2.857 480°	—	No1

注：表中"备注"栏的 No 数值与"基本值"同一行。

7.1.2　有关圆锥公差的术语及定义

圆锥公差适用于锥度 C 从 1 : 3 至 1 : 500，圆锥长度 L 从 6 mm 至 630 mm 的光滑圆锥，也适用于棱体的角度与斜度。

1．圆锥公差的基本参数

（1）公称圆锥。是指设计给定的理想形状的圆锥。它可用以下两种形式确定。

① 用一个公称圆锥直径（最大圆锥直径 D、最小圆锥直径 d、给定截面圆锥直径 d_x）、公称圆锥长度 L、公称圆锥角 α 或公称锥度 C 来表示公称圆锥，如图 7-3 所示。

② 用两个公称圆锥直径和公称圆锥长度 L 来表示公称圆锥。

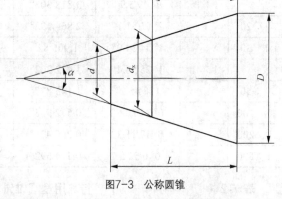

图7-3　公称圆锥

（2）实际圆锥。指实际存在且可通过测量得到的圆锥。在实际圆锥上的任一直径称为实际圆锥直径 d_a，如图 7-4（a）所示。在实际圆锥的任一轴向截面内，包容其素线且距离为最小的两对平行直线之间的夹角，称为实际圆锥角 α_a，如图 7-4（b）所示。在不同轴向截面内的实际圆锥角不一定相同。

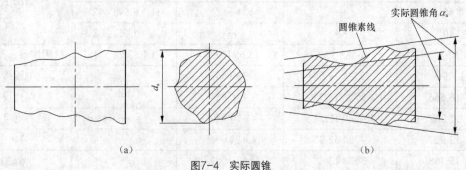

（a）　　　　　　　　　　　　　　（b）

图7-4　实际圆锥

2．圆锥公差的术语及定义

（1）极限圆锥和极限圆锥直径。极限圆锥是指与公称圆锥共轴且圆锥角相等，直径分别为上极限尺寸和下极限尺寸的两个圆锥。在垂直圆锥轴线的任一截面上，这两个圆锥的直径差都相等，如图 7-5 所示。直径为最大极限尺寸的圆锥称为最大极限圆锥；直径为最小极限尺寸的圆锥称为最小极限圆锥。垂直于圆锥轴线的截面上的直径称为极限圆锥直径，如图 7-5 中的 D_{max}、D_{min} 和 d_{max}、d_{min}。

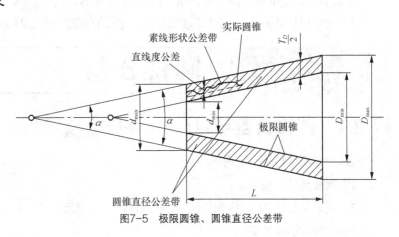

图7-5　极限圆锥、圆锥直径公差带

（2）圆锥直径公差 T_D。圆锥直径公差是指圆锥直径的允许变动量，它适用于圆锥全长上。圆锥直径公差带是在圆锥的轴剖面内，两个极限圆锥所限定的区域，如图 7-5 所示。一般以最大圆锥直径为基础。

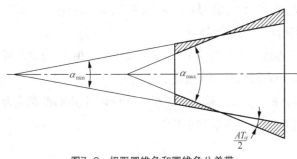

图7-6　极限圆锥角和圆锥角公差带

（3）圆锥角公差 AT_α、AT_D。允许的最大极限圆锥角和最小极限圆锥称为极限圆锥角，分别用 α_{max} 和 α_{min} 表示，如图 7-6 所示。圆锥角公差是指圆锥角的允许变动量。圆锥角公差带是两个极限圆锥角所限定的区域，如图 7-6 所示。当圆锥角以弧度或角度为单位时，用代号 AT_α 表示；当圆锥角以长度为单位时，用代号 AT_D 表示。

（4）给定截面圆锥直径公差 T_{DS}。给定截面圆锥直径公差是指在垂直于圆锥轴线的给定截面内，圆锥直径的允许变动量。它仅适用于该给定截面的圆锥直径。其公差带是给定的截面内两同心圆所限定的区域，如图 7-7 所示。

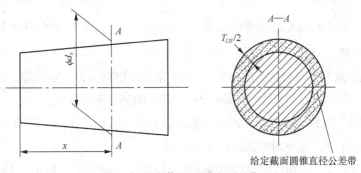

图7-7　给定截面圆锥直径公差带

T_{DS}公差带限定的是平面区域，而 T_D 公差带限定的是空间区域，两者是不同的。

（5）圆锥形状公差 T_F。圆锥形状公差包括素线直线度公差和横截面圆度公差。

圆锥公差

7.2.1　圆锥公差项目

圆锥公差项目包括以下内容。

（1）圆锥直径公差 T_D；

（2）圆锥角公差 AT，用角度值 AT_α 或线性值 AT_D 给定；

（3）圆锥的形状公差 T_F；

（4）给定截面圆锥直径公差 T_{DS}。

7.2.2　圆锥公差标注的标准

1．圆锥公差标注的两种形式

圆锥公差标注有两种形式：按圆锥直径公差 T_D 和公称圆锥角 α（或锥度 C）形式标注；按圆锥角公差 AT 和给定截面圆锥直径公差 T_{DS} 形式标注。

（1）按圆锥直径公差 T_D 和公称圆锥角 α（或锥度 C）形式标注。如图7-8所示，由 T_D 确定的两个极限圆锥，此时圆锥角误差和圆锥形状误差均应在极限圆锥所限定的区域内。

（2）按圆锥角公差 AT 和给定截面圆锥直径公差 T_{DS} 形式标注。如图7-9所示，假定圆锥素线为理想直线，则应落在阴影范围内，圆锥素线的形状误差也应限制在其中。

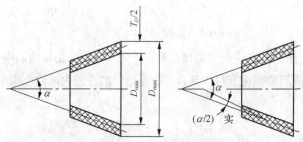

图7-8　公称圆锥角或锥度和圆锥直径公差

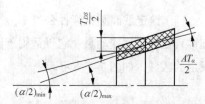

图7-9　圆锥角和给定截面圆锥直径公差

2．圆锥公差数值

（1）圆锥直径公差 T_D。以公称圆锥直径（一般取最大圆锥直径 D）为公称尺寸，按 GB/T 1800.3—1998 规定的标准公差选取。T_D 对整个圆锥上任意截面的直径都起作用。

（2）给定截面圆锥直径公差 T_{DS}。以给定截面圆锥直径为公称尺寸，按 GB/T 1800.3—1998 规定的标准公差选取。应注意 T_{DS} 只对给定的截面起作用。

（3）圆锥角公差 AT，用角度值 AT_α 或线性值 AT_D 给定。圆锥角公差共分12个公差等级，用 $AT1 \sim AT12$ 表示，其中 $AT1$ 最高，$AT12$ 最低，如 $AT6$ 表示6级圆锥角公差。各公差等级的圆锥角

公差见表 7-3。表中数值用于棱体角度时，以该角短边长度作为 L 选取公差值。

表 7-3　　　　　　　　　　　圆锥角公差数值表

公称圆锥长度 L（mm）		圆锥角公差等级								
		AT4			AT5			AT6		
		AT_α		AT_D	AT_α		AT_D	AT_α		AT_D
大于	至	μrad	（″）	μm	μrad	（′）（″）	μm	μrad	（′）（″）	μm
自 6	10	200	41	>1.3~2.0	315	1′05″	>2.0~3.2	500	1′43″	>3.2~5.0
10	16	160	33	>1.6~2.5	250	52″	>2.5~4.0	400	1′22″	>4.0~6.3
16	25	125	26	>2.0~3.2	200	41″	>3.2~5.0	315	1′05″	>5.0~8.0
25	40	100	21	>2.5~4.0	160	33″	>4.0~6.3	250	52″	>6.3~10.0
40	63	80	16	>3.2~5.0	125	26″	>5.0~8.0	200	41″	>8.0~12.5
63	100	63	13	>4.0~6.3	100	21″	>6.3~10.0	160	33″	>10.0~16.0
100	160	50	10	>5.0~8.0	80	16″	>8.0~12.5	125	26″	>12.5~20.0

公称圆锥长度 L（mm）		圆锥角公差等级								
		AT7			AT8			AT9		
		AT_α		AT_D	AT_α		AT_D	AT_α		AT_D
大于	至	μrad	（′）（″）	μm	μrad	（′）（″）	μm	μrad	（′）（″）	μm
自 6	10	800	2′45″	>5.0~8.0	1 250	4′18″	>8.0~12.5	2 000	6′25″	>12.5~20
10	16	630	2′10″	>6.3~10.0	1 000	3′26″	>10.0~16.0	1 600	5′30″	>16~25
16	25	500	1′43″	>8.0~12.5	800	2′45″	>12.5~20.0	1 250	4′18″	>20~32
25	40	400	1′22″	>10.0~16.0	630	2′10″	>16.0~20.5	1 000	3′26″	>25~40
40	63	315	1′05″	>12.5~20.0	500	1′43″	>20.0~32.0	800	2′45″	>32~50
63	100	250	52″	>16.0~25.0	400	1′22″	>25.0~40.0	630	2′10″	>40~63
100	160	200	41″	>20.0~32.0	315	1′05″	>32.0~50.0	500	1′43″	>50~80

圆锥角公差值按圆锥长度分尺寸段，其表示方法有以下两种。

① AT_α 以角度单位（微弧度、度、分、秒）表示锥角公差值（1 μrad 等于半径为 1 m，弧长为 1 μm 所产生的角度，5 μrad≈1″，300 μrad≈1′）。

② AT_D 以线值单位（μm）表示圆锥角公差值。在同一圆锥长度分段内，AT_D 值有两个，分别对应于 L 的最大值和最小值。

AT_α 和 AT_D 的关系如下：$AT_D = AT_\alpha \times L \times 10^{-3}$

式中，AT_D 的单位为μm，AT_α 的单位为μrad，L 的单位为 mm。

例如，当 L= 100 mm，AT_α 为 9 级时，查表 7-3 得 AT_α = 630 μrad 或 2′10″，AT_D = 63 μm。若 L = 80，AT_α 仍为 9 级，则按上式计算得 AT_D=（630×80×10^{-3}）μm = 50.4 μm≈50 μm。

常用的角度公差等级应用范围：4~6 级用于高精度的圆锥量规和角度样板；7~9 级用于工具圆锥、圆锥销、传递大扭矩的摩擦圆锥；10~11 级用于圆锥套、圆锥齿轮等中等精度零件；12 级用于低精度零件。

圆锥角的极限偏差可按单向或双向（对称或不对称）取值，如图 7-10 所示。

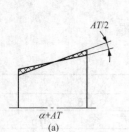
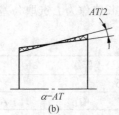
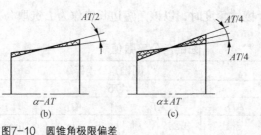

$\alpha+AT$ $\alpha-AT$ $\alpha\pm AT$
(a)   (b)   (c)

图7-10   圆锥角极限偏差

（4）圆锥的形状公差 T_F。圆锥形状公差一般由圆锥直径公差带限制而不单独给出。若需要，可给出素线的直线度公差和横截面上的圆度公差，或者标注圆锥的面轮廓度公差。显然，面轮廓度公差不仅控制素线直线度误差和截面的圆度误差，而且控制圆锥角偏差。

3. 圆锥直径公差所能限制的最大圆锥角公差

当圆锥公差按给出圆锥的理论正确圆锥角 α 和圆锥直径公差 T_D 所规定的方法给定时，推荐在圆锥直径的极限偏差后标注"⑦"符号，如：$\phi30\pm0.015$⑦。这时圆锥直径公差 T_D 具有综合性，即直径误差、锥角误差、表面形状误差均应控制在范围之内。在这种情况下，由圆锥直径公差 T_D 所能限制的最大圆锥角误差值$\Delta\alpha_{max}$ 见表 7-4，实际圆锥角允许在 $\alpha\pm\Delta\alpha_{max}$ 范围内变化，该表是在圆锥长度 L=100 mm 时给出的。当圆锥长度 L 不等于 100 mm 时，须将表中的值乘以 $100/L$，L 的单位为 mm。

表 7-4 L=100 mm 时圆锥直径公差 T_D 所限制的最大圆锥角误差$\Delta\alpha_{max}$ 单位：μrad

标准公差等级	圆锥直径（mm）												
	≤3	>3 ~6	>6 ~10	>10 ~18	>18 ~30	>30 ~50	>50 ~80	>80 ~120	>120 ~180	>180 ~250	>250 ~315	>315 ~400	>400 ~500
IT4	30	40	40	50	60	70	80	100	120	140	160	180	200
IT5	40	50	60	80	90	110	130	150	180	200	230	250	270
IT6	60	80	80	110	130	160	190	220	250	290	320	360	400
IT7	100	120	150	180	210	250	300	350	400	460	520	570	630
IT8	140	180	220	270	330	390	460	540	630	720	810	890	970
IT9	250	300	430	430	520	620	740	870	1 000	1 150	1 300	1 400	1 550
IT10	400	480	700	700	840	1 000	1 200	1 400	1 300	1 850	2 100	2 300	2 500

注：圆锥长度不等于 100 mm 时，须将表中的数值乘以 $100/L$，L 的单位为 mm。

7.2.3   圆锥的公差标注

1. 圆锥公差标注方法

圆锥的公差标注，应根据圆锥的功能要求和工艺特点选择公差项目。在图样上标注相配合的内、外圆锥的尺寸和公差时，内、外圆锥必须具有相同的公称圆锥角（公称锥度），标注直径公差的圆锥直径必须具有相同的基本尺寸。

圆锥公差标注可有 3 种方法。

（1）面轮廓度法。通常给定如下条件：给定圆锥角；给定锥度；给定圆锥轴向位置；与基准线有关等条件，如图 7-11 所示。

（2）基本锥度法。基本锥度法通常适用于有配合要求的结构型内、外圆锥。基本锥度法是表示圆锥要素尺寸与其几何特征具有相互从属关系的一种公差带的标注方法，即由两同轴圆锥面（圆锥要素的最大实体尺寸和最小实体尺寸）形成两个具有理想形状的包容面公差带。实际圆锥处处不得超越这两个包容面。因此，该公差带可控制圆锥直径的大小和圆锥角的大小，也可控制圆锥表面的形状。若有需要，可附加给出圆锥角公差和有关形位公差要求作进一步的控制。标注如图 7-12 所示。

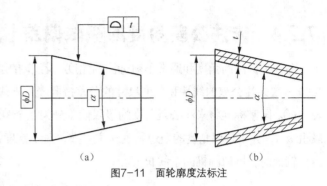

图7-11　面轮廓度法标注

（3）公差锥度法。公差锥度法仅适用于对某给定截面圆锥直径有较高要求的圆锥和密封及非配合圆锥。公差锥度法直接给定有关圆锥要素的公差，即同时给出圆锥直径公差和圆锥角公差，但不构成同轴圆锥面公差带的标注方法。此时，给定截面圆锥直径公差仅控制该截面圆锥直径偏差，不再控制圆锥角偏差，T_{DS} 和 AT 各自分别给定，分别满足要求，故按独立原则解释。若有需要，可附加给出有关形位公差要求作进一步控制。标注如图 7-13 所示，该圆锥的最大直径应由 $\phi D + T_D/2$ 和 $\phi D - T_D/2$ 确定；锥角应在 $24°30'$、$25°30'$、之间变化；圆锥素线直线度要求为 t。以上要求应独立考虑。

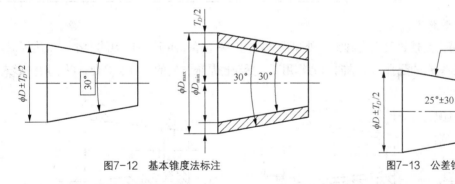

图7-12　基本锥度法标注　　　　　　　图7-13　公差锥度法标注

2．圆锥表面粗糙度标注

圆锥的表面粗糙度数值可参见表 7-5 选取。

表 7-5　　　　　　　　　　　圆锥的表面粗糙度推荐值

结合形式 表面	定心结合	紧密结合	固定结合	支撑轴	工具圆锥面	其　他
	粗糙度 R_a 不大于（μm）					
外表面	0.4～1.6	0.1～0.4	0.4	0.4	0.6	1.6～6.3
内表面	0.8～3.2	0.2～0.8	0.6	0.8	0.8	1.6～6.3

7.2.4 未注公差角度的极限偏差

图样上标注的角度和通常不须标注的角度，若未给出公差，则加工与检测时须按 GB/T 1804—2000 一般未注公差的线性和角度尺寸的公差按照表3 未注公差角度的极限偏差规定的要求执行（见表7-6）。国家标准将未注公差角度的极限偏差分为 3 个等级，即精密级 f（或中等级 m）、粗糙级 c、最粗级 v，并规定以角度的短边长度作主参数；对于锥度，当 α 较小时，可取公称长度 L 为边长；当 α 较大时，则取圆锥的素线长度。

表 7-6　　　　　　　　　　　　未注公差角度的极限偏差

公差等级	长度（mm）				
	≤10	≥10～50	≥50～120	≥120～140	≥400
f（精密级）	±1°	±30′	±20′	±10′	±5′
m（中等级）					
c（粗糙级）	±1°30′	±1°	±30′	±15′	±10′
v（最粗级）	±3°	±2°	±1°	±30′	±20′

7.3 圆锥配合

1. 圆锥配合的形式

圆锥配合的特点是通过改变内圆锥与外圆锥的轴向相对位置，可改变间隙的大小，以达到配合的目的。即使是很紧密的配合，在轴向力的作用下，拆卸也是很方便的。圆锥配合有以下两种形式。

（1）结构型圆锥配合。结构型圆锥配合是指由内、外圆锥的结构，或由内、外圆锥基准平面之间的尺寸（简称基面距）确定装配后的最终轴

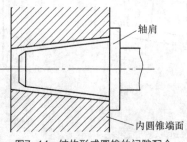
图7-14　结构形成圆锥的间隙配合

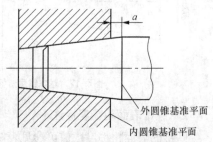
图7-15　基面距形成圆锥的过盈配合

向位置，从而得到的配合。图 7-14 所示的是依靠外圆锥的轴肩与内圆锥端面的接触，使两者的轴向位置确定而得到的间隙配合。图 7-15 所示的是通过基面距 a（外圆锥基准平面与内圆锥基准平面之间的轴向距离）来确定两者的轴向位置而获得的过盈配合。

由于结构型圆锥配合的内、外圆锥轴向相对位置是固定的，因而它们的性质就取决于内、外圆锥的直径公差带。其极限间隙或极限过盈以及配合公差的计算与光滑圆柱配合相同。

（2）位移型圆锥配合。位移型圆锥配合是指通过规定内、外圆锥的轴向相对位移或产生位移的轴向力的大小，来确定内、外圆锥的轴向位置，以获得预定的配合。图 7-16 所示的圆锥配合，由实际初始位置 P_a（内、外圆锥不受轴向力的情况下相接触的位置）开始，内圆锥作一定的轴向位移

E_a，达到终止位置 P_f，即可获得预定的配合。图 7-17 所示的圆锥配合，则是由初始位置 P_a 开始，对内圆锥施加一定的装配轴向力 F，使内圆锥产生轴向位移至终止位置 P_f，即可获得预定的配合。该方法只能获得过盈配合。

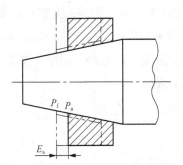

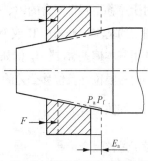

图 7-16　轴向位移形成圆锥的间隙配合　图 7-17　施加装配力形成圆锥的过盈配合

对于位移型圆锥配合，其直径方向的配合公差仍由间隙或过盈的变动量所决定，但间隙或过盈量的大小，主要取决于位移量 E_a，这是它与结构型圆锥配合的本质区别。

2．圆锥配合的种类

圆锥配合的种类有过渡（紧密）配合、间隙配合和过盈配合。

（1）过渡（紧密）配合。这类配合具有良好的密封性，可以防止漏气和漏水，例如，在内燃机中气阀与气阀座的配合。为了使配合圆锥面接触紧密，在加工时，内、外圆锥应成对研磨，因此这类配合的圆锥一般都无互换性。

（2）间隙配合。此类配合具有间隙，而且在装配和使用过程中，可借助内圆锥与外圆锥的轴向移动来调整间隙的大小。例如，车床主轴圆锥轴颈与圆锥轴承衬套的配合。

（3）过盈配合。这种配合具有过盈，用于传递扭矩。例如，钻头、铰刀、铣刀的锥柄与机床主轴锥孔的配合。此配合具有自锁性好、装拆方便等优点。

3．圆锥配合的一般规定

无论结构型圆锥配合还是位移型圆锥配合，内、外圆锥通常都按第一种方法给定公差，即给出理论正确的圆锥角和圆锥直径公差带。

（1）结构型圆锥配合。由于结构型圆锥配合轴向相对位置是固定的，其配合性质主要取决于内、外圆锥的直径公差带，选择、计算与光滑圆柱的配合类同。

① 公差等级的确定。按《极限与配合》选取公差等级。由于结构型圆锥配合直径配合公差带，直接影响间隙或过盈的变动，因此，内、外圆锥的直径公差等级一般应不低于 IT9。

② 基准制的确定。国标推荐优先采用基孔制，即内圆锥直径的基本偏差选定 H。

③ 配合的确定。当采用基孔制时，外圆锥的基本偏差是决定配合性质的主要因素。因此，可根据允许极限间隙或过盈的大小，确定外圆锥直径的基本偏差，从而确定其配合。

圆锥配合的公差带也可以从《极限与配合》规定的常用和优先配合中选定。当圆锥配合的接触精度要求较高时，可给出圆锥角公差和圆锥形状公差，其数值可以从表 7-3 的相应表格中选择，但其数值应小于圆锥的直径公差。

（2）位移型圆锥配合。位移型圆锥配合的配合性质，是由轴向位移或轴向装配力决定的，因而圆锥直径公差带不影响其配合性质，但影响初始位置、位移公差（允许位移的变动量）、基面距和接触精度，因此，位移型圆锥配合的公差等级也不能选择太低。

对于位移型圆锥配合的内、外圆锥直径的极限偏差，国家标准推荐采用单向分布或双向分布，即内圆锥的基本偏差采用 H 或 JS，外圆锥的基本偏差采用 h 或 js。对于没有配合要求的内、外圆锥，推荐选用基本偏差 JS 或 js。例如内圆锥最大直径为 $\phi40$，无配合要求，可选用 $\phi40$JS10（±0.05 mm）。

轴向极限位移及位移公差的计算公式如下。

对于间隙配合：
$$E_{a\max} = \frac{X_{\max}}{C} \qquad E_{a\min} = \frac{X_{\min}}{C}$$

对于过盈配合：
$$E_{a\max} = \frac{Y_{\max}}{C} \qquad E_{a\min} = \frac{Y_{\min}}{C}$$

轴向位移公差：
$$T_E = E_{a\max} - E_{a\min}$$

小结

本章讲述了圆锥配合的特点、基本参数和圆锥配合的基本要求；圆锥公差项目；圆锥标注的形式；圆锥配合的种类和锥度、角度的检测。

圆锥配合的特点：可以自动定心，能快速装拆；圆锥配合的间隙和过盈，可随内、外圆锥体的轴向相互位置不同而得到调整，延长配合的使用寿命；具有较好的自锁性和密封性。介绍了圆锥的公称直径（D，d）、公称圆锥长度（L）、公称圆锥角（α）和圆锥度（C）等基本参数和圆锥配合的基本要求。

圆锥公差项目包括圆锥直径公差 T_D、圆锥角公差 AT（用角度值 AT_α 或线性值 AT_D 给定）、圆锥的形状公差 T_F 和给定截面圆锥直径公差 T_{DS}。

圆锥配合的种类分为紧密、间隙和过盈配合 3 种。

圆锥标注的形式：（1）按圆锥直径公差 T_D 和公称圆锥角 α（或锥度 C）形式标注；（2）按圆锥角公差 AT 和给定截面圆锥直径公差 T_{DS} 形式标注。公差的标注方法分为面轮廓度法、基本锥度法和公差锥度法。

练习题

1. 简答题

（1）圆锥结合的公差与配合有哪些特点？

（2）圆锥的 4 个基本参数：圆锥的公称直径（D，d）、公称圆锥长度（L）、公称圆锥角（α）和圆锥度（C），在图样上标注时有几种组合。

（3）圆锥公差的给定方法有哪几种？它们各适用于什么样的场合？

（4）为什么钻头、铰刀、铣刀的尾柄与机床主轴孔连接多用圆锥结合？

2. 应用题

（1）有一个外圆锥，已知最大圆锥直径 D_e=30 mm，最小圆锥直径 d_e=10 mm，圆锥长度 L=100 mm，求其锥度和圆锥角。

（2）已知内圆锥的最大直径 D_i=23.825 mm，最小直径 d_i=20.2 mm，锥度 C=1：19.992，基本圆锥长度 L=120 mm，其直径公差为 H8，查表确定内圆锥直径公差 T_D 所限制的最大圆锥角误差 $\Delta\alpha_{\max}$。

第8章

| 螺纹结合的公差与配合 |

【学习目标】

1. 了解螺纹结合的种类及使用要求。
2. 掌握普通螺纹的基本几何参数。
3. 理解普通螺纹主要几何参数的误差及其对螺纹使用要求的影响，作用中径的概念。
4. 掌握普通螺纹的公差标准及其应用。
5. 了解普通螺纹的图样标注。

 **螺纹及几何参数特性**

| 8.1.1　普通螺纹的基本牙型及几何参数 |

螺纹结合是机械制造业中广泛使用的一种结合形式，按不同用途分为连接螺纹和传动螺纹。

（1）连接螺纹。也叫紧固螺纹，其基本牙型是三角形。用于连接或紧固零件，如普通螺纹和管螺纹等。对普通螺纹连接的要求是可旋入性和连接的可靠性等；对管螺纹连接的要求是可密封性和连接的可靠性等。

可旋入性指同规格的内、外螺纹件在装配时，不经挑选就能在给定的轴向长度内全部旋合。

连接可靠性指用于连接和紧固时，应具有足够的连接强度和紧固性，确保机器或装置的使用性能。

（2）传动螺纹：用于传递动力或运动，其基本牙型主要有梯形、矩形，如丝杠螺杆等。对传动螺纹要求传动准确、可靠，螺牙接触性能好、耐磨性好等。

本章只讨论连接用的普通螺纹。

1. 普通螺纹的基本牙型

普通螺纹的基本牙型是指 GB/T 14791—93《螺纹术语》中所规定的具有螺纹基本尺寸的牙型，如图 8-1 所示，基本牙型定义在螺纹的轴剖面上。

基本牙型是指按规定将原始三角形削去一部分后获得的牙型。内、外螺纹的大径、中径、小径的基本尺寸都定义在基本牙型上。

2. 普通螺纹的几何参数

（1）原始三角形高度 H。指原始等边三角形顶点到底边的垂直距离。

（2）大径 D 或 d。它是与内螺纹牙底或外螺纹牙顶相重合的假想圆柱体直径。国家标准规定米制普通螺纹大径的基本尺寸为螺纹公称直径。

（3）小径 D_1 或 d_1。是与内螺纹牙顶或外螺纹牙底相重合的假想圆柱体直径。

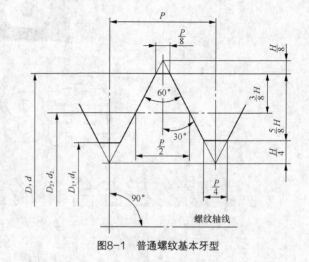

图8-1 普通螺纹基本牙型

（4）中径 D_2 或 d_2。为一假想圆柱体直径，其母线在 $\dfrac{H}{2}$ 处，在此母线上牙体与牙槽宽度相等。

（5）单一中径。指螺纹的牙槽宽度等于基本螺距一半处所在的假想圆柱的直径。当无螺距偏差时，单一中径与中径一致。单一中径在实际螺纹上可以测得，它代表螺纹中径的实际尺寸。

（6）螺距 P。相邻两牙在中径母线上对应两点间的轴向距离。

（7）牙型角 α。在螺纹牙型上相邻两牙侧间的夹角，对于米制普通螺纹 $\alpha = 60°$。

（8）牙型半角 $\dfrac{\alpha}{2}$。牙型角的一半，米制普通螺纹 $\dfrac{\alpha}{2} = 30°$。

（9）牙型高度 h。指螺纹牙顶与牙底间的垂直距离，$h = \dfrac{5}{8}H$。

（10）螺纹旋合长度 L。指两相配合螺纹沿螺纹轴线方向相互旋合部分的长度，如图 8-2 所示。

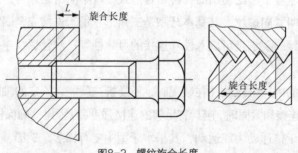

图8-2 螺纹旋合长度

8.1.2 螺纹几何参数误差对螺纹互换性的影响

影响螺纹互换性的主要因素有螺距误差、牙型半角误差、中径误差等。

1. 螺距误差

螺距误差包括局部误差和累积误差，后者与旋合长度有关，是主要影响因素。当内、外螺纹旋合时，由于螺距有误差，造成在旋合长度上产生螺距累积误差ΔP_Σ，使两者旋合时发生干涉。现以图 8-3 所示说明螺距累积误差对互换性的影响。

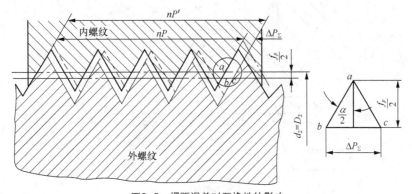

图8-3　螺距误差对互换性的影响

为了便于分析，假定内螺纹具有理想牙型（基本牙型、中径、牙型半角和螺距均无误差），图中用粗实线表示。外螺纹的中径和牙型半角与理想的内螺纹相同，但存在螺距误差，图 8-3 中用虚线表示。假定在几个螺距长度上有螺距累积误差时，会造成内螺纹与外螺纹的轮廓发生干涉而无法旋合。在实际生产中，为了使有螺距误差的外螺纹可旋入理想的内螺纹中，一般把外螺纹中径减小一个 f_p 数值，使其轮廓如图 8-3 中细实线所示，保证其能自由旋入内螺纹。此螺距误差相当于使外螺纹中径增大一个 f_p 值，此 f_p 叫做螺距误差的中径补偿值，也称螺距误差的中径当量。

在 $\triangle abc$ 中，$f_p = |\Delta P_\Sigma| \cot \dfrac{\alpha}{2}$，由于普通螺纹的 $\alpha = 60°$，因而可得 $f_p = 1.732|\Delta P_\Sigma|$。同理，当内螺纹有螺距误差时，此螺距误差相当于使内螺纹中径减小一个 f_p 值。

2. 牙型半角误差

如果牙型半角有误差，内、外螺纹在旋合时将发生干涉，现以图 8-4 所示说明牙型半角误差对螺纹互换性的影响。

为了分析问题方便，假设内、外螺纹的中径和螺距均无误差，内螺纹左、右半角均无误差，而外螺纹的左半角误差$\Delta \dfrac{\alpha}{2}_{(左)} < 0$，右半角误差$\Delta \dfrac{\alpha}{2}_{(右)} > 0$。由图 8-4 所示可知，由于外螺纹存在半角误差，当它与具有理想牙型的内螺纹旋合时，将发生干涉（用阴影示出）。为了让一个有半角误差的外螺纹能旋入内螺纹中，须将外螺纹的中径减小一个量，该量称为半角误差的中径当量 $f_{\frac{\alpha}{2}}$。这样，阴影所示的干涉区就会消失，从而保证了螺纹的可旋合性。由图 8-3 中的几何关系，可以推导出在一定的半角误差情况下，外螺纹牙型半角误差的中径当量 $f_{\frac{\alpha}{2}}$ 的计算公式（推导过程略）为

$$f_{\frac{\alpha}{2}} = 0.073P[K_1 \, | \, \Delta\frac{\alpha}{2}_{(左)} \, | + K_2 \, | \, \Delta\frac{\alpha}{2}_{(右)} \, |]$$

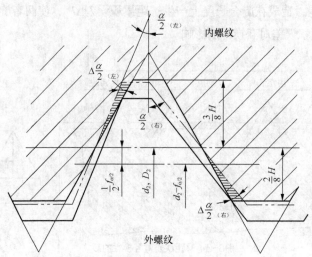

图8-4　半角误差对螺纹可旋合性的影响

式中：P——螺距（mm）；

　　　$\Delta\dfrac{\alpha}{2}_{(左)}$——左半角误差（′）；

　　　$\Delta\dfrac{\alpha}{2}_{(右)}$——右半角误差（′）；

　　　K_1、K_2——选取系数。

上式是一个通式，是以外螺纹存在半角误差时推导出来的。当假设外螺纹具有理想牙型，而内螺纹存在半角误差时，就需要将内螺纹的中径加大一个 $f_{\alpha/2}$，所以上式对内螺纹同样适用。关于 K_1、K_2 的取值见表 8-1。

表8-1　　　　　　　　　　　　　K_1、K_2 的取值

内　螺　纹				外　螺　纹			
$\Delta\dfrac{\alpha}{2}_{(左)} > 0$	$\Delta\dfrac{\alpha}{2}_{(右)} < 0$	$\Delta\dfrac{\alpha}{2}_{(右)} > 0$	$\Delta\dfrac{\alpha}{2}_{(右)} < 0$	$\Delta\dfrac{\alpha}{2}_{(左)} > 0$	$\Delta\dfrac{\alpha}{2}_{(左)} < 0$	$\Delta\dfrac{\alpha}{2}_{(右)} > 0$	$\Delta\dfrac{\alpha}{2}_{(右)} < 0$
K_1		K_2		K_1		K_2	
3	2	3	2	2	3	2	3

3.作用中径及中径误差对互换性的影响

螺纹中径也会存在制造误差，当外螺纹中径比内螺纹中径大时，就会影响螺纹的旋合性，反之，则使配合过松而影响螺纹连接的可靠性和紧密性，因此，对中径误差必须加以限制。

根据前面的分析，当外螺纹有了螺距误差及牙型半角误差时，只能与一个中径较大的内螺纹旋合，其效果相当于外螺纹的中径增大了。这个增大的假想中径叫外螺纹的作用中径 D_{2m}，它等于外

螺纹的实际中径 D_{2a} 与螺距误差 f_p 及牙型半角误差的中径补偿值 $f_{\frac{\alpha}{2}}$ 之和，即 $D_{2m} = D_{2a} + (f_p + f_{\frac{\alpha}{2}})$。

同样，当内螺纹有了螺距误差及牙型半角误差时，只能与一个中径较小的外螺纹旋合，其效果相当于内螺纹的中径减小了。这个减小的假想中径叫内螺纹的作用中径 D_{2m}，它等于内螺纹的实际中径 D_{2a} 与螺距误差 f_p 及牙型半角误差的中径补偿值 $f_{\frac{\alpha}{2}}$ 之差，即 $D_{2m} = D_{2a} - (f_p + f_{\frac{\alpha}{2}})$。

对于普通螺纹，没有单独规定螺距及牙型半角的公差，只规定了一个中径公差（T_{D2}、T_{d2}）。

中径公差是衡量螺纹互换性的主要指标。判断螺纹中径合格性应遵循泰勒原则，即实际螺纹的作用中径不能超出最大实体牙型的中径，而实际螺纹上任何部位的单一中径不能超出最小实体牙型的中径。

对于外螺纹：作用中径不大于中径最大极限尺寸，单一中径不小于中径最小极限尺寸，即

$$d_{2m} \leqslant d_{2\max}, d_{2\text{单一}} \geqslant d_{2\min}$$

对于内螺纹：作用中径不小于中径最小极限尺寸，单一中径不大于中径最大极限尺寸，即

$$D_{2m} \geqslant D_{2\min}, D_{2\text{单一}} \leqslant D_{2\max}$$

有些测量方法如用工具显微镜测量，测得的是螺纹的实际中径，在此情况下，可用实际中径近似代替单一中径。

普通螺纹的公差与配合

螺纹公差制的基本结构由公差等级和基本偏差系列组成的。螺纹公差带和旋合长度组成螺纹公差等级，分为精密级、中等级和粗糙级三级。国家标准中没有对普通螺纹的牙型误差和螺距累积误差制定极限误差或公差，而是用中径公差进行控制。

8.2.1　普通螺纹的公差等级

普通螺纹公差带包括公差等级和基本偏差。国家标准 GB/T197—2003 对内、外螺纹规定了不同的公差等级。普通螺纹的公差等级如表 8-2 所示。

表 8-2　　　　　　　　　　　　　　螺纹公差等级

螺 纹 直 径	公 差 等 级	螺 纹 直 径	公 差 等 级
内螺纹小径 D_1	4、5、6、7、8	外螺纹小径 d_1	4、6、8
内螺纹中径 D_2	4、5、6、7、8	外螺纹中径 d_2	3、4、5、6、7、8、9

内螺纹的小径、中径，外螺纹的大径、中径可分别选不同的公差等级，一般以 6 级为基本级。表 8-3 给出普通螺纹的公称直径和螺距，表 8-4 给出普通螺纹公称尺寸。内、外螺纹的公差值可根据螺距及公差等级分别查表 8-5～表 8-7。

表 8-3 普通螺纹的公称直径和螺距 单位：mm

公称直径 D、d			螺距 P					
第一系列	第二系列	第三系列	粗牙	细 牙				
10			1.5	1.25	1	0.75	（0.5）	
		11	（1.5）		1	0.75	（0.5）	
12			1.75	1.5	1.25	1	（0.75）	（0.5）
	14		2	1.5	1.25	1	（0.75）	（0.5）
		15		1.5		（1）		
16			2	1.5		1	（0.75）	（0.5）
		17		1.5		（1）		
	18		2.5	2	1.5	1	（0.75）	（0.5）
20			2.5	2	1.5	1	（0.75）	（0.5）
	22		2.5	2	1.5	1	（0.75）	（0.5）
24			3	2	1.5	1	（0.75）	
		25		2	1.5	（1）		
		26			1.5			
	27		3	2	1.5	1	（0.75）	
		28		2	1.5	1		
30			3.5	（3）	2	1.5	1	（0.75）
		32			2	1.5		
	33		3.5	（3）	2	1.5	（1）	（0.75）
		35				1.5		
36			4	3	2	1.5	（1）	

表 8-4 普通螺纹公称尺寸 单位：mm

公称直径 D、d	螺距 P	中径 D_2 或 d_2	小径 D_1 或 d_1	公称直径 D、d	螺距 P	中径 D_2 或 d_2	小径 D_1 或 d_1
20	2.5	18.376	17.294	30	3.5	27.727	26.211
	2	18.701	17.835		2	28.701	27.835
	1.5	19.026	18.376		1.5	29.026	28.376
	1	19.350	18.917		1	29.350	28.917
24	3	22.051	20.752	36	4	33.402	31.670
	2	22.701	21.835		3	34.051	32.752
	1.5	23.026	22.376		2	34.701	33.835
	1	23.350	22.917		1.5	35.026	34.376

表 8-5　　　　　　　　　内螺纹小径公差 T_{D1}、外螺纹大径公差 T_d　　　　　　单位：μm

螺距 P (mm)	内螺纹小径公差 T_{D1}					外螺纹的大径公差 T_d		
	公差等级					公差等级		
	4	5	6	7	8	4	6	8
0.5	90	112	140	180	—	67	106	—
0.6	100	125	160	200	—	80	125	—
0.7	112	140	180	224	—	90	140	—
0.75	118	150	190	236	—	90	140	—
0.8	125	160	200	250	315	95	150	236
1	150	190	236	300	375	112	180	280
1.25	170	212	265	335	425	132	212	335
1.5	190	236	300	375	475	150	236	375
1.75	212	265	335	425	530	170	265	425
2	236	300	375	475	600	180	280	450
2.5	280	355	450	560	710	212	335	530
3	315	400	500	630	800	236	375	600

表 8-6　　　　　　　　　　　　内螺纹中径公差 T_D　　　　　　　　　　　单位：μm

公称直径 D（mm）		螺距 P (mm)	等级公差				
>	≤		4	5	6	7	8
5.6	11.2	0.5	71	90	112	140	—
		0.75	85	106	132	170	—
		1	95	118	150	190	236
		1.25	100	125	160	200	250
		1.5	112	140	180	224	280
11.2	22.4	0.5	75	95	118	150	—
		0.75	90	112	140	180	—
		1	100	125	160	200	250
		1.25	112	140	180	224	280
		1.5	118	150	190	236	300
		1.75	125	160	200	250	315
		2	132	170	212	265	335
		2.5	140	180	224	280	355
22.4	45	0.75	95	118	150	190	—
		1	106	132	170	212	—
		1.5	125	160	200	250	315
		2	140	180	224	280	355
		3	170	212	265	335	425
		3.5	180	224	280	355	450
		4	190	236	300	375	415
		4.5	200	250	315	400	500

表 8-7　　　　　　　　　　　　外螺纹中径公差 T_{d2}　　　　　　　　单位：μm

公称直径 D（mm）		螺距 P（mm）	公差等级						
>	≤		3	4	5	6	7	8	9
5.6	11.2	0.5	42	53	67	85	106	—	—
		0.75	50	63	80	100	125	—	—
		1	56	71	90	112	140	180	224
		1.25	60	75	95	118	150	190	236
		1.5	67	85	106	132	170	212	295
11.2	22.4	0.5	45	56	71	90	112	—	—
		0.75	53	67	85	106	132	—	—
		1	60	75	95	118	150	190	236
		1.25	67	85	106	132	170	212	265
		1.5	71	90	112	140	180	224	280
		1.75	75	95	118	150	190	236	300
		2	80	100	125	160	200	250	315
		2.5	85	106	132	170	212	265	335
22.4	45	0.75	56	71	90	112	140	—	—
		1	63	80	100	125	160	200	250
		1.5	75	95	118	150	190	236	300
		2	85	106	132	170	212	265	335
		3	100	125	160	200	250	315	400
		3.5	106	132	170	212	265	335	425
		4	112	140	180	224	280	355	450
		4.5	118	150	190	236	300	375	475

对内螺纹的大径和外螺纹的小径不规定具体公差数值，只规定不得超过按基本偏差所确定的最大实体牙型。

8.2.2　普通螺纹的基本偏差——公差带位置

螺纹公差带以基本牙型轮廓为零线，沿着牙型的牙侧、牙顶和牙底分布，并在垂直于螺纹轴线方向上计量大径、中径的偏差和公差。公差带由螺纹公差等级和基本偏差决定，如图 8-5 所示。

GB/T 197—2003 规定外螺纹的上偏差 es 和内螺纹的下偏差 EI 为基本偏差。内螺纹的中径、小径规定采用 G、H 两种基本偏差，如图 8-6（a）、图 8-6（b）所示。外螺纹的中径、大径规定采用 e、f、g、h 四种基本偏差，如图 8-6（c）、图 8-6（d）所示。

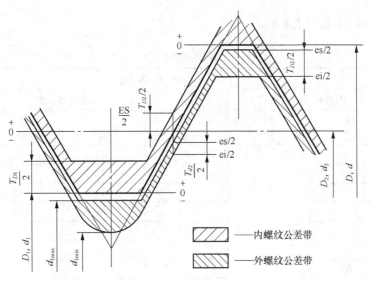

ES、EI—内螺纹上、下偏差　　es、ei—外螺纹上、下偏差　　T_D、T_d—内、外螺纹公差

图8-5　螺纹公差带

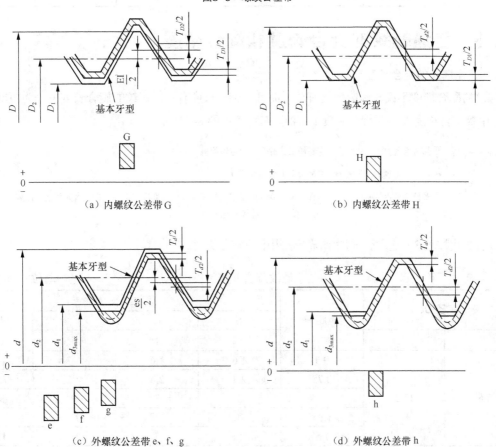

（a）内螺纹公差带 G　　　　　　　　　　　　（b）内螺纹公差带 H

（c）外螺纹公差带 e、f、g　　　　　　　　　　（d）外螺纹公差带 h

图8-6　内、外螺纹公差带位置

T_{D1}—内螺纹小径公差　　T_{D2}—内螺纹中径公差　　T_d—外螺纹大径公差　　T_{d2}—外螺纹中径公差

内、外螺纹基本偏差值见表 8-8。

表 8-8　　　　　　　　　　　　内、外螺纹基本偏差　　　　　　　　　　单位：μm

螺距 P（mm）	基本偏差					
	内螺纹 D_2、D_1		外螺纹 d、d_2			
	G EI	H EI	e es	f es	g es	h es
1	+26		−60	−40	−26	
1.25	+28		−63	−42	−28	
1.5	+32		−67	−45	−32	
1.75	+34		−71	−48	−34	
2	+38	0	−71	−52	−38	0
2.5	+42		−80	−58	−42	
3	+48		−85	−63	−48	
3.5	+53		−90	−70	−53	
4	+60		−95	−75	−60	

8.2.3　普通螺纹的旋合长度和配合精度

1. 普通螺纹的旋合长度

螺纹的配合精度不仅与制造精度有关，而且与旋合长度有关。螺纹的旋合长度可分为短旋合长度 S、中等旋合长度 N 和长旋合长度 L 3 种。其特点如图 8-7 所示。

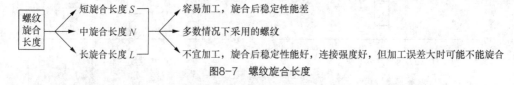

图8-7　螺纹旋合长度

旋合长度按表 8-9 选取，一般情况下选用中等旋合长度。

表 8-9　　　　　　　　　　　　螺纹旋合长度　　　　　　　　　　单位：mm

公称直径 D、d		螺距 P	旋 合 长 度			
			S	N		L
>	≤		≤	>	≤	>
		0.5	1.6	1.6	4.7	4.7
		0.75	2.4	2.4	7.1	7.1
5.6	11.2		3	3	9	9
		1.25	4	4	12	12
		1.5	5	5	15	15
		0.5	1.8	1.8	5.4	5.4
11.2	22.4	0.75	2.7	2.7	8.1	8.1
		1	3.8	3.8	11	11

续表

公称直径 D、d		螺距 P	旋 合 长 度			
>	≤		S	N		L
			≤	>	≤	>
		1.25	4.5	4.5	13	13
		1.5	5.6	5.6	16	16
11.2	22.4	1.75	6	6	18	18
		2	8	8	24	24
		2.5	10	10	30	30
		0.75	3.1	3.1	9.4	9.4
		1	4	4	12	12
		1.5	6.3	6.3	19	19
		2	8.5	8.5	25	25
22.4	45	3	12	12	36	36
		3.5	15	15	45	45
		4	18	18	53	53
		4.5	21	21	63	63

2．普通螺纹的配合精度

根据使用场合，螺纹的配合精度可分为精密级、中等级和粗糙级 3 种等级。它们的使用范围如下。

精密级：用于精密螺纹及要求配合性质变动较小的连接。

中等级：用于一般螺纹连接。

粗糙级：用于要求不高或制造比较困难的螺纹，如盲孔螺纹等。

内、外螺纹可组成 H/h、H/g 和 G/h 等配合。H/h 配合最小间隙为零，通常均采用此种配合。H/g 和 G/h 的配合具有保证间隙，常用于要求装拆方便、高温下工作及需镀较薄保护层的场合。对需镀较厚保护层的螺纹还可选用 H/f、H/e 等配合。

8.2.4　普通螺纹标注

完整的螺纹标注有螺纹特征代号、尺寸代号、公差带代号及其他必要的说明信息，如图 8-8 所示。

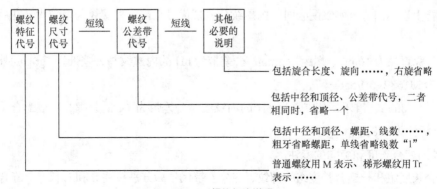

图8-8　螺纹标注说明

螺纹具体的标注方法说明如下。

1. 普通螺纹特征代号

普通螺纹特征代号用 M 表示。单线螺纹的尺寸代号为"公称直径×螺距"，公称直径和螺距数值的单位为 mm。对粗牙普通螺纹省略"螺距"项。

例如，公称直径为 10mm，螺距为 1mm 的单线细牙螺纹，标记为 M10×1。

公称直径为 10mm，螺距为 1.25mm 的单线粗牙螺纹，标记为 M10。

多线螺纹的尺寸代号为"公称直径×Ph（导程）P（螺距）"，公称直径、导程和螺距数值的单位为 mm。如果要进一步表明螺纹线数，在后面增加括号说明。

例如，公称直径为 18mm、螺距为 1.5mm、导程为 3mm 的双线螺纹，标记为 M18×1Ph3P1.5。

2. 公差带代号

（1）公差带代号包含中径公差带代号和顶径公差带代号，中径公差带代号在前，顶径公差带代号在后。各直径的公差带代号由表示公差等级的数值和表示公差带位置的字母（内螺纹用大写字母，外螺纹用小写字母）组成。如果中径公差带代号和顶径公差带代号相同，则只标注一个公差带代号。螺纹尺寸代号与公差带间用"—"分开。

例如，中径公差带为 5g、顶径公差带为 6g 的外螺纹，标记为 M18×1—5g6g。

中径公差带和顶径公差带为 6g 的粗牙外螺纹，标记为 M18—6g。

中径公差带为 5H、顶径公差带为 6H 的内螺纹，标记为 M18×1—5H6H。

中径公差带和顶径公差带为 6H 的粗牙内螺纹，标记为 M18—6H。

（2）在下列情况下，中等公差精度螺纹不标注其公差带代号。

内螺纹　5H　　公称直径≤1.4 mm 时，

　　　　6H　　公称直径≥1.6 mm 时；

外螺纹　6h　　公称直径≤1.4 mm 时，

　　　　6g　　公称直径≥1.6 mm 时。

例如，中径公差带和顶径公差带为 6g、中等公差精度的粗牙外螺纹标记为 M1.0。中径公差带和顶径公差带为 6H、中等公差精度的粗牙内螺纹标记为 M1.0。

3. 装配图样标注

装配图样上表示内、外螺纹配合时，内螺纹公差带代号在前，外螺纹公差带代号在后，中间用斜线分开。

例如，公称直径为 16mm、螺距为 2mm、公差带为 6H 的内螺纹与公差带为 5g6g 的外螺纹组成配合，标注为 M16×2—6H/5g6g。

公称直径为 8mm、粗牙、公差带为 6H 的内螺纹与公差带为 6g 的外螺纹组成配合（中等公差精度等级），标注为 M8。

4. 螺纹的旋合长度和旋向的标注

对短旋合长度组和长旋合长度组的螺纹，在公差带代号后分别标注 S 和 L 代号。旋合长度代号与公差带间用"—"号分隔。中等旋合长度组的螺纹不标注旋合长度代号 N。

例如，公称直径为 22mm、短旋合长度的内螺纹的标注为 M22×2—5H—S。

公称直径为 8mm、长旋合长度的内、外螺纹的标注为 M8—7H/7g6g—L。

公称直径为 6mm、中等旋合长度的外螺纹（中等精度的 6g 公差带，粗牙）的标注为 M6。

5．旋合长度代号标注

左旋螺纹应在旋合长度代号之后标注 LH。旋合长度代号与旋向代号用"—"号分隔。右旋螺纹不标注旋向。

例如，左旋螺纹 M8×1—LH（公差带代号和旋合长度代号被省略）。

M6×0.75—5h6h—S—LH。

M14×Ph6P2—7H—L—LH。

右旋螺纹 M18（螺距、公差带代号、旋合长度代号和旋向代号被省略）。在图样上标注螺纹应标在螺纹的大径尺寸线上。

螺纹连接的种类、使用要求及主要几何参数；螺纹连接的使用要求是可旋入性和连接可靠性；普通螺纹的主要几何参数：大径 D 或 d、小径 D_1 或 d_1、中径 D_2 或 d_2、螺距 P、牙型角 α、牙型半角 $\frac{\alpha}{2}$ 等，是影响互换性的主要参数；主要几何参数的误差包括螺距误差、牙型半角误差、中径误差等，要理解几何参数误差对螺纹使用要求的影响。

外螺纹存在螺距误差和牙侧角误差，相当于外螺纹的中径增大了；内螺纹存在螺距误差和牙侧角误差，相当于外螺纹的中径减小了，因此，控制作用中径就间接地控制了螺距偏差和牙侧角偏差。作用中径是实际中径与螺距误差和牙侧角误差的中径当量之和。

外螺纹的作用中径为：$D_{2m} = D_{2a} + \left(f_p + f_{\frac{\alpha}{2}} \right)$

内螺纹的作用中径为：$D_{2m} = D_{2a} - \left(f_p + f_{\frac{\alpha}{2}} \right)$

国家标准对普通螺纹的公差带进行了规定：普通螺纹的公差带由构成公差带大小的公差等级和确定公差带位置的基本偏差所组成。对内、外螺纹的中径、顶径规定了不同的公差等级。对内螺纹规定了代号为 G、H 的两种基本偏差，对外螺纹规定了代号为 e、f、g、h 的 4 种基本偏差，国家标准还规定了普通螺纹的图样标记代号，要重点掌握、熟记。

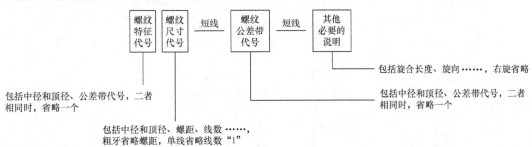

1．填空题

（1）普通螺纹牙型半角的基本值为_____。

（2）影响螺纹旋合性的主要因素是_____、螺距误差和牙侧角偏差。

（3）普通螺纹的螺距累积误差由其_____控制；用来控制普通螺纹的牙型角偏差的是_____。

（4）螺纹按用途可分为_____和_____两大类。

（5）用螺纹量规检验螺纹单一中径、螺距和牙侧角实际值的综合结果是否合格属于_____测量。

（6）标准规定将螺纹的旋合长度分为三种，即_____、_____和_____。

（7）普通螺纹的大径是指与外螺纹_____或内螺纹_____相切的_____的直径。

（8）对外螺纹而言，大径用_____表示。标准规定，对一般、普通螺纹，大径即为其_____。

（9）导程是指_____上相邻两牙在_____线上对应两点间的_____距离。

（10）对单线螺纹，导程等于_____；对多线螺纹，导程等于_____与_____的乘积

（11）螺纹_____与_____组成螺纹精度等级，螺纹精度分_____、_____和_____三级。

（12）通端螺纹量规检验螺纹的_____，止端螺纹量规控制螺纹的_____。

2．简答题

（1）普通螺纹结合的基本要求是什么？

（2）影响螺纹互换性的因素有哪些？对这些因素如何控制？

（3）螺纹检测分为哪两大类？各有什么特点？

（4）试解释普通螺纹代号各符号的含义。

M36×2-5g6g-S；   T48×12LH-7；

M24×2-5g6g；   M24×2-5H6H-L；

M10×1 左-6H；   M30-6H/6g。

3．应用题

查表确定 M16-6H/6g 的内、外螺纹中径、顶径的极限偏差，并计算其极限尺寸。

Chapter 9

第9章

| 滚动轴承的公差与配合 |

【学习目标】

1. 掌握滚动轴承公差的基本概念。
2. 掌握滚动轴承内、外圈结合面公差带的特点。
3. 理解滚动轴承与轴、外壳孔的配合及其选用。

概述

    滚动轴承是机械制造业中应用极为广泛的一种标准支承件。它一般由外圈、内圈、滚动体（钢球或滚子）和保持架所组成。滚动轴承具有减磨、承受径向载荷、轴向载荷或径向与轴向联合载荷，并起到对机械零、部件相互间位置进行定位的功能，如图9-1 所示。滚动轴承安装在机器上，其内圈与轴颈配合，外圈与外壳孔配合，它的工作性能与使用寿命不仅与本身的制造精度有关，还与其轴颈及外壳孔之间的配合等因素有关。轴承按其滚动体的种类可分为：球轴承、圆柱或圆锥滚子轴承和滚针轴承；按其所能承受的载荷方向不同又可分为向心轴承（承受径向力）、推力轴承（承受轴向力）和角接触轴承（分向心角接触轴承和推力角接触轴承，能够同时承受径向力和轴向力）。

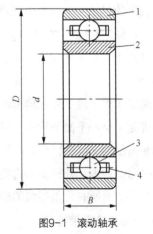

图9-1 滚动轴承

1. 外圈 2. 内圈 3. 滚动体 4. 保持架

9.2　滚动轴承公差

9.2.1　滚动轴承公差等级

轴承的公差包括尺寸公差和轴承的旋转精度。尺寸公差指轴承内径、外径和宽度等尺寸公差；轴承的旋转精度是指轴承内、外圈的径向跳动，端面对滚道的跳动，端面对内孔的跳动等。

轴承制造精度，用公差等级区分。由低到高分为 P0、P6（P6x）、P5、P4 和 P2 共 5 个级别，只有深沟球轴承有 P2 级；圆锥滚子轴承有 P6x 级而无 P6 级。P0 级为普通级，P2 级为最高级。P0 级与公差等级 IT6（IT5）相对应，P2 级与公差等级 IT3（IT2）相对应。

P0 级为普通精度级，机械制造业中应用最广。一般应用在对旋转精度要求不高的一般旋转机构中。如普通机床变速机构、进给机构、汽车和拖拉机中的变速机构、普通电机、水泵和内燃机、压缩机、涡轮机中。

除 P0 级外的 P6（P6x）、P5、P4 和 P2 级统称为高精度轴承，均应用于旋转精度要求较高或转速较高的旋转机构中。如普通机床的主轴，前轴承多用 P5 级，后轴承多用 P6 级。较精密机床主轴的轴承采用 P4 级，精密仪器、仪表的旋转机构也常用 P4 级轴承。

P2 级轴承应用在高精度、高转速、特别精密机械的主要部位上，如精密坐标镗床的主轴。

9.2.2　滚动轴承公差及其特点

1．滚动轴承公差

滚动轴承的尺寸公差，主要指成套轴承的内径和外径的公差。由于滚动轴承的内圈和外圈都是薄壁零件，在制造和保管过程中容易变形，但当轴承内圈与轴和外圈与外壳孔装配后，这种微量变形又能得到矫正，在一般的情况下，也不影响工作性能。因此，国家标准对轴承内径和外径尺寸公差做了两种规定。

一是规定了单一内、外径偏差 Δd_s 和 ΔD_s，其主要目的是为了限制变形量。

二是规定了单一平面平均内、外径偏差 Δd_{mp} 和 ΔD_{mp}，目的是用于轴承的配合。

对于高精度的 P4、P2 级轴承，上述两个公差项目都做了规定，而对其他一般公差等级的轴承，只对单一平面平均内、外径偏差有要求。

除此之外，对所有公差等级的轴承都规定了控制圆度的公差和控制圆柱度的公差。

2．滚动轴承公差带特点

（1）轴承内、外径尺寸公差的特点是采用单向制，所有公差等级的公差都单向配置在零线下侧，即上偏差为零，下偏差为负值，如图 9-2 所示。图 9-2 为不同公差等级轴承内、外径公差带的分布图。

（2）轴承内孔与轴配合采用基孔制，在前述国家标准公差与配合中，基准孔的公差带是在零线之上，而轴承内孔虽然也是基准孔，但其公差带都在零线之下。因此，轴承内圈与轴配合，比国标准极限与配合中同名配合要紧得多，配合性质向过盈增加的方向转化。所有公差等级的公差带都偏置在零线之下，这主要是考虑轴承配合的特殊需要，因为在多数情况下，轴承内圈是随轴一起转动的，两者之间的配合必须有一定的过盈量。但由于内圈是薄壁零件，且使用一定时间之后，轴承往往要拆换，因此，过盈量的数值又不宜过大。假如轴承内孔的公差带与一般基准孔的公差带一样，单向偏置在零线上侧，并采用极限与配合标准中推荐的常用（优先）的过盈配合时，所取的过盈量往往太大；如改用过渡配合，又担心可能出现轴孔结合不可靠；若采用非标准的配合，不仅给设计者带来麻烦，而且还不符合标准化和互换性的原则。为此，轴承标准将内径的公差带偏置在零线下侧，再与极限与配合标准推荐的常用（优先）过渡配合中的轴的公差带结合时，完全能满足轴承内孔与轴配合的性能要求。

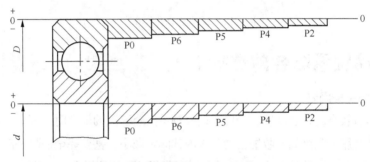

图9-2 轴承内、外径公差带

（3）轴承外径与外壳孔配合采用基轴制，轴承外径的公差带与极限与配合基轴制的基准轴的公差带虽然都在零线下侧，都是上偏差为零，下偏差为负值，但是，两者的公差数值（公差带大小）是不同的。因此，轴承外圈与外壳孔配合及极限与配合圆柱基轴制同名配合相比，配合性质也是不完全相同的。

9.3 滚动轴承与轴及外壳孔的配合

9.3.1 滚动轴承的配合种类

由于轴承是标准件，其内径和外径公差带在制造时已经确定，因此，它们分别与外壳孔和轴颈的配合要由外壳孔和轴颈的公差带决定，选择轴承的配合就是确定轴颈和外壳孔的公差带。国家标准所规定的轴颈和外壳孔的公差带如图 9-3 所示。由图可见，轴承内圈与轴颈的配合比国家标准公差与配合中基孔制同名配合要紧一些，g5、g6、h5、h6 轴颈与轴承内圈的配合已变成过渡配合，k5、k6、m5、m6 已变成过盈配合，其余的配合也有所变紧。

轴承外圈与外壳孔的配合比国家标准公差与配合中基轴制的同名配合相比较，虽然尺寸公差有所不同，但配合性质基本相同。

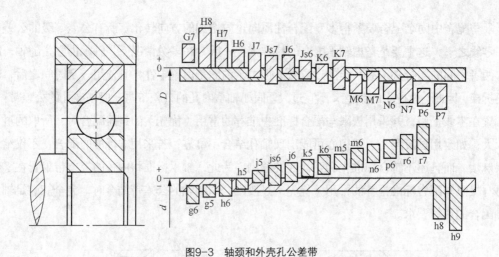

图9-3　轴颈和外壳孔公差带

9.3.2　滚动轴承配合的选择

1. 影响配合的主要因素

为了使轴承具有较高的定心精度，一般在选择轴承两个套圈的配合时，都偏向紧密。但要防止太紧，因内圈的弹性胀大和外圈的收缩会使轴承内部间隙减小，甚至完全消除并产生过盈，不仅影响正常运转，还会使套圈材料产生较大的应力，以至降低轴承的使用寿命。因此，选择轴承配合时，要全面考虑各个主要因素，包括轴承套圈相对于负荷的状况、负荷的类型和大小、轴承的尺寸大小、轴承游隙、轴和轴承座的材料、工作环境以及装拆等。

（1）轴承套圈的负荷类别。机器在运转时，作用在轴承套圈上的径向负荷，一般由定向负荷（如皮带的拉力）和旋转负荷（如离心力）合成。滚动轴承内、外套圈可能承受 3 种负荷。

① 定向负荷。轴承套圈与负荷方向相对固定，即该负荷始终不变地作用在套圈的局部滚道上，套圈承受的这种负荷称为定向负荷。例如，减速器转轴两端轴承外圈，轴承承受一个方向不变的径向负荷（F_r），此时固定不转的套圈所承受的负荷即为定向负荷，如图 9-4（a）、（b）所示。

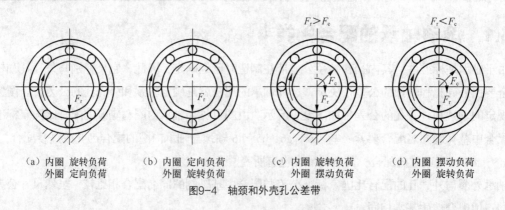

（a）内圈　旋转负荷　　（b）内圈　定向负荷　　（c）内圈　旋转负荷　　（d）内圈　摆动负荷
　　　外圈　定向负荷　　　　　外圈　旋转负荷　　　　　外圈　摆动负荷　　　　　外圈　旋转负荷

图9-4　轴颈和外壳孔公差带

② 旋转负荷。轴承套圈与负荷方向相对旋转，即径向负荷顺次地作用在套圈的整个圆周滚道上，套圈承受的这种负荷称为旋转负荷。例如，旋转的工件上的惯性离心力、旋转镗杆上作用的径向切

削力，轴承承受一个方向不变的径向负荷 F_r，此时旋转套圈所承受的负荷即为旋转负荷，如图 9-4（a）和图 9-4（b）所示。

③ 摆动负荷。轴承套圈与负荷方向相对摆动，即该负荷连续摆动地作用在套圈的局部滚道上，套圈承受的这种负荷称为摆动负荷。例如，轴承承受一个方向不变的径向负荷 F_r 以及一个较小的旋转负荷 F_c，两者合成的径向负荷 F 的大小与方向都在变动。当 $F_r > F_c$ 时，合成负荷 F 在轴承下方 AB 区域内摆动，如图 9-5 所示；如果外圈静止，则外圈部分滚道轮流受到变动负荷的作用，此时外圈受摆动负荷。内圈因与循环负荷同步旋转，内圈滚道的整个圆周都受到变动负荷的作用，此时内圈受旋转负荷，如图 9-4（c）所示。当 $F_r < F_c$ 时，合成负荷沿整个圆周滚道变动，如图 9-4（d）所示；如果外圈静止，则外圈滚道的整个圆周受到变动负荷的作用，此时外圈受旋转负荷；内圈因与旋转负荷同步旋转，内圈只有部分滚道受变动负荷的作用，此时内圈受摆动负荷。

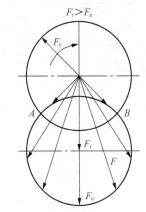

图9-5　摆动负荷的作用区域

相对于负荷方向旋转或摆动的套圈，应选择过盈配合或过渡配合。相对于负荷方向固定的套圈，应选择间隙配合。当以不可分离型轴承作游动支承时，则应以相对于负荷方向固定的套圈作为游动套圈，选择间隙配合或过渡配合。

（2）轴承套圈的负荷大小。滚动轴承与轴径和外壳孔的配合还与负荷的大小有关。因为在负荷作用下，轴承套圈会变形，使配合面间的实际过盈量减小和轴承内部游隙增大。根据当量径向动负荷 F_r 与轴承产品样本中规定的额定动负荷 C_r 的比值大小，分为轻负荷、正常负荷和重负荷三种类型，选择配合时应逐渐变紧。因为在重负荷和冲击负荷的作用下，为了防止轴承产生变形和受力不均，引起配合松动，随着负荷的增大，过盈量应选得越大，承受变化负荷应比承受平稳负荷的配合选得紧一些。负荷类型的选择见表 9-1。

表 9-1　　　　　　　　　　　　当量动负荷 F_r 的类型

负 荷 类 型	F_r 与 C_r 的大小
轻 负 荷	$F_r \leqslant 0.07 C_r$
正常负荷	$0.07 C_r < F_r \leqslant 0.15 C_r$
重 负 荷	$F_r > 0.15 C_r$

（3）轴承径向游隙。采用过盈配合会导致轴承游隙的减小，应检验安装后轴承的游隙是否满足使用要求，以便正确选择配合及轴承游隙。

（4）其他因素。空心轴颈比实心轴颈、薄壁外壳比厚壁外壳、轻合金外壳比钢铁外壳所采用的配合要紧些；而剖分式外壳比整体式外壳所采用的配合要松些，以免过盈将轴承外圈夹扁，甚至将轴卡住。轴承的工作温度一般低于 100℃。高温工作的轴承，要将所选用的配合作适当的修正。

2. 滚动轴承配合公差带的选择

根据径向当量动负荷 F_r 的大小和性质进行选择。

（1）安装向心轴承和向心角接触轴承的轴颈和外壳孔公差带按表 9-2、表 9-3 选择。

表 9-2　　　　　　　　　　安装向心轴承和向心角接触轴承的轴颈公差带

圆柱孔轴承						
运 转 状 态		负荷状态	深沟球轴承、调心球轴承和角接触球轴承	圆柱滚子轴承和圆锥滚子轴承	调心滚子轴承	公差带
说　明	举　例		轴承公称内径（mm）			
旋转的内圈负荷及摆动负荷	一般通用机械、电动机、机床主轴、泵、内燃机、直齿轮传动装置、铁路机车车辆轴箱、破碎机等	轻负荷	≤18	—	—	h5
			>18～100	≤40	≤40	j6①
			>100～200	>40～140	>40～100	k6①
			—	>140～200	>100～200	m6①
		正常负荷	≤18	—	—	j5js5
			>18～100	≤40	≤40	k5②
			>100～140	>40～100	>40～65	m5②
			>140～200	>100～140	>65～100	m6
			>200～280	>140～200	>100～140	n6
			—	>200～400	>140～280	p6
			—	—	>280～500	r6
		重负荷	—	>50～140	>50～100	n6
			—	>140～200	>100～140	p6③
			—	>200	>140～200	r6
			—	—	>200	r7
固定的内圈负荷	静止轴上的各种轮子、张紧轮绳轮、振动筛、惯性振动器	所有负荷	所有尺寸			f6
						g6①
						h6
						j6
仅有轴向负荷			所有尺寸			j6 js6
圆锥孔轴承						
所有负荷	铁路机车车辆轴箱		装在退卸套上的所有尺寸			h8(IT6)①⑤
	一般机械传动		装在紧定套上的所有尺寸			H9(IT7)④⑤

注：① 凡对精度有较高要求的场合，应用 j5、k5…代替 j6、k6…。

　　② 圆锥滚子轴承、角接触球轴承配合对游隙影响不大，可用 k6、m6 代替 k5、m5。

　　③ 重负荷下轴承游隙应选大于 0 组。

　　④ 凡有较高精度或转速要求的场合，应选用 h7(IT5)代替 h8(IT6)等。

　　⑤ IT6、IT7 表示圆柱度公差数值。

表 9-3　　　　　　　　安装向心轴承和向心角接触轴承的外壳孔公差带

外圈工作条件				应 用 举 例	外壳孔公差带[②]
旋转状态	负荷类型	轴向位移限度	其他情况		
外圈相对于负荷方向静止	轻、正常和重负荷	轴向容易移动	轴处于高温场合	烘干筒、有调心滚子轴承的大电动机	G7
			部分式外壳	一般机械、铁路车辆轴箱	H7[①]
	冲击负荷	轴向能移动	整体式或部分式外壳	铁路车辆轴箱轴承	J7[①]
外圈相对于负荷方向摆动	轻和正常负荷			电动机、泵、曲轴主轴承	
	正常和重负荷	轴向不移动	整体式外壳	电动机、泵、曲轴主轴承	K7[①]
	重冲击负荷			牵引电动机	M7[①]
外圈相对于负荷方向旋转	轻负荷			张紧滑轮	
	正常和重负荷			装有球轴承的轮	N7[①]
	重冲击负荷		薄壁、整体式外壳	装有滚子轴承的轮毂	P7[①]

注：① 对精度有较高要求的场合，应选用 P6、N6、M6、K6、J6 和 H6 分别代替 P7、N7、M7、K7、J7 和 H7，并应同时选用整体式外壳。

　　② 对于轻合金外壳，应选择比钢或铸铁外壳较紧的配合。

（2）安装推力轴承和推力角接触轴承的轴颈和外壳孔公差带按表 9-4、表 9-5 选择。

表 9-4　　　　　　　安装推力轴承和推力角接触轴承的轴颈公差带

轴圈工作条件		推力球和圆柱滚子轴承	推力调心滚子轴承	轴颈公差带
		轴承公称内径（mm）		
纯轴向负荷		所有尺寸	所有尺寸	j6 或 js6
径向和轴向联合负荷	轴圈相对于负荷方向静止	—	≤250	j6
		—	＞250	js6
	轴圈相对于负荷方向旋转或摆动	—	≤200	k6
		—	＞200～400	m6
		—	＞400	n6

表 9-5　　　　　　　安装推力轴承和推力角接触轴承的外壳孔公差带

座圈工作条件		轴 承 类 型	外壳孔公差带
纯轴向负荷		推力球轴承	H8
		推力圆柱滚子轴承	H7
		推力调心滚子轴承	—
径向和轴向联合负荷	座圈相对于负荷方向静止或摆动	推力调心滚子轴承	H7
	座圈相对于负荷方向旋转		M7

注：外壳孔与座圈间的配合间隙为 0.000 1D，D 为外壳孔直径。

（3）公差等级的选择。与轴承配合的轴或外壳孔的公差等级与轴承精度有关。轴承精度高时，所选用的公差等级也要高些；对同一公差等级的轴承，轴与轴承内孔配合时，轴选用的公差等级比外壳孔与轴承外径配合时外壳孔选用的公差等级要高一级。例如，与P0，P6（P6x）级轴承配合的轴，其公差等级一般为IT6，外壳孔一般为IT7。对旋转精度和运转平稳性有较高要求的场合，在提高轴承公差等级的同时，轴承配合部位也应按相应的精度提高。

9.3.3 滚动轴承的几何公差

轴颈或外壳孔为避免套圈安装后产生变形，轴颈、外壳孔应采用包容要求，并规定更严的圆柱度公差。轴肩和外壳孔肩端面应规定端面圆跳动公差。相关规定见表9-6。

表9-6   轴和外壳孔的形位公差

轴承公称内、外径（mm）（基本尺寸）	圆柱度 t				端面圆跳动 t_1			
	轴 颈		外 壳 孔		轴 肩		外 壳 孔 肩	
	轴承精度等级							
	P0	P6（6x）	P0	P6（6x）	P0	P6（6x）	P0	P6（6x）
	公差值（μm）							
>18～30	4	2.5	6	4	10	6	15	10
>30～50	4	2.5	7	4	12	8	20	12
>50～80	5	3	8	5	15	10	25	15
>80～120	6	4	10	6	15	10	25	15
>120～180	8	5	12	8	20	12	30	20
>180～250	10	7	14	10	20	12	30	20

9.3.4 滚动轴承的表面粗糙度

轴颈和外壳孔配合表面的粗糙度按表9-7进行选择。

表9-7   轴颈和外壳孔表面粗糙度

配 合 表 面	轴承精度等级	配合面的尺寸公差等级	轴承公称内、外径（mm）	
			≤80	>80～500
			表面粗糙度参数 R_a 值（μm）	
轴颈	P0	IT6	≤1	≤1.6
外壳孔		IT7	≤1.6	≤2.5
轴颈	P6（6x）	IT5	≤0.63	≤1
外壳孔		IT6	≤1	≤1.6
轴和外壳孔肩端面	P6	—	≤2	≤2.5
	P6（6x）		≤1.25	≤2

【例9-1】 已知减速器的功率为5kW，从动轴转速为83r/min，两端的轴承为6 211深沟球轴

承（d=55mm，D=100mm），轴上安装齿轮的模数为 3，齿数为 79。试确定轴颈和外壳孔的公差带、形位公差值和表面粗糙度参数值，并标注在图样上（由设计已算得 F_r/C_r=0.01）。

解：（1）减速器属于一般机械，转速不高，应选 P0 级轴承。0 级代号省略不表示。

（2）齿轮传动时，轴承内圈与轴一起旋转，因承受旋转负荷，应选较紧配合；外圈相对于负荷方向静止，它与外壳孔的配合应较松。已知 F_r/C_r=0.01，小于 0.07，故轴承属于轻负荷。查表 9-2、表 9-3，选轴颈公差带为 IT6，外壳孔公差带为 IT7。

（3）查表 9-6，轴颈圆柱度公差为 0.005mm，轴肩端面圆跳动公差为 0.015mm，外壳孔圆柱度公差为 0.01mm。查表 9-7 中表面粗糙度数值，取磨削轴 $R_a \leqslant 1$mm，轴肩端面 $R_a \leqslant 2$mm，精车外壳孔 Ra $\leqslant 2.5$mm。

标注如图 9-6 所示。因滚动轴承是标准件，装配图上只需注出轴颈和外壳孔的公差带代号。

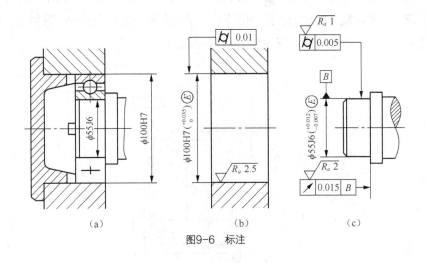

图9-6　标注

本章讲述了滚动轴承公差的基本概念，滚动轴承公差等级由低到高分为 P0、P6（P6x）、P5、P4 和 P2 共 5 个级别。滚动轴承内、外圈结合面公差带的特点：采用单向制，所有公差等级的公差都单向配置在零线下侧，即上偏差为零，下偏差为负值；轴承内孔与轴配合采用基孔制；轴承外径与外壳孔配合采用基轴制。国家标准对轴承内径和外径尺寸公差做了两种规定：一是规定了单一内、外径偏差 Δd_s 和 ΔD_s，其主要目的是为了限制变形量；二是规定了单一平面平均内、外径偏差 Δd_{mp} 和 ΔD_{mp}，目的是用于轴承的配合。并介绍了滚动轴承与轴、外壳孔的配合及其选用：承受定向负荷的套圈应选择较松的过渡配合或小间隙配合；承受旋转负荷的套圈应选择过渡配合或较紧的过渡配合；承受摆动负荷的套圈应选择与旋转负荷的套圈相同或稍松一点的配合。

1．简答题

（1）试述滚动轴承尺寸公差与公差带的特点。

（2）选择滚动轴承与轴和外壳孔的配合时应考虑哪些因素？

（3）滚动轴承的精度有哪几个等级？哪些等级应用最广泛？举例说明。

（4）滚动轴承内圈与轴径的配合和外圈与外壳孔的配合分别常用那种基准制？

2．应用题

某机床转轴上安装 6308/P6 向心球轴承，内径为 40mm，外径为 90mm，该轴承受到一个 4 000N 的定向径向负荷，内圈随轴一起转动，而外圈静止。试确定轴颈与外壳孔的极限偏差、形位公差值和表面粗糙度参数值，并把所选公差标注在图 9-7 的图样上。

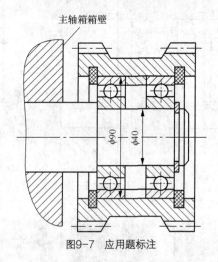

图9-7　应用题标注

第10章
| 键连接的公差与配合 |

【学习目标】

1. 了解键连接的种类和特点。
2. 掌握平键连接的公差（几何参数、公差带、形位公差和表面粗糙度）。
3. 了解花键连接的种类和特点。

　　键属于连接件，有单键和花键之分。单键种类比较多，按照其结构和形状分为平键、半圆键和楔键。

　　采用键使轴与其上的零件（如链轮、齿轮、凸轮、手轮等）结合在一起的连接称为键连接，其作用是用来传递运动或扭矩。键连接是机械制造中最常用的连接方式之一，其中平键连接应用最广。

10.1　平键连接的公差

10.1.1　概述

　　平键分为普通平键与导向平键和滑键，普通平键一般用于固定连接，导向平键和滑键用于可移动的连接。平键是一种截面呈矩形的零件，其对中性好，制造、装配均较方便。普通平键连接是由键、轴槽和轮毂槽三部分组成，其结构如图10-1所示。平键的一半嵌在轴槽里，另一半嵌在安装于轴上的其他零件的孔槽（轮毂槽）

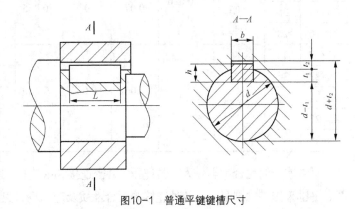

图10-1　普通平键键槽尺寸

里，键的上表面和轮毂槽底面留有一定的间隙。键嵌在轴槽里要牢固，防止松动，方便装拆，因此，国家标准对键与键槽规定了尺寸极限与配合。

10.1.2 普通平键连接的公差与配合

下面主要介绍国家标准 GB/T 1095—2003 和 GB/T 1566—2003 中有关平键的剖面尺寸与公差。

标准规定了宽度 $b=2\sim100$mm 的普通型、导向型平键键槽的剖面尺寸，如图 10-1 所示。平键连接是通过键和键槽的侧面来传递扭矩的，因此，键和键槽宽度 b 是平键连接的主要配合尺寸。键及键槽剖面尺寸见表 10-1。

表 10-1　　　　　　　　普通平键键槽的剖面尺寸与公差　　　　　　　单位：mm

键尺寸 $b×h$	键 槽										
	宽度 b						深 度				
	基本尺寸	极限偏差					轴 t_1		毂 t_2		半径
		正常连接		紧密连接	松连接		基本尺寸	极限偏差	基本尺寸	极限偏差	
		轴 N9	毂 JS9	轴和毂 P9	轴 H9	毂 D10					min max
4×4	4	0 −0.030	± 0.015	−0.012 −0.042	+0.030 0	+0.078 +0.030	2.5	+0.10	1.8	+0.10	0.16 0.25
5×5	5						3.0		2.3		
6×6	6						3.5		2.8		
8×7	8	0 −0.036	± 0.018	−0.015 −0.051	+0.036 0	+0.098 +0.040	4.0		3.3		
10×8	10						5.0		3.3		
12×8	12	0 −0.043	± 0.021 5	−0.018 −0.061	0.043 0	0.120 +0.050	5.0	+0.20	3.3	+0.20	0.25 0.40
14×9	14						5.5		3.8		
16×10	16						6.0		4.3		
18×11	18						7.0		4.4		
20×12	20	0 −0.052	± 0.026	−0.022 −0.074	+0.052 0	+0.049 +0.065	7.5		4.9		0.40 0.60
22×14	22						9.0		5.4		
25×14	25						9.0		5.4		
28×16	28						10.0		6.4		
32×18	32	0 −0.062	± 0.031	+0.062 0	+0.062 0	+0.180 +0.080	11.0	+0.30	7.4	+0.30	0.70 1.00
36×22	36						12.0		8.4		
40×22	40						13.0		9.4		
45×25	45						15.0		10.4		
50×28	50						17.0		11.4		

平键连接的配合种类分为正常连接、紧密连接和松连接。图 10-2 所示为平键连接的尺寸公差带图。平键采用基轴制配合，各种连接的配合性质及应用场合见表 10-2。

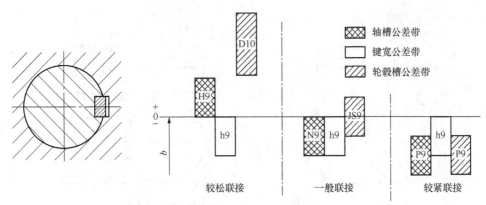

图10-2　平键连接尺寸公差带图

表 10-2　　　　　　　　　　　　平键连接的配合种类及应用

配合种类	尺寸 b 的公差			配合性质及应用
	键	轴槽	轮毂槽	
松　连　接		H9	D10	主要用于导向平键，轮毂可在轴上做轴向移动
正常连接	h9	N9	Js9	键在轴上及轮毂中均固定，用于载荷不大的场合
紧密连接		P9	P9	键在轴上及轮毂中均固定，而比上一种配合更紧。主要用于载荷较大，或载荷具有冲击性及双向传递扭矩的场合

平键连接中平键公差见表 10-3。

表 10-3　　　　　　　　　　　　平键公差　　　　　　　　　　　　单位：mm

b	公称尺寸	8	10	12	14	16	18	20	22	25	28
	偏差 h9	0 −0.036		0 −0.043				0 −0.052			
h	公称尺寸	7	8	8	9	10	11	12	14	14	16
	偏差 h11	0 −0.090					0 −0.110				

10.1.3　键槽表面粗糙度和对称度公差

（1）键槽表面粗糙度。轴槽、轮毂槽的键槽两侧面粗糙度参数 R_a 值推荐为 1.6～3.2μm；轴槽底面、轮毂底面的表面粗糙度参数 R_a 值为 6.3μm。

（2）键槽的对称度公差。为了便于装配，轴槽和轮毂槽对轴及轮毂轴线的对称度公差，根据不同要求，一般可按对称度公差 7～9 级选取。键槽（轴槽及轮毂槽）的对称度公差的公称尺寸是指键宽（轴槽宽及轮毂槽宽）b。

键槽的尺寸公差、几何公差、表面粗糙度参数在图样上的标注如图 10-3 所示。

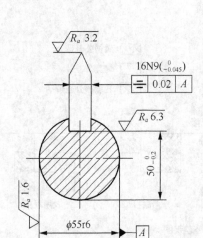

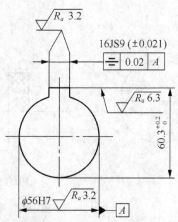

图10-3　键槽尺寸及公差标注

10.2　花键连接的公差

10.2.1　概述

　　花键按照其键形不同，可分为矩形花键和渐开线花键。

　　矩形花键的键侧边为直线，加工方便，可用磨削的方法获得较高精度，应用较广泛。渐开线花键的齿廓为渐开线，加工工艺与渐开线齿轮基本相同。在靠近齿根处齿厚逐渐增大，减少了应力集中，因此，具有强度高、寿命长等特点，且能起到自动定心作用。

　　下面主要介绍矩形花键的基本知识。

　　矩形花键是把多个平键与轴或与孔制成一个整体。花键连接由内花键（花键孔）和外花键（花键轴）两个零件组成。与平键连接相比具有许多优点，如定心精度高，导向性能好，承载能力强等。花键连接可固定连接，也可滑动连接，在机床、汽车等行业中得到广泛应用。

10.2.2　花键连接的公差与配合

　　1. 花键连接特点

　　（1）多参数配合。花键相对于圆柱配合或单键连接而言，其配合参数较多，除键宽外，有定心尺寸、非定心尺寸、齿宽、键长等。

　　矩形花键有 3 个主要参数，小径 d、大径 D 和键（键槽）宽 B，如图 10-4 所示。矩形花键尺寸规定了轻、中两个系列，键数有 6、8 和 10 三种，键数随小径增大而增多，轻、中系列合计 35 种规格。其基本尺寸见表 10-4。

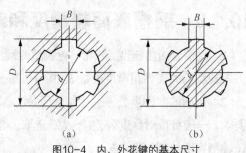

图10-4　内、外花键的基本尺寸

表 10-4　　　　　　　　　　　　　　　矩形花键的基本尺寸系列　　　　　　　　　　　　单位：mm

小径 d	轻 系 列				中 系 列			
	规格 N×d×D×B	键数 N	大径 D	键宽 B	规格 N×d×D×B	键数 N	大径 D	键宽 B
11					6×11×14×3	6	14	3
13					6×13×16×3.5	6	16	3.5
16					6×16×20×4	6	20	4
18					6×18×22×5	6	22	5
21					6×21×25×5	6	25	5
23	6×23×26×6	6	26	6	6×23×28×6	6	28	6
26	6×26×30×6	6	30	6	6×26×32×6	6	32	6
28	6×28×32×7	6	32	7	6×28×34×7	6	34	7
32	8×32×36×6	8	36	6	8×32×38×6	8	38	6
36	8×36×40×7	8	40	7	8×36×42×7	8	42	7
42	8×42×46×8	8	46	8	8×42×48×8	8	48	8
46	8×46×50×9	8	50	9	8×46×54×9	8	54	9
52	8×52×58×10	8	58	10	8×52×60×10	8	60	10
56	8×56×62×10	8	62	10	8×56×65×10	8	65	10
62	8×62×68×12	8	68	12	8×62×72×12	8	72	12
72	10×72×78×12	10	78	12	10×72×82×12	10	82	12
82	10×82×88×12	10	88	12	10×82×92×12	10	92	12
92	10×92×98×14	10	98	14	10×92×102×14	10	102	14
102	10×102×108×16	10	108	16	10×102×112×16	10	112	16
112	10×112×120×18	10	120	18	10×112×125×18	10	125	18

（2）采用基孔制配合。花键孔（也称内花键）通常用拉刀或插齿刀加工，生产效率高，能获得理想的精度。采用基孔制，可以减少昂贵的拉刀规格，用改变花键轴（也称外花键）的公差带位置的方法，即可得到不同的配合，满足不同场合的配合需要。

（3）必须考虑形位公差的影响。花键在加工过程中，不可避免地存在形状位置误差，为了限制其对花键配合的影响，除规定花键的尺寸公差外，还必须规定形位公差或规定限制形位误差的综合公差。

2. 矩形花键定心方式

理论上，矩形花键的定心方式有 3 种，即大径定心、小径定心、键宽定心，分别以大径 D、小径 d、键宽 B 为定心尺寸。定心尺寸应具有较高的尺寸精度，非定心尺寸可以有较低的尺寸精度。键宽 B 不论是否作为定心尺寸，都要求其具有一定的尺寸精度，因为花键连接传递扭矩和导向都是利用键槽侧面。目前采用小径定心比较普遍，如图 10-5 所示。

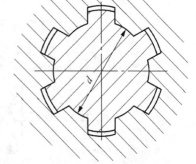

图 10-5　矩形花键的小径 d 定心

经过热处理后的内、外花键，小径可分别采用内圆磨合成型进行精加工，因此可获得较高的加工及定心精度。

3．矩形花键的公差与配合

（1）内、外花键的尺寸公差带

内、外花键的尺寸公差带一般采用表 10-5 的规定。

表 10-5　　　　　　　　　　内、外花键的尺寸公差带

内　花　键				外　花　键			装配形式
d	D	B		d	D	B	
		拉削后不热处理	接削后热处理				
一　般　用							
H7	H10	H9	H11	f7	d10		滑动
				g7	a11	f9	紧滑动
				h7		h10	固定
精密传动用							
H5				f5	d8		滑动
	H10	H7、H9		g5	a11	f7	紧滑动
				h5		h8	固定
H6				f6		d8	滑动
				g6		f7	紧滑动
				h6		h8	固定

注：1．精密传动用的内花键，当需要控制键侧配合间隙时，槽宽可选用 H7，一般情况下可选用 H9。

　　2．d 为 H6 和 H7 的内花键，允许与提高一级的花键配合。

（2）花键的几何公差

① 内、外花键小径定心表面的形状公差遵守包容原则。

② 花键的位置度公差标注如图 10-6 所示。花键的几何公差主要是控制键（键槽）的位置度误差，并遵守最大实体原则。

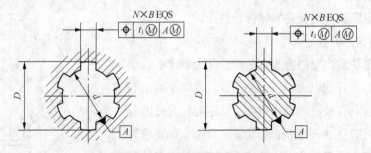

图10-6　内、外花键的位置度公差标注

花键的位置度公差如表 10-6 所示的规定。

表 10-6		花键位置度公差			单位：mm
键或键槽宽 B		3	3.5～6	7～10	12～18
		t_1			
键槽宽		0.010	0.015	0.020	0.025
键宽	滑动、固定	0.010	0.015	0.020	0.025
	紧滑动	0.006	0.010	0.013	0.016

③ 对于较长的花键，可根据产品性能，自行规定键侧对轴线的平行度公差。

④ 花键对称度和等分度公差按图 10-7 和表 10-7 所示规定。适用于单件小批生产。

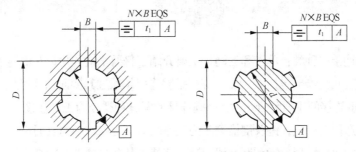

图10-7　内、外花键的对称度和等分度公差标注

表 10-7	花键对称度公差			单位：mm
键或键槽宽 B	3	3.5～6	7～10	12～18
	t_2			
一般用	0.010	0.012	0.015	0.018
精密传动用	0.006	0.008	0.009	0.011

花键的等分度公差值等于键宽的对称度公差。

（3）花键的表面粗糙度数值可参考表 10-8。

表 10-8	花键表面粗糙度	
加 工 表 面	内 花 键	外 花 键
	R_a 不大于（μm）	
小　径	1.6	0.8
大　径	6.3	3.2
键　侧	6.3	1.6

10.2.3　花键连接的标注

矩形花键在图样上的标注为：键数 N × 小径 d × 大径 D × 键宽 B，各自的公差带代号和精度等级可根据需要，标注在各自的基本尺寸之后。

【例10-1】某花键副 $N=6$，$d = 28\dfrac{H7}{f7}$，$D = 32\dfrac{H10}{a11}$，$B = 7\dfrac{H11}{d10}$ 的标记如下。

花键规格 $6 \times 28 \times 32 \times 7$

花键副 $6 \times 28\dfrac{H7}{f7} \times 32\dfrac{H10}{a11} \times 7\dfrac{H11}{a10}$

内花键 $6 \times 28H7 \times 32H10 \times 7H11$

外花键 $6 \times 28f7 \times 32a11 \times 7d10$

本章讲述了键连接的种类：单键和花键，主要介绍了普通平键和矩形花键连接的公差与配合。

普通平键的主要几何参数包括 b、t_1、t_2 等。平键连接是通过其侧面相互接触来传递扭矩的，因此，键宽 b 的是平键连接的主要配合尺寸。平键连接的配合种类分为正常连接、紧密连接和松连接。平键形位公差一般选取对称度，键及键槽侧面为工作表面，应取较小的表面粗糙度。

花键连接的种类包括矩形花键和渐开线花键。其特点是多参数性、配合采用基孔制及配合必须考虑形位公差的影响。矩形花键有 3 个主要参数：小径 d、大径 D 和键（键槽）宽 B。矩形花键的定心方式是以小径 d 定心。配合采用基孔制，形位公差一般选取位置度。对于较长的花键，还应规定平行度公差。

最后介绍了平键、花键的常用检测方法。

1. 简答题

（1）为什么国家标准规定矩形花键的定心方式采用小径定心？

（2）在平键连接中，键宽和键槽宽的配合有哪几种？各种配合的应用情况如何？

2. 应用题

矩形花键连接在装配图上的标注为：$6 \times 26\dfrac{H6}{f6} \times 32\dfrac{H10}{a11} \times 6\dfrac{H9}{d8}$，试确定该花键副属何系列及什么传动？试查出内外花键主要尺寸的公差值及键、键槽宽的对称度公差，并画出内、外花键截面图，并标注尺寸公差及形位公差。

第11章

| 渐开线圆柱齿轮的公差与测量 |

【学习目标】

1. 了解齿轮传动的特点及其使用要求。
2. 了解齿轮加工误差概述。
3. 掌握齿轮副的公差项目及其误差。
4. 掌握齿轮的公差项目及其误差。
5. 了解渐开线圆柱齿轮精度标准：适用范围、精度等级、公差组、检验组、齿轮及齿轮副的公差、侧隙及齿厚极限偏差、齿坯精度、图样标注。

齿轮广泛应用于机器、仪器制造业，常用来传递运动和动力，尤其是渐开线圆柱齿轮应用更广。本章主要介绍渐开线圆柱齿轮的公差与检测。

11.1 概述

| 11.1.1 齿轮传动的基本要求 |

齿轮是用来传递运动和动力的。齿轮副的传动由齿轮副、轴、轴承及箱体零件和部件组成。齿轮的结构形状复杂、种类繁多，加工和测量设备具有显著特点和专用性。一般对齿轮及其传动有 4 个方面的要求。

（1）传递运动的准确性。要求从动轮与主动轮运动协调，限制齿轮在一转范围内传动比的变化幅度。

从齿轮啮合原理可知，理论上的一对渐开线齿轮传动过程中，两轮之间的传动比是恒定的，如图 11-1（a）所示，这时传递运动是准确的。但实际上由于齿轮的制造和安装误差，在从动轮转过 360°的过程中，两轮传动比是呈周期变化的，如图 11-1（b）所示。从动轮在转动过程中，其实际转角往往不同于理论转角，发生转角误差，导致传递运动不准确。

（2）传递运动的平稳性。要求瞬时传动比的变化幅度小。由于存在齿轮齿廓制造误差，在一对轮齿啮合过程中，传动比发生高频的瞬时突变，如图 11-1（c）所示。传动比的这种小周期的变化将引起齿轮传动产生冲击、振动和噪声等现象，影响平稳传动的质量。实际传动过程中，上述两种传动比变化同时存在，如图 11-1（d）所示。

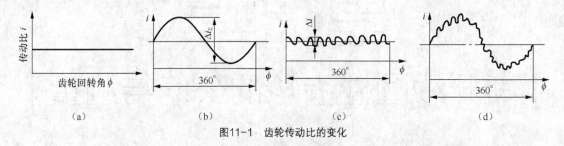

图11-1　齿轮传动比的变化

（3）载荷分布均匀性。要求传动时齿轮工作齿面接触良好，在全齿宽上承载均匀，避免载荷集中于局部区域引起过早磨损，从而提高齿轮的使用寿命。

（4）合理的齿侧间隙。要求齿轮副的非工作齿面要有一定的侧隙，用以补偿齿轮的制造误差、安装误差和热变形，防止齿轮传动发生卡死现象；侧隙还用于储存润滑油，能够保持良好的润滑。但对工作时有正反转的齿轮副，侧隙会引起回程误差和冲击。

在生产实际中，各种不同用途和不同工作条件下的齿轮对上述 4 个方面有不同的要求。

精密机床的分度齿轮和仪器的读数齿轮的特点是模数小、转速低，主要要求传递运动的准确性，而对接触均匀性的要求次要。汽车、拖拉机的变速齿轮的特点是圆周速度高、传递功率大，主要要求传动平稳、振动小、噪声小。矿山机械、起重机械及轧钢机等低速运动的齿轮的特点是载荷大、转速低，主要要求齿面接触良好、载荷分布均匀，而对传递运动准确性则要求不高。高速或重载下工作的齿轮，要求有较大的侧隙，以满足润滑需要。而精密分度和读数齿轮要求正反转，空程小，故侧隙要小。

11.1.2　齿轮的主要加工误差

圆柱齿轮采用范成法加工时，加工误差主要来源于机床—刀具—工件系统的周期性误差，图 11-2 为加工齿轮时的情况，其主要加工误差有以下几种。

（1）齿坯孔与机床心轴有安装偏心。如图 11-3（a）所示，当齿坯孔与机床心轴有安装偏心 e 时，加工出来的齿轮如图 11-3（b）所示，在齿轮一转内产生齿圈径向跳动误差，同时齿距和齿厚也产生周期性的变化。

（2）机床分度蜗轮轴线与工作台中心线有安装偏心。如图 11-4（a）所示，当存在偏心 e_k 时，蜗轮蜗杆中心距周期性的变化相当于蜗轮的节圆半径在变化，则在蜗轮（齿坯）一转内，蜗轮的转速必然呈周期性变化，如图 11-4（b）所示。当角速度 ω 由 "ω" 增加到 "$\omega + \Delta\omega$" 时，切齿提前，使齿距和公法线都变长；当角速度 "ω" 减到 "$\omega - \Delta\omega$" 时，切齿滞后，使齿距和公法线都变短，使齿轮产生切向周期性变化的误差。

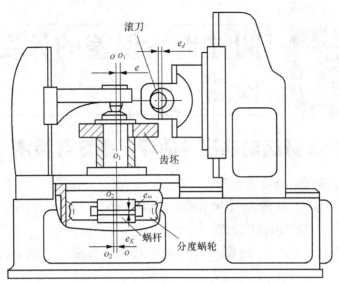

图11-2　滚齿机加工齿轮示意图

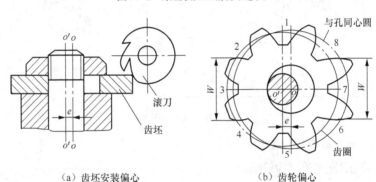

（a）齿坯安装偏心　　　　　　（b）齿轮偏心

图11-3　齿坯安装偏心引起齿轮加工误差

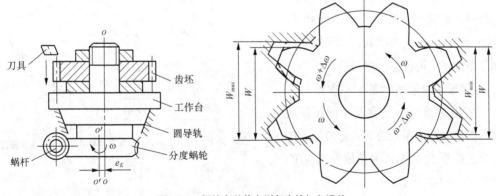

图11-4　蜗轮安装偏心引起齿轮切向误差

以上两种偏心引起的误差以齿坯转一转为一个周期，称为长周期误差。

（3）机床分度蜗杆有安装偏心 e_w 和轴向窜动。滚刀有偏心 e_d、轴线倾斜及轴向窜动，还有滚刀本身的基节、齿形等制造误差（见图11-2）都会随时影响齿轮的加工精度，这种影响在齿坯一转中重复出现，称为短周期误差。

11.2 圆柱齿轮误差的评定参数与检测

11.2.1 影响传递运动准确性的评定参数与检测

1. 切向综合总偏差/切向综合误差 F_i'

F_i' 是指被测齿轮与理想精确齿轮作单面啮合传动时，在被测齿轮一转中，它的实际转角与公称转角之差的总幅值，以分度圆弧长计值。

F_i' 主要反映由机床—刀具—工件系统的周期误差所造成的齿轮回转角综合误差，如图 11-5 所示。

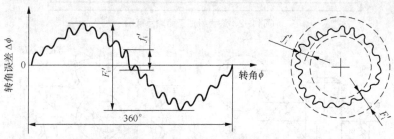

图11-5 切向综合总误差 F_i'

F_i' 可用单面啮合测量仪进行测量，如图 11-6 所示，用标准蜗杆与被测齿轮啮合，两者各带一光栅盘与信号发生器，两者的角位移信号在比相器内进行比相，并记录被测齿轮的切向综合误差线。用单面啮合测量仪测量是综合测量，测量效率高，测量结果接近实际使用情况，但仪器价格昂贵。

2. 齿距累积总偏差/齿距累积误差 F_p

F_p 是指在分度圆上任意两个同侧齿面间的实际弧长与公称弧长的最大差值，即 F_p 等于最大正偏差 F_{pmax} 与最大负偏差 F_{pmin} 的代数差，如图 11-7 所示。

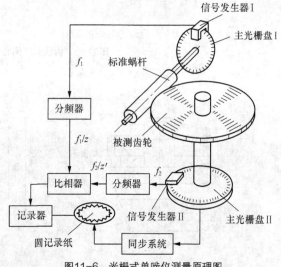

图11-6 光栅式单啮仪测量原理图

F_p 的测量是沿分度圆上每齿测量一点，F_p 反映由齿轮偏心和蜗轮偏心造成的综合误差，但因其取有限个点断续测量，故不及 F_i' 反映全面。由于 F_p 的测量可采用较普遍的齿距仪、万能测齿仪等仪器，因此是目前工厂中常用的一种齿轮运动精度的测量方法。F_p 的测量一般采用相对测量法，它是以齿轮上任意一个齿距作为基准，把仪表调整到零，然后依次测量各齿对于基准的相对齿距偏差 ΔF_{pt}，最后对数据处理，可求出齿距累积误差 ΔF_p。

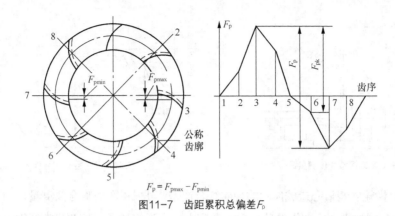

$$F_p = F_{pmax} - F_{pmin}$$

图11-7 齿距累积总偏差F_p

图11-8为一齿距仪，其测头在分度圆上进行测量，为使测头每次测量停在分度圆上，分别采用顶圆［见图11-8（a）］、根圆［见图11-8（b）］和内孔［见图11-8（c）］3种定位方法。

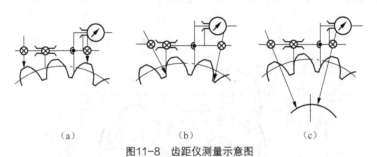

（a）　　　　　　　（b）　　　　　　　（c）

图11-8 齿距仪测量示意图

F_p直接反映齿轮的转角误差，是径向误差和切向误差综合作用的结果。F_p可以全面反映齿轮传递运动的准确性，是齿轮传递运动准确性的强制性检测指标。必要时（如齿轮齿数多，精度要求高）可增加F_{pk}检测指标。F_{pk}称为k个齿距累积偏差或k个齿距累积误差，是指在齿轮的端截面上，在接近齿高中部的一个与测量基准轴线同心的一个圆上，任意k个同侧齿面间的实际弧长和理论弧长的代数差，k为从2到$z/8$的整数。

3. 径向跳动F_r

F_r是指在齿轮一转中，测头在齿槽内或轮齿上的齿高中部与齿廓双面接触，测头相对于齿轮轴线的最大变动量，如图11-9所示。

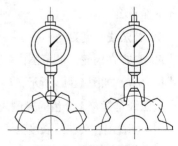

图11-9 齿圈径向跳动F_r

F_r主要反映由于齿轮安装偏心造成的齿轮径向长周期误差。除图11-9采用球或锥形测头卡入齿中进行测量外，工厂中也常用圆柱棒代替球测头，如图11-10在偏摆检查仪上测量F_r，球或圆柱头直径$d \approx 1.68m$，m为被测齿轮模数。

4. 径向综合总偏差/径向综合误差F_i''

F_i''是指被测齿轮与理想精确的测量齿轮双面啮合时，在被测齿轮一转中，双啮中心距的最大变动量，如图11-11所示。

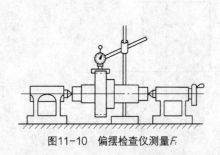

图11-10　偏摆检查仪测量F_r

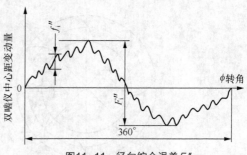

图11-11　径向综合误差F_i''

F_i''主要反映齿轮安装偏心造成齿轮的径向综合误差。可采用双面啮合仪测量，如图 11-12 所示。被测齿轮装在固定滑座上，标准齿轮装在浮动滑座上，由弹簧顶紧，使两齿轮紧密双面啮合。在啮合转动时，由于被测齿轮的径向周期误差推动标准齿轮及浮动滑座，使中心距变动，由指示表读出中心距变动量或通过传动带划针和记录纸画出误差曲线。

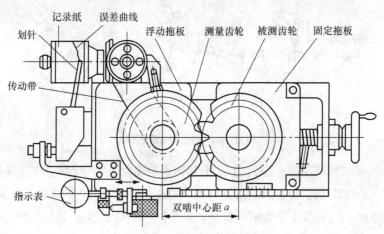

图11-12　双面啮合仪测量F_i''

双面啮合仪测量F_i''的优点是仪器比单面啮合仪简单，操作方便，效率高，适用于成批大量生产；缺点是只能反映径向误差，不够完善，同时因双面啮合为双面误差的综合反映，与齿轮实际工作状态不完全符合。

5. 公法线长度变动 F_W

F_W 是指在齿轮一圈范围内实际公法线长度的最大值与最小值之差，如图 11-13 所示，$F_W = W_{max} - W_{min}$。

公法线是指跨 k 个齿的异侧齿廓间的公共法线长度，由图 11-14 可看出，公法线长度为

$$W=(k-1)P_b+s_j。$$

式中：k——跨齿数；

　　　P_b——基节；

　　　s_j——基圆上的齿厚。

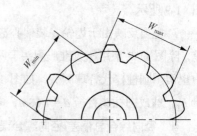

图11-13　公法线长度变动F_W

F_W主要反映由蜗轮偏心而造成的齿轮切向长周期误差。测量公法线长度最常用的量具是公法线指示卡规，如图11-15所示。一般在齿圈上测量4、5个方位，取 $F_W = W_{kmax} - W_{kmin}$。

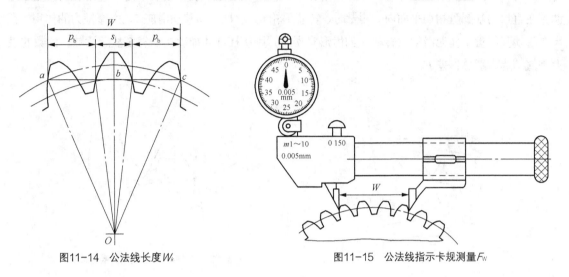

图11-14　公法线长度 W_k　　　　　　　　　　图11-15　公法线指示卡规测量 F_W

11.2.2　影响传动平稳性的评定参数与检测

1．一齿切向综合总偏差/一齿切向综合误差 f_i'

　　f_i'是指被测齿轮与理想精确的测量齿轮作单面啮合传动时，在被测齿轮一个齿距角内，它的实际转角与公称转角之差的最大幅值（即图11-5中小波纹的最大幅值，以分度圆弧长计值）。

　　f_i'主要反映由刀具和分度蜗杆的安装及制造误差所造成的齿轮切向短周期综合误差。f_i'的测量仪器与测量 F_i' 的相同，在单面啮合综合测量仪上，可同时测出 f_i'和 F_i'，其高频波纹即为 f_i'。

2．一齿径向综合总偏差/一齿径向综合误差 f_i''

　　f_i''是指被测齿轮与理想精确的测量齿轮做双面啮合传动时，在被测齿轮一个齿距角内，双啮中心距变动的最大变动量。

　　f_i''主要反映由刀具安装偏心及制造误差（包括基节和齿形误差）所造成的齿轮径向短周期误差。f_i''的优缺点及测量仪器与测量 F_i''的相同，在双面啮合综合测量仪上，可同时测出 F_i''和 f_i''，其中高频波纹即为 f_i''。

3．齿廓总偏差 f_α

　　f_α是指在齿形工作部分（齿顶倒棱和齿根圆角部分不计），包容实际齿廓迹线且距离最小的两条设计齿廓迹线之间的法向距离，设计齿形可以是理论渐开线齿形或是修正的修缘齿形、凸齿形等，如图11-16所示。

　　有齿廓总偏差的齿轮在啮合时偏离啮合线，如图11-17所示，两齿应在 a 点啮合。在啮合线上，由于有齿形误差，两齿在 a' 点啮合，会引起瞬时传动比的变化，破坏运动平稳性。

　　高精度齿轮的齿形误差可用单圆盘或万能渐开线检查仪进行测量。图11-18为单圆盘渐开线检查仪，每种齿轮需要一个专用基圆盘，被测齿轮2和基圆盘1同轴安装。杠杆4、指示表8与直尺3

均装在滑座7上。转动手轮10及丝杠9，移动基圆盘1，使之与直尺3接触，并用弹簧压紧，使两者之间有一定的摩擦力。杠杆4一端与齿廓接触，另一端与指示表8接触，与齿廓接触的一端正好调整在直尺与基圆盘相切平面内。测量时，转动手轮6、丝杠5与移动滑座7、由摩擦力的作用，直尺3带动基圆盘1作无滑动的转动，如齿形有误差，则使杠杆4推动指示表8显示读数，读数的最大差值即为齿廓总偏差 F_α。

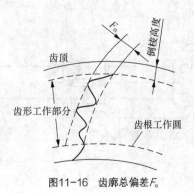

图11-16　齿廓总偏差 F_α

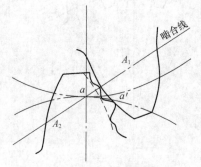

图11-17　有齿廓总偏差的啮合情况

4. 基圆齿距总偏差 f_{pb}

f_{pb} 是实际基圆齿距与公称基圆齿距之差。实际基圆齿距是指切于基圆柱的平面与相邻同侧齿面交线间的距离，如图11-19所示。

当一对有基圆齿距偏差的齿轮啮合时，当主动齿轮的基圆齿距大于从动齿轮的基圆齿距时，如图11-20（a）所示。第一对齿 A_1A_2 啮合终了时，第二对齿 B_1B_2 尚未进入啮合，则发生 A_1 齿顶部分与 A_2 齿根部分继续啮合，使从动轮降速，直到 B_1B_2 接触又使从动轮突然加速。如主动齿轮基节小于从动齿轮基节时，如图11-20（b）所示，第一对齿 $A_1'A_2'$ 尚未啮合结束，第二对齿 $B_1'B_2'$ 的齿顶已碰及 B_1' 齿，使从动轮突然加速，直到 $B_1'B_2'$ 进入正常啮合，从动轮又降速，因此，由于齿轮基节不等，使齿轮在一转中重复出现撞击、加速、降速现象，影响了运动平稳性。

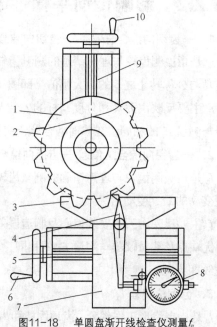

图11-18　单圆盘渐开线检查仪测量 f_α

1. 圆盘　2. 齿轮　3. 直尺　4. 杠杆　5、9. 丝杠
6. 手轮　7. 移动滑座　8. 指示表　10. 手轮

f_{pb} 可用基节仪、万能齿距仪、万能工具显微镜等仪器测量。图11-21为一基节仪，测量时用量块调整活动测头1与固定测头2之间距离，使之等于公称基节 P_b，并调整指示表为零。3为定位测头，用以保证1、2测头在垂直于基圆切平面的方向上进行测量，表头读出的数值即为各齿的基节偏差 f_{pb}。

5. 单个齿距偏差 f_{pt}

f_{pt}是指在分度圆上实际齿距与公称齿距之差，如图 11-22 所示。

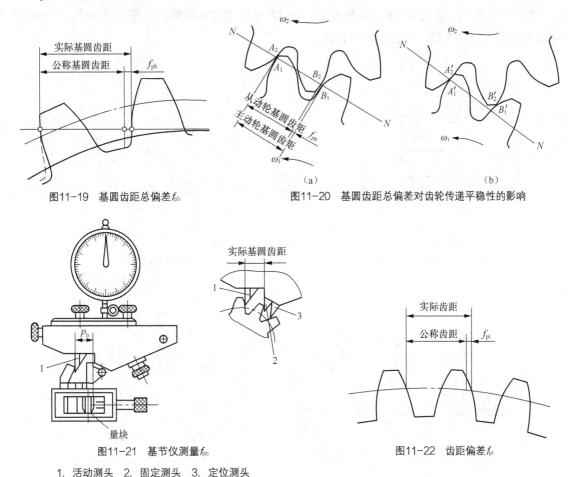

图11-19　基圆齿距总偏差f_{pb}

图11-20　基圆齿距总偏差对齿轮传递平稳性的影响

图11-21　基节仪测量f_{pb}

1. 活动测头　2. 固定测头　3. 定位测头

图11-22　齿距偏差f_{pt}

用相对法测量时，公称齿距是指所有实际齿距的平均值。测量方法与前面 F_p 的测量方法相同。

11.2.3　影响载荷分布均匀性的评定参数与检测

理论上直齿轮瞬间的接触线是一根平行于轴心线的直线$K-K$，如图 11-23 所示，而且是全齿面接触。

实际上由于齿轮的制造和安装误差，接触线不可能是直线。影响齿长接触的是齿向误差，影响齿高接触的是齿形误差。

1. 螺旋线总偏差/齿向误差 F_{β}

F_{β}是指在分度圆柱面上，齿宽有效部分范围内，包容实际齿线的两条设计齿线的端面距离，如图 11-24 所示。

螺旋线总偏差主要由于机床导轨倾斜、刀具和齿轮安装误差引起。测量直螺旋线总偏差（见图 11-25）用 $d \sim 1.68m$（m 为被测齿轮模数）的量棒放入齿槽中，由表头在水平位置读出 a、c 两点的数值，将两点的读数差再乘以 b/l，即反映这一齿槽的螺旋线总偏差。

2. 接触线误差 f_b

f_b 是指在基圆的切平面内平行于公称接触线，且包容实际接触线的两条最近的直线间的法向距离，如图 11-26 所示。它包括了斜齿轮的螺旋线总偏差/齿向误差和齿廓总偏差/齿形误差。它是控制斜齿轮接触均匀性的参数，可在接触仪上测量。

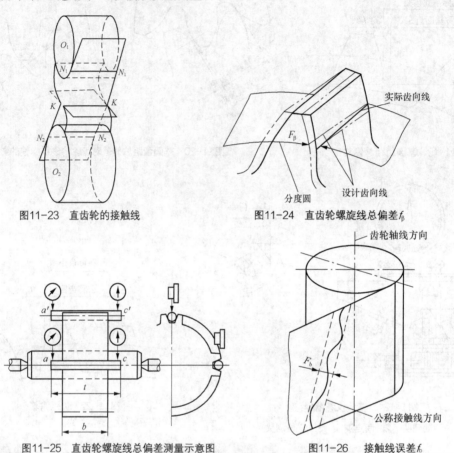

图11-23　直齿轮的接触线　　　　　　　　　　图11-24　直齿轮螺旋线总偏差 f_β

图11-25　直齿轮螺旋线总偏差测量示意图　　　　图11-26　接触线误差 f_b

11.2.4　影响侧隙合理性的评定参数与检测

侧隙是一对啮合轮齿的非工作齿面间留有的间隙，是一对齿轮啮合时形成的，是齿轮副的设计参数。此处介绍单个齿轮上影响齿轮副侧隙的因素。

1. 齿厚偏差 f_{sn}（上偏差 E_{sns}、下偏差 E_{sni}）

f_{sn} 是指分度圆柱面上齿厚实际值与公称值之差，如图 11-27 所示。

由于在分度圆柱面上齿厚不便测量，故用分度圆弦齿厚代替。由图 11-28 可推导出分度圆弦齿厚 s 及弦齿高 h：

$$\overline{s} = 2r\sin\frac{90°}{z} = mz\sin\frac{90°}{z}$$

$$\overline{h} = h + r - r\cos\frac{90°}{z} = m\left[1 + \frac{z}{2}\left(1 - \cos\frac{90°}{z}\right)\right]$$

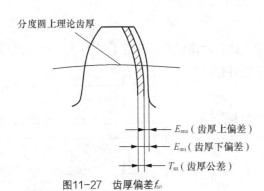

图11-27 齿厚偏差 f_{sn}

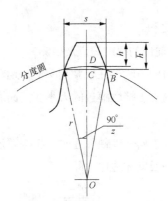

图11-28 弦齿厚和弦齿高的几何关系

计算后用齿厚游标卡尺测量 f_{sn}，如图 11-29 所示。测量齿厚以齿顶圆为基准，测量结果受齿顶圆偏差影响较大，因此须提高齿顶圆精度。

2. 公法线长度偏差（上偏差 E_{bns}，下偏差 E_{bni}）

在齿轮一圈内实际公法线长度与公称公法线长度之差即为公法线长度偏差。由图 11-14 可知，公法线长度公称值 W_k 是由 $(k-1)$ 个基圆齿距 P_b 和一个基圆齿厚 S_b 所组成。当压力角 $\alpha=20°$ 时，W_k 公称

$= m[1.476(2k-1)+0.014z]$，式中跨齿数 $k=\dfrac{z}{9}+0.5$。

计算后，可用公法线千分尺测量，在齿圈上测量 3 次（选 3 等分），取平均值即为测量结果。

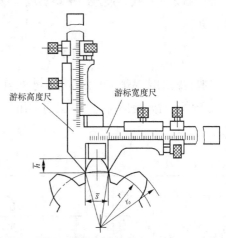

图11-29 分度圆弦齿厚测量

11.3 齿轮副误差的评定参数与检测

11.3.1 齿轮副的传动误差

1. 齿轮副的切向综合总偏差/齿轮副的切向综合误差 F_{ic}'

按设计中心距安装好的齿轮副，啮合足够多的转数，一个齿轮相对于另一个齿轮的实际转角与公称转角之差的总幅值即为 F_{ic}'，以分度圆弧长计算。

一对工作齿轮的切向综合总偏差主要影响运动精度。齿轮副切向综合总偏差 F_{ic}' 等于两齿轮的切向综合总偏差 F_i' 之和。

2. 齿轮副的一齿切向综合总偏差/齿轮副的一齿切向综合误差 f_{ic}'

f_{ic}' 指装配好的齿轮副，啮合转动足够多的转数，一个齿轮相对于另一个齿轮的一个齿距的实际转角与公称转角之差的最大幅值，以分度圆弧长计算。

f_{ic}' 主要影响齿轮传动的平稳性。齿轮副的一齿切向综合总偏差 f_{ic}' 等于两齿轮的一齿切向综合

总偏差 f_i' 之和。

3. 齿轮副的接触斑点及检测

安装好的齿轮副在轻微制动下，运转后齿面上分布的接触擦亮痕迹（图 11-30 所示的阴影线）即为接触斑点。接触痕迹的大小在齿面展开图上用百分比计算。

沿齿长方向：接触痕迹 b''（扣除超过模数值的断开部分）与工作长度 b' 之比，即

$$\frac{b''-c}{b'} \times 100\%$$

沿齿高方向：接触痕迹的平均高度 h'' 与工作高度 h' 之比，即

$$\frac{h''}{h'} \times 100\%$$

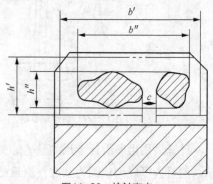

图11-30　接触斑点

一般齿轮副接触斑点的分布和大小按表 11-1 规定。接触斑点主要影响载荷分布均匀性，检测方法比较简单，对大规格齿轮尤其具有实用意义，这项指标综合了齿轮加工误差和安装误差对接触精度的影响。

表 11-1　　　　　　　　　　　　接触斑点

接 触 斑 点	单　　位	精 度 等 级			
		6	7	8	9
按高度不小于	（%）	50	45	40	30
按长度不小于	（%）	70	60	50	40

注：按触斑点的分布位置应趋近齿面中部，齿顶和两面端部校角处不允许接触。

4. 齿轮副侧隙

齿轮副侧隙分为圆周侧隙 $j_{\omega t}$ 和法向侧隙 j_{bn} 两种。

齿轮副中一个齿轮固定时，另一个齿轮的圆周晃动量，称为齿轮副的圆周侧隙 $j_{\omega t}/j_t$，以分度圆弧长计算，如图 11-31 所示。

齿轮副工作齿面接触时，非工作齿面之间的最小距离称为齿轮副的法向侧隙 j_{bn}，$j_{bn} = j_{\omega t} \cdot \cos\alpha \cos\beta$（$\alpha$ 为压力角，β 为螺旋角）。若以上两指标的要求均能满足，则此齿轮副即认为合格。

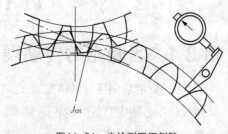

图11-31　齿轮副圆周侧隙

11.3.2　齿轮副的安装误差

1. 齿轮副的中心距偏差 f_a

f_a 是指在齿轮副的齿宽中间平面内实际中心距与设计中心距之差，如图 11-32（a）所示，它主

要影响侧隙。

2. 轴线的平行度误差 $f_{\Sigma\delta}$ 和 $f_{\Sigma\beta}$

如图 11-32（b）、（c）所示，x 方向轴线平行度误差 $f_{\Sigma\delta}$ 为一对齿轮的轴线在其基准平面上投影的平行度误差，在等于全齿宽的长度上测量。y 方向轴线平行度误差 $f_{\Sigma\beta}$ 为一对齿轮的轴线在垂直于基准平面并且平行于基准轴线的平面上投影的平行度误差，在等于全齿宽的长度上测量。两条轴心线中任何一条轴心线都可作为基准轴心线。平行度误差主要影响侧隙及接触精度。

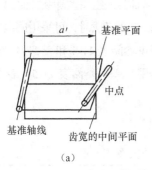 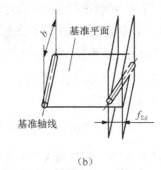 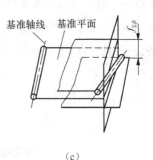

（a）　　　　　　　　　　（b）　　　　　　　　　　（c）

图11-32　中心距误差及平行度误差

11.4　渐开线圆柱齿轮精度标准及应用

11.4.1　精度等级及其选择

国家标准对齿轮及齿轮副规定了 13 个精度等级，用数字 0，1，2，3，…，12 表示。其中 0 级精度最高，12 级精度最低。齿轮副中两个齿轮精度等级一般取相同的，当然也允许取成不同。0、1、2 级属于有待发展的精度级，3～5 级属于高精度级，6～9 级属于中等精度级，10～12 级属于低精度级。标准以 6 级为基础级，各精度等级的公差值或极限偏差值列成数表以便查用。

按各项误差的特性及对传动性能的影响，将齿轮公差分成Ⅰ、Ⅱ、Ⅲ 3 个公差组，如表 11-2 所示。首先根据用途确定主要公差组的精度等级，然后再确定其他两组的精度等级。

表 11-2　　　　　　　　　　　　齿轮的 3 个公差组

公差组	公差与极限偏差项目	误差特性	对传动性能的主要影响
Ⅰ	F_i'、F_p、F_{pk}、F_i''、F_r、F_W	以齿轮一转为周期的误差	传递运动的准确性
Ⅱ	f_i'、f_i''、$\pm f_{pt}$、$\pm f_{pb}$、$\pm F_\alpha$、$f_{f\beta}$、	在齿轮一转内，多次周期的重复出现的误差	传动的平稳性、噪声、振动
Ⅲ	F_β、f_b、$\pm F_{px}$	齿线的误差	载荷分布的均匀性

注：$f_{f\beta}$、f_b、$\pm f_{px}$ 为非直齿齿轮的公差及偏差项目。

对读数、分度齿轮传递角位移，要求控制齿轮传动比的变化，可根据允许的转角误差选择第Ⅰ公差组精度等级。而第Ⅱ公差组的误差是第Ⅰ公差组的组成部分，相互关联，一般可取同级。读数、分度齿轮对传递功率要求不高，故第Ⅲ公差组精度可稍低。

对高速齿轮要求控制瞬时传动比的变化，可根据圆周速度或噪声强度来选择第Ⅱ公差组精度等级。当速度很高时，第Ⅰ公差组精度可取同级；速度不高时，可选稍低等级。轮齿接触精度低也不能保证传动平稳，故第Ⅲ公差组精度不低于第Ⅱ公差组。

承载齿轮要求载荷在齿宽上分布均匀，可根据强度和寿命选择第Ⅲ公差组精度等级。而第Ⅰ、Ⅱ公差组精度可稍低，低速重载时，第Ⅱ公差组可稍低于第Ⅲ公差组；中速轻载时，可采用同级精度。

各公差组选不同精度等级时以不超过一级为宜，精度等级选择可参阅表11-3和表11-4。各精度的 F_p、F_r、F_i''、F_W、F_α、$\pm F_{pt}$、f_i''、F_β、$\pm f_a$、E_{sns}、E_{sni} 等公差或极限偏差可查阅表11-5～表11-15。而 F_i'、f_i'、$f_{\Sigma\delta}$、$f_{\Sigma\beta}$ 的公差可按下列关系式计算。

$$F_i' = F_p + F_\alpha, \quad f_i' = 0.6\,(F_\alpha + f_{pt}), \quad f_{\Sigma\delta} = F_\beta, \quad f_{\Sigma\beta} = 0.5\,F_\beta$$

表 11-3　　　　　　　　圆柱齿轮第Ⅱ组精度等级与圆周速度之间的关系

齿的形式	布氏硬度（HBS）	第Ⅱ公差组精度等级					
		5	6	7	8	9	10
		圆周速度（m·s-1）					
直齿	≤350	>15	到18	到12	到6	到4	到1
	>350		到15	到10	到5	到3	到1
非直齿	≤350	>30	到36	到25	到12	到8	到2
	>350		到30	到20	到9	到6	到1.5

表 11-4　　　　　　　　各种机器采用的齿轮精度等级

齿轮用途	精度等级	齿轮用途	精度等级	齿轮用途	精度等级
测量齿轮	3～5	轻型汽车	5～8	拖拉机、轧钢机	6～10
汽轮机减速器	3～6	载重汽车	6～9	起重机	7～10
金属切削机床	3～8	一般用减速器	6～9	矿山铰车	8～10
航空发动机	4～7	机车	6～7	农业机械	8～11

表 11-5　　　　齿距累积公差 F_p 及 k 个齿距累积公差 F_{pk}　　　　单位：µm

L（mm）		精度等级			
大　于	到	6	7	8	9
—	11.2	11	16	22	32
11.2	20	16	22	32	45
20	32	20	28	40	56
32	50	22	32	45	63
50	80	25	36	50	71
80	160	32	45	63	90
160	315	45	63	90	125
315	630	63	90	125	180

注：F_p 及 F_{pk} 按分度圆弧长 L 查表。

表 11-6　　　　　　　　　　齿圈跳动公差 F_r 值　　　　　　　　　单位：μm

分度圆直径（mm）		法向模数（mm）	精度等级			
大　于	到		6	7	8	9
—	125	≥1～3.5	25	36	45	71
		>3.5～6.3	28	40	50	80
		>6.3～10	32	45	56	90
125	400	≥1～3.5	36	50	63	80
		>3.5～6.3	40	56	71	100
		>6.3～10	45	63	86	112
400	800	≥1～3.5	45	63	80	100
		>3.5～6.3	50	71	90	112
		>6.3～10	56	80	100	125

表 11-7　　　　　　　　　　径向综合公差 F_i'' 值　　　　　　　　　单位：μm

分度圆直径（mm）		法向模数（mm）	精度等级			
大　于	到		6	7	8	9
—	125	≥1～3.5	36	50	63	90
		>3.5～6.3	40	56	71	112
		>6.3～10	45	63	80	125
125	400	≥1～3.5	50	71	90	112
		>3.5～6.3	56	80	100	140
		>6.3～10	63	90	112	160
400	800	≥1～3.5	63	90	112	140
		>3.5～6.3	71	100	125	160
		>6.3～10	80	112	140	180

表 11-8　　　　　　　　　公法线长度变动公差 F_W 值　　　　　　　　单位：μm

分度圆直径（mm）		精度等级			
大　于	到	6	7	8	9
—	125	20	28	40	56
125	400	25	36	50	71
400	800	32	45	63	90

表 11-9　　　　　　　　螺旋线总偏差/齿向公差 F_β 值　　　　　　　单位：μm

齿轮宽度（mm）		精度等级			
大　于	到	6	7	8	9
—	40	9	11	18	28
40	100	12	16	25	40
100	160	16	20	32	50

表 11-10　　　　　　　　　齿廓总偏差/齿形公差 f_α 值　　　　　　　　　单位：μm

分度圆直径（mm）		法向模数（mm）	精 度 等 级			
大　于	到		6	7	8	9
—	125	≥1～3.5	8	11	14	22
		>3.5～6.3	10	14	20	32
		>6.3～10	12	17	22	36
125	400	≥1～3.5	9	13	18	28
		>3.5～6.3	11	16	22	36
		>6.3～10	13	19	28	45
400	800	≥1～3.5	12	17	25	40
		>3.5～6.3	14	20	28	45
		>6.3～10	16	24	36	56

表 11-11　　　　　　　　　齿距极限偏差 $\pm f_{pt}$ 值　　　　　　　　　单位：μm

分度圆直径（mm）		法向模数（mm）	精 度 等 级			
大　于	到		6	7	8	9
—	125	≥1～3.5	10	14	20	28
		>3.5～6.3	13	18	25	36
		>6.3～10	14	20	28	40
125	400	≥1～3.5	11	16	22	32
		>3.5～6.3	14	20	28	40
		>6.3～10	16	22	32	45
400	800	≥1～3.5	13	18	25	36
		>3.5～6.3	14	20	28	40
		>6.3～10	18	25	36	50

表 11-12　　　　　　　基圆齿距偏差/基节极限偏差 $\pm f_{pb}$ 值　　　　　　　单位：μm

分度圆直径（mm）		法向模数（mm）	精 度 等 级			
大于	到		6	7	8	9
—	125	≥1～3.5	9	13	18	25
		>3.5～6.3	11	16	22	32
		>6.3～10	13	18	25	36
125	400	≥1～3.5	10	14	20	30
		>3.5～6.3	13	18	25	36
		>6.3～10	14	20	30	40
		>10～16	16	22	32	45
		>16～25	20	30	40	60

续表

分度圆直径（mm）		法向模数	精 度 等 级			
大于	到	（mm）	6	7	8	9
400	800	≥1～3.5	11	16	22	32
		>3.5～6.3	13	18	25	36
		>6.3～10	16	22	32	45
		>10～16	18	25	36	50
		>16～25	22	32	45	63
		>25～40	30	40	60	80

注：对6级或高于6级的精度，在一个齿轮的同侧齿面上，最大基节与最小基节之差，不允许大于基节单向极限偏差的数值。

表 11-13　　　　　　　　　　一齿径向综合公差 f_i'' 值　　　　　　　　　　单位：μm

分度圆直径（mm）		法向模数	精 度 等 级			
大　于	到	（mm）	6	7	8	9
—	125	≥1～3.5	14	20	28	36
		>3.5～6.3	18	25	36	45
		>6.3～10	20	28	40	50
125	400	≥1～3.5	16	22	32	40
		>3.5～6.3	20	28	40	50
		>6.3～10	22	32	45	56
400	800	≥1～3.5	18	25	36	45
		>3.5～6.3	20	28	40	50
		>6.3～10	22	32	45	56

表 11-14　　　　　　　　　　中心距极限偏差 $\pm f_a$　　　　　　　　　　单位：μm

第Ⅱ公差组精度等级			5～6	7～8	9～10
f_a			$\frac{1}{2}$IT7	$\frac{1}{2}$IT8	$\frac{1}{2}$IT9
齿轮副的中心距	大于6	到10	7.5	11	18
	10	18	9	13.5	21.5
	18	30	10.5	16.5	26
	30	50	12.5	19.5	31
	50	80	15	23	37
	80	120	17.5	27	43.5
	120	180	20	31.5	50
	180	250	23	36	57.5
	250	315	26	40.5	65
	315	400	28.5	44.5	70
	400	500	31.5	48.5	77.5
	500	630	35	55	87
	630	800	40	62	100

表 11-15　　　　　　　　　　　齿厚极限偏差　　　　　　　　　　单位：μm

$C=+1f_{pt}$	$F=-4f_{pt}$	$J=-10f_{pt}$	$M=-20f_{pt}$	$R=-40f_{pt}$
$D=0$	$G=-6f_{pt}$	$K=-12f_{pt}$	$N=-25f_{pt}$	$S=-50f_{pt}$
$E=-2f_{pt}$	$H=-8f_{pt}$	$L=-16f_{pt}$	$P=-32f_{pt}$	

11.4.2　齿轮副侧隙的选择

（1）最小侧隙 j_{bnmin} 的确定。齿轮副传动时的最小法向侧隙应能保证齿轮正常贮油润滑和补偿各种变形，主要从润滑方式和温度变化两方面来综合考虑，具体计算时可参考有关资料。

（2）齿厚上偏差 E_{sns} 的确定。齿轮副的最小法向侧隙 j_{bnmin} 由齿厚上偏差来保证，但在加工和安装时，还与其他各种误差参数有关，要综合考虑。计算出齿厚上偏差 E_{sns} 后，查表 11-15 选择一种能保证最小法向侧隙的齿厚极限偏差作为齿厚偏差 E_{sns}。齿厚极限偏差共计有 C～S 14 种代号，其大小用齿距极限偏差 f_{pt} 和倍数表示，上、下偏差可分别选一种偏差代号表示。

（3）齿厚公差 T_{sn} 的确定。T_{sn} 的大小主要取决于切齿加工时的径向进刀公差和齿圈径向跳动公差，按一定公式计算。

（4）齿厚下偏差 E_{sni} 的确定。$E_{sns}-E_{sni}=T_{sn}$，然后根据表 11-15 选取齿厚极限偏差代号作为齿厚的下偏差。

（5）公法线平均长度极限偏差 F_{Wk}。侧隙也可采用 F_{Wk} 的办法来保证，与齿厚偏差 f_{sn} 有关。

11.4.3　检验参数的选择

由表 11-2（公差组）可以看出，影响齿轮传动性能的齿轮公差或极限偏差项目众多，生产中不可能也没必要逐项检验。标准根据齿轮传动的使用要求、齿轮精度等级、各项指标的性质以及齿轮加工和检测的具体条件，对 3 个公差组各规定必要的检验项目的组合，称为公差组的检验组。具体规定如表 11-16 和表 11-17 所示。

表 11-16　　　　　　　各种机器采用齿轮的精度等级和检验指标

齿轮用途	测量分度齿轮	涡轮机齿机	航空、汽车、机床、牵引齿轮、拖拉机、起重机、一般机器			
精度等级	3～5	3～6	4～6	6～8	7～9	9～11
第Ⅰ公差组	F_i' (F_p)	F_i' (F_p)	$F_p(F_i'')$	F_r 和 F_W $(F_i''$ 和 $F_W)$	F_r 和 F_W $(F_i''$和 $F_W)$	F_r
第Ⅱ公差组	f_i' $(f_f$ 和 $f_{pb})$	$F_{p\beta}$ $(f_i\Delta E_{sn})$	f_f 和 f_{pb} $(f_f$ 和 $f_{pt})$	f_f 和 f_{pb} (f_i'')	f_{pb} 和 f_{pt}	f_{pt}
第Ⅲ公差组	F_β	F_{px} 和 f_f	接触斑点 (F_β)	接触斑点 (F_β)	接触斑点 (F_β)	接触斑点
齿轮副测隙			E_{sns} 和 E_{sni} $(E_{bns}$ 和 $E_{bni})$			

注：表中包括非直齿轮检验指标，括号内为第二方案。

表 11-17　　　　　　　齿轮检验组适用的精度等级和计量器具

检验组	公 差 组			适用等级	计 量 器 具
	I	II	III		
1	F_i'	f_i'	F_β	3～8	单啮仪、齿轮万能测量机、齿轮仪
2	F_p	$f_{f\beta}$	F_{px}	3～6	齿距仪、波度仪、轴向齿距仪
3	F_p	f_f、f_{pt}	F_β	3～7	齿距仪、齿形仪、齿向仪
4	F_p	f_{pt}、f_{pb}	F_β	3～7	齿距仪、基节仪、齿向仪
5	F_i''、F_W	f_i''	F_β	6～9	双啮仪、公法线卡尺、齿向仪
6	F_r、F_W	f_f、f_{pb}	F_β	6～8	跳动仪、公法线卡尺、齿形仪、基节仪、齿向仪
7	F_r、F_W	f_{pt}、f_{pb}	F_β	6～8	跳动仪、公法线卡尺、齿距仪、基节仪、齿向仪
8	F_r	f_{pt}	F_β	9～12	跳动仪、齿距仪、齿向仪

11.4.4 齿轮精度

　　齿轮传动的制造精度与安装精度在很大程度上取决于齿轮和箱体的精度，这两方面达不到相应的要求，也难保证齿轮传动的互换性。齿坯的加工精度对齿轮加工、检验和安装精度影响很大，在一定条件下，用控制齿坯的精度来保证和提高齿轮的加工精度是一项积极的措施。

　　齿轮精度主要包括齿轮内孔、顶圆、齿轮轴的定位基准面和安装基准面（端面）的精度以及各工作表面的粗糙度要求。对高精度齿轮（1～3 级），其形状精度也要提出一定的要求。齿坯精度等级见表 11-18。齿轮孔、轴、顶圆及基准面的径向和轴向跳动公差见表 11-19。齿轮各主要表面的粗糙度与齿轮的精度等级有关，选用时可参考表 11-20 或相关机械设计手册。

表 11-18　　　　　　　　　　齿坯公差精度等级

齿轮精度等级[1]		6	7	8	9
孔	尺寸公差 形状公差	IT6	IT7		IT8
轴	尺寸公差 形状公差	IT5	IT6		IT7
顶圆直径[2]		IT8			IT9
基准面的径向跳动[3]		见表 10-19			
基准面的轴向跳动					

注：① 当 3 个公差组的精度等级不同时，按最高的精度等级确定公差值。

　　② 当顶圆不作测量齿厚的基准时，尺寸公差技 IT11 给定，但不大于 0.1mm。

　　③ 当以顶圆作基准面时，本栏就指顶圆的径向跳动。

表 11-19　　　　　　　　　　齿轮基准面径向和端面跳动公差　　　　　　　单位：μm

分度圆直径（mm）		精　度　等　级				
大　　于	到	1 和 2	3 和 4	5 和 6	7 和 8	9 到 12
—	125	2.8	7	11	18	28
125	400	3.6	9	14	22	36
400	800	5.0	12	20	32	50
800	1 600	7.0	18	28	45	71
1 600	2 500	10.0	25	40	63	100
2 500	4 000	16.0	40	63	100	160

表 11-20　　　　　　　　　　齿轮主要表面粗糙度 R_a 值　　　　　　　　　单位：μm

第Ⅱ公差组 精度等级	5		6		7		8		9		10
法向模数	≤8	>8	≤8	>8	≤8	>8	≤8	>8	≤8	>8	任意
齿面	0.63	1.25	0.63	1.25	1.25	2.50	2.50	5.00	5.00	10.00	10.00
齿顶圆	2.50					5.00			10.00		20.00
基准端面	2.50					5.00			5.00		10.00

11.4.5　齿轮精度在图样上的标注

齿轮零件在图样上应标注齿轮各公差组精度等级和齿厚偏差或公法线平均长度极限偏差的字母代号。

（1）8FL GB/T 10095.1—2008 表示第Ⅰ、Ⅱ、Ⅲ公差组精度等级均为 8 级，齿厚上偏差为 F，齿厚下偏差为 L。

（2）7-6-6GMGB/T 10095.1—2008 表示第Ⅰ公差组精度为 7 级，第Ⅱ公差组精度为 6 级，第Ⅲ公差组精度为 6 级，齿厚上偏差为 G，齿厚下偏差为 M。

（3）副 7-6-6（$_{0.365}^{0.210}$）GB/T10095.1—2008 表示齿轮副的切向综合公差精度等级、齿轮副的一齿切向综合公差精度等级、齿轮副的接触斑点精度等级分别为 7 级、6 级和 6 级，（$_{0.365}^{0.210}$）表示法向侧隙，表示最小法向侧隙为 0.210 mm，最大法向侧隙为 0.365mm。

（4）副 7（$_{0.365}^{0.210}$）t GB/T 10095.1—2008 表示齿轮副 3 方面的精度等级均为 7 级，加字母 t 表示圆周侧隙（而非法向侧隙），表示最小圆周侧隙为 0.210mm，最大圆周侧隙为 0.365mm。

【例 11-1】　一直齿圆柱齿轮，$m=3$mm，$\alpha=20°$，齿数 $z=20$，齿宽 $b=28$mm，齿轮的精度等级为 8FH GB/T 10095.1—2008，试确定齿轮公差与极限偏差。

解：根据表 11-16，第Ⅰ公差组精度为 8 级。选择齿圈径向跳动公差，查表 11-6 得 $F_r=45$μm，公法线长度变动公差查表 11-8 得 $F_W=40$μm。

第Ⅱ公差组精度为 8 级。选择齿距极限偏差，查表 11-10 得 $f_{pt}=\pm20$μm。基节极限偏差查表 11-11 得 $f_{pb}=\pm18$μm。

第Ⅲ公差组精度为 8 级。选择齿向公差，查表 11-13 得 $f_\beta=18$μm。或按接触斑点查表 11-1，齿高方向不少于 40%，齿长方向不少于 50%。

本章主要介绍了齿轮传动的基本要求，圆柱齿轮和齿轮副误差的评定参数与检测，齿坯精度在图样上的标注及齿轮偏差标准的应用。

齿轮传动有四项基本要求：传递运动的准确性、传动的平稳性、载荷分布的均匀性和合理的齿轮副侧隙。

针对齿轮传动的 4 项使用要求，国家制定了标准 GB/T 10095.1—2008、GB/T 10095.2—2008。标准规定了齿轮、偏差统称为齿轮偏差，同时还规定了侧隙的评定指标。单项要素用小写字母 f 加下标表示，而由若干单项要素组成的累积偏差或总偏差用大写字母 F 加下标来表示。学习时，可用比较法明确不同指标的异同，掌握各项指标的代号、定义、作用及检测方法。齿轮的公差等级分为 13 个等级，3～5 级属于高精度级，6～9 级为中等精度，应用最广泛。公差等级的选择应根据齿轮的实际生产条件进行合理选择。

齿轮偏差的选择应依据书中所列表格、生产的实际条件进行选择。本章最后结合一个实例，总结了齿轮偏差的基本应用。

1. 简答题

（1）各种不同用途的齿轮传动对精度各有何不同要求？

（2）第 Ⅰ、Ⅱ、Ⅲ 公差组有何区别？各包括哪些项目？

（3）试述下列标注的含义。

① 7-6-6 FL GB/T 10095.1—2008；　　　　② 6 GM GB/T 10095.1—2008；

③ 副 7-6-6 $\left(\begin{smallmatrix}0.270\\0.405\end{smallmatrix}\right)$ t GB/T 10095.1—2008。

2. 选择题

从 A～D 中选择正确答案填入（1）～（5）题中。

（1）齿轮的径向一齿综合误差是用来评定（　　　）。

（2）齿轮的切向一齿综合误差是用来评定（　　　）。

（3）齿轮的齿形误差是用来评定齿轮的（　　　）。

（4）齿轮的齿距累积总偏差是用来评定（　　　）。

（5）齿轮的齿厚偏差是用来评定（　　　）。

　　A. 传递运动的准确性　　B. 传动的平稳性　　　C. 载荷分布均匀性　　　D. 齿轮副侧隙

3. 应用题

有一直齿圆柱齿轮，$m = 5mm$，$\alpha = 20°$，齿数 $z = 40$，齿轮的精度等级为 7FL GB/T 10095.1—2008，试确定 F_r、F_w、F_i''、f_{pt} 与齿厚上、下偏差值。

第12章

| 典型零件的误差检测 |

【学习目标】

1. 了解锥度和角度的常用检测方法及相应的测量器具。
2. 掌握普通螺纹的测量。
3. 了解平键和矩形花键连接的检测方法及相应的测量器具。

12.1 圆锥角和锥度测量

| 12.1.1 相对测量法 |

相对测量法又称比较测量法。它是将角度量具与被测角度比较，用光隙法或涂色检验的方法，估计被测锥度及角度的测量。其常用的量具有角度量块、直角尺、角度或锥度样板及圆锥量规等。

1. 角度量块

在角度测量中，角度量块是基准量具，它用来检定或校正各种角度量仪，也可以用来测量精密零件的角度。成套的角度量块由 36 块或 94 块组成，测量范围为 $10° \sim 350°$。角度量块的结构形式有 I 型和 II 型两种，I 型为三角形量块，有一个工作角 α；II 型为四边形量块，有四个工作角 α、β、γ、δ，如图 12-1 所示。角度量块具有研合性，可单独使用，也可组合使用。为保证量块紧密贴合，

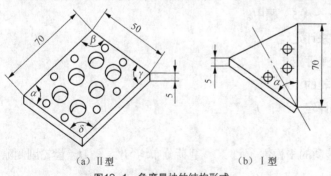

（a）II 型　　　　　　　（b）I 型

图12-1　角度量块的结构形式

组合时靠专用附件夹注，与被测对象比较时，用光隙法估定角度偏差。

2．直角尺

直角尺的公称角度为 90°，它用于检验直角偏差、划垂直线、目测光隙以及用塞尺来确定垂直度误差的大小。直角尺的结构形式如图 12-2 所示。

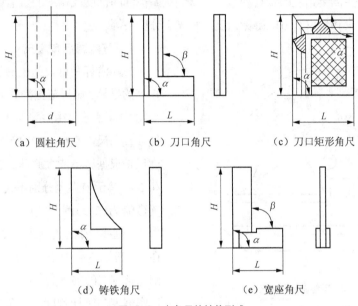

（a）圆柱角尺　　　　　（b）刀口角尺　　　　　（c）刀口矩形角尺

（d）铸铁角尺　　　　　（e）宽座角尺

图12-2　直角尺的结构形式

直角尺的精度按外工作角 α 和内工作角 β，在长度 H 上对 90° 的垂直误差大小划分为 0、1、2、3 四个等级。其中 0 级为最高级，3 级是最低级，0、1 级用于检定精密量具或作精密测量，2、3 级用于检验一般零件。

3．圆锥量规

圆锥量规用于检验成批生产的内、外圆锥的锥度和基面距偏差，分为圆锥塞规和套规，有莫氏和公制两种，结构形式如图 12-3 所示。

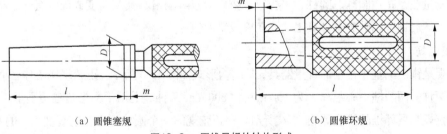

（a）圆锥塞规　　　　　　　　　　　　　（b）圆锥环规

图12-3　圆锥量规的结构形式

圆锥量规可以检验零件的锥度及基面距误差。检验时，先检验锥度，检验锥度常用涂层法，在量规表面沿着素线方向涂上 3～4 条均布的红丹线，与零件研合转动 1/3～1/2 转，取出量规，根据接触面的位置和大小判断锥角误差；然后用圆锥量规检验零件的基面距误差，在量规的大端或小端处有距离为 m 的两条刻线或台阶，m 为零件圆锥的基面距公差。测量时，被测圆锥的端面只要介于两条刻线之间，即为合格。

12.1.2　直接测量法

直接测量法是用测量角度的量具和量仪直接测量，被测的锥度或角度的数值可在量具和量仪上直接读出。常用量具和量仪有万能游标角度尺和光学分度头等。

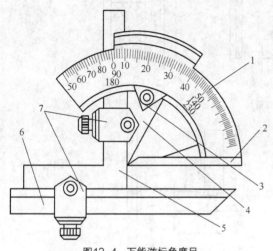

图12-4　万能游标角度尺

1. 主尺　2. 基尺　3. 制动器　4. 扇形板
5. 直角尺　6. 直尺　7. 卡块

1. 万能游标角度尺

万能游标角度尺是机械加工中常用的度量角度的量具，测量范围为 0°～320°。它的结构如图 12-4 所示，由主尺、基尺、制动器、扇形板、直角尺、直尺和卡块等组成。万能游标角度尺是根据游标读数原理制造的。读数值为 2′和 5′，其示值误差分别不大于 ±2′ 和 ±5′。以读数值为 2′ 为例：主尺朝中心方向均匀刻有120 条刻线，每两条刻线的夹角为 1°，游标上，在 29° 范围内朝中心方向均匀刻有 30 条刻线，则每条刻线的夹角为 29°/30×60′=58′，因此，尺座刻度与游标刻度的夹角之差为 60′−29°/30×60′=2′，即游标角度尺的读数值为 2′。调整基尺、角尺、直尺的组合，可测量 0°～320° 范围内的任意角度。

2. 光学分度头用于锥度及角度的精密测量，以及工件加工时的精密分度

如测量花键、凸轮、齿轮、铣刀、拉刀等的分度中心角，测量时，以零件的旋转中心为测量基准来测量工件的中心夹角。

12.1.3　间接测量法

间接测量法是指用圆球、圆柱、平板或正弦规等量具测量与被测角度或锥度有一定函数关系的线性尺寸，然后通过函数关系计算出被测角度或锥度值。

1. 正弦规

正弦规是锥度测量中常用的计量器具，其结构形式如图 12-5 所示。正弦规按工作台面宽度分宽型和窄型两种，两圆柱中心距离 L 为 100 mm 和 200 mm 两种。适用于测量圆锥角小于 30° 的锥度。

用正弦规测量外锥的锥度如图 12-6 所示。在正弦规的一个圆柱下面垫上高度为 h 的一组量块，已知两圆柱的中心距为 L，正弦尺工作面和平板的夹角为 α，则量块组高度 $h=L\sin\alpha$。用百分表测量圆锥面上相距为 l 的 a、b 两点，由 a、b 两点的读数差 n 和 a、b 两点的距离 l 之比，即可求出锥度误差 ΔC，即

$$\Delta C = \frac{n}{l}(\text{rad}) \text{ 或 } \Delta\alpha = \arctan^{-1}\frac{n}{l}$$

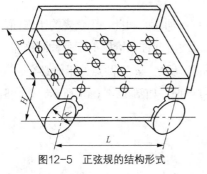

图12-5 正弦规的结构形式

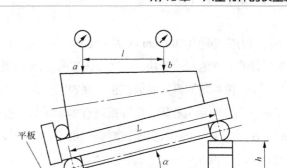

图12-6 正弦规测量外锥

2．圆球和圆柱量规

采用精密钢球和圆柱量规也可间接测量锥角，这种方法适用于正弦规无法测量的场合。

实训十四　正弦规测量圆锥角偏差

1．实训目的

了解正弦规测量外圆锥度的原理和方法。

2．实训设备

平板、正弦规、量块、带表架的指示表和被测零件（锥度塞规）。

3．实训步骤

测量原理及计量器具说明如下。

正弦规是间接测量角度的常用计量器具之一，它需要和量块、指示表等配合使用。具体结构如图 12-7 所示。它由主体和两个圆柱等组成，分窄型和宽型两种。

正弦规测量角度的原理是以利用直角三角形的正弦函数为基础进行角度的测量，如图 12-8 所示。

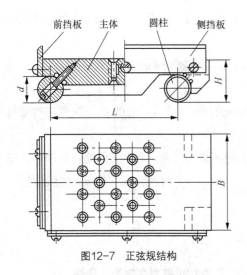

图12-7 正弦规结构

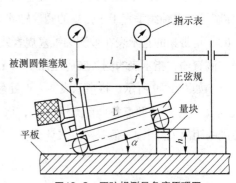

图12-8 正弦规测量角度原理图

测量时，先根据被测圆锥塞规的公称圆锥角 α，计算出量块组的高度 $h = L\sin\alpha$，式中：L 为正弦规两圆柱间的中心距（100 mm 或 200 mm）。

根据计算的 h 值组合量块，垫在正弦规的下面，如图 12-8 所示，因此，正弦规的工作面与平板的夹角为 α。然后将圆锥塞规放在正弦规的工作面上，如果被测圆锥角恰好等于公称圆锥角，则指示表在 e、f 两点的示值相同，即圆锥塞规的素线与平板平行，反之，e、f 两点的示值必有一差值 n，这表明存在圆锥角偏差。若实际被测圆锥角 $\alpha' > \alpha$，则 $e-f=+n$，如图 12-9（a）所示；若实际被测圆锥角 $\alpha' < \alpha$，则 $e-f=-n$，如图 12-9（b）所示。

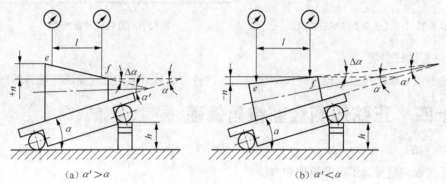

（a）$\alpha' > \alpha$　　　　　　　　　　　（b）$\alpha' < \alpha$

图12-9　用正弦规测量圆锥角偏差

由图 12-9 可知，圆锥角偏差 ΔC 按下式计算：

$$\Delta C = \tan（\Delta\alpha）= \frac{n}{l}$$

式中：l——e、f 两点间的距离；

　　　n——指示表在 e、f 两点的读数差；

　　　$\Delta\alpha$ 的单位为弧度，1 弧度（rad）$=2\times10^5$ 秒（″）。

实训步骤如下。

（1）根据被测锥度塞规的公称圆锥度 α 及正弦尺圆柱中心距 L，按公式 $h=L\sin\alpha$ 计算量块组的尺寸，并组合好量块。

（2）将组合好的量块组放在正弦规一端的圆柱下面，然后将圆锥塞规稳放在正弦规的工作面上（应使圆锥塞规轴线垂直于正弦规的圆柱轴线）。

（3）用带架的指示表在被测圆锥塞规素线上距离两端分别不小于 2 mm 的 e、f 两点进行测量和读数。测量前，指示表的测头应先压缩 1～2 mm。

（4）如图 12-9 所示，将指示表在 e 点处前后推移，记下最大读数。再在 f 点处前后推移，记下最大读数。在 e、f 两点各重复测量 3 次，取平均值后，求出 e、f 两点的高度差 n，然后测量 e、f 两点间的距离 l。圆锥角偏差按下式计算。

$$\Delta C = \frac{n}{l}（\text{rad}）= \frac{n}{l}\times2\times10^5（\text{s}）$$

（5）将测量结果记入实验报告，查出圆锥角极限偏差，并判断被测塞规的适用性。

4．填写实训报告十四

实训报告十四见附录Ⅲ（P320）。

5．思考题

（1）用正弦规、量块和指示表测量圆锥角偏差时，e、f两点距离l的偏差对测量结果有何影响？

（2）用正弦规测量锥度时，有哪些测量误差？

（3）为什么用正弦规测量锥度属于间接测量？

普通螺纹的检测

12.2.1　综合测量

综合测量是同时测量螺纹的几个参数来检验螺纹是否合格。在成批生产中，采用螺纹量规和光滑极限量规联合检验是否合格，属于综合测量。其特点是检验效率高，但不能测出参数的具体数值。

螺纹量规分为塞规和环规（或称卡规）。塞规用于检验内螺纹，环规用于检验外螺纹。

检验时，通端螺纹环规（通规）能顺利与螺纹工件旋合，而止端螺纹环规（止规）不能旋合或不完全旋合，则螺纹合格。反之，则说明内螺纹过小，外螺纹过大，螺纹应予以退修。当止规与工件能旋合，则表示内螺纹过大，外螺纹过小，螺纹是废品。

1．对外螺纹的检验

图 12-10 为用螺纹环规检验螺栓的情况。通端螺纹环规用来控制螺栓的作用中径及小径最大极限尺寸。止端螺纹环规用来控制螺栓单一中径的最小极限尺寸。光滑极限卡规的通端和止端用来检验螺栓大径的极限尺寸。

2．对内螺纹的检验

图 12-11 为用螺纹塞规检验螺母的情况。通端螺纹塞规用来控制螺母的作用中径及大径的最小极限尺寸。止端螺纹塞规用来

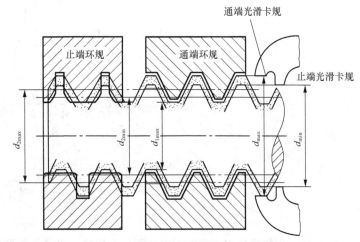

图12-10　螺纹环规和光滑极限卡规检验螺栓

控制螺母单一中径的最大极限尺寸。光滑极限塞规的通端与止端是用来检验螺母小径的极限尺寸，通端螺纹环规和塞规用来控制作用中径，应采用完整牙型，其长度应等于旋合长度。而螺纹环规和塞规的止端则采用短牙型，长度可较短，以减少螺距误差及牙型半角误差对测量结果的影响。

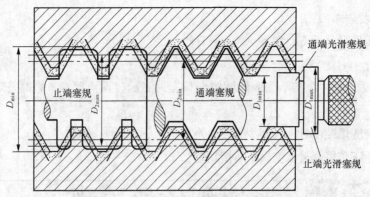

图12-11 螺纹塞规和光滑极限塞规检验螺栓

12.2.2 单项测量

螺纹的单项测量指分别测量螺纹的各项几何参数，主要是中径、螺距和牙型半角的测量。常用的单项测量螺纹几何参数的方法有三针法和影像法。如用工具显微镜测量螺纹各参数，用螺纹千分尺测量中径，用单针法或三针法测量螺纹中径等。

下面主要介绍三针测量法。三针测量法主要用于测量精密外螺纹（如丝杆、螺纹塞规等）的单一中径。其最大优点是测量精度高。

1. 三针法测量螺纹中径

把三根相同的金属针放在外螺纹沟槽内，量出三针外表面之间的尺寸 M，如图 12-12 所示。根据已知的螺距 P、牙型角 α 及量针直径 d_0 和测出的 M 值可算出中径 d_2。

$$d_2 = M - 2AC = M - 2(AE - CE) = M - 2AE + 2CE$$

$$AE = AB + BE = \frac{d_0}{2} + \frac{d_0}{2}\frac{1}{\sin\frac{\alpha}{2}} = \frac{d_0}{2}\left[1 + \frac{1}{\sin\frac{\alpha}{2}}\right]$$

$$CE = CF\cot\frac{\alpha}{2} = \frac{P}{4}\cot\frac{\alpha}{2}$$

则

$$d_2 = M - d_0\left(1 + \frac{1}{\sin\frac{\alpha}{2}}\right) + \frac{P}{2}\cot\frac{\alpha}{2}$$

所用量针与螺纹牙侧面最好在中径圆柱上接触，以消除牙型半角误差对测量结果的影响，使测得中径为单一中径，其最佳针径可按图 12-13 所示导出。

$$d_{0最佳} = \frac{P}{2\cos\frac{\alpha}{2}}$$

以最佳针径代入中径公式可得单一中径计算公式 $d_{2\text{单一}} = M - 1.5d_{0\text{最佳}}$。

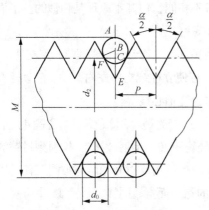

图12-12　三针法测量中径

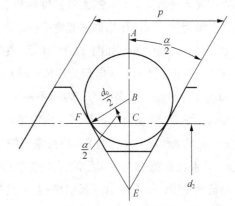

图12-13　三针法测中径计算

2．三针法测量牙型半角

用两种不同直径的三针 D_0 和 d_0，各自放入螺纹槽中，分别测出 M 和 m 值，如图 12-14 所示。

在 $\triangle oo'A$ 中：

$$\sin\frac{\alpha}{2} = \frac{oA}{oo'}$$

$$oA = \frac{D_0 - d_0}{2}$$

$$oo' = \frac{M - D_0 - (m - d_0)}{2}$$

则

$$\sin\frac{\alpha}{2} = \frac{D_0 - d_0}{M - m - (D_0 - d_0)}$$

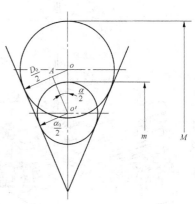

图12-14　三针法测量牙型半角

实训十五　影像法测量螺纹主要参数

1．实训目的

了解工具显微镜的测量原理及结构特点；熟悉用大型或小型工具显微镜测量外螺纹主要参数的方法。

2．实训设备

工具显微镜、被测零件。

3．实训步骤

实训内容：用大型或小型工具显微镜测量螺纹塞规的中径、牙形半角和螺距。

影像法测量原理及计量器具说明如下。

影像法是指在计量室中用万能工具显微镜（见图 12-15）将被测螺纹的牙型轮廓放大成像，按被测螺纹的影像测量其螺距、牙型半角和中径，是一种广泛采用的测量方法。

工具显微镜可用于测量螺纹量规、螺纹刀具、齿轮滚刀以及轮廓样板等，它分为小型、大型、万能和重型等4种形式。它们的测量精度和测量范围虽各不相同，但基本原理是相似的。下面以大型工具显微镜为例，阐述用影像法测量中径、牙形半角和螺距。

大型工具显微镜的外形如图12-15所示，它主要由目镜1、工作台5、底座7、支座12、立柱13、悬臂14和千分尺6、10等部分组成。转动手轮11，可使立柱绕支座左右摆动；转动千分尺6和10，可使工作台纵、横向移动；转动手轮8，可使工作台绕轴心线旋转。

仪器的光学系统如图12-16所示。由主光源1发出的光经聚光镜2、滤色片3、透镜4、光阑5、反射镜6、透镜7和玻璃工作台8，将被测工件9的轮廓经物镜10、反射棱镜11投射到目镜的焦平面13上，从而在目镜15中观察到放大的轮廓影像。另外，也可用反射光源照亮被测工件，以工件表面上的反射光线，经物镜10、反射棱镜11投射到目镜的焦平面上，同样在目镜15中可观察到放大的轮廓影像。

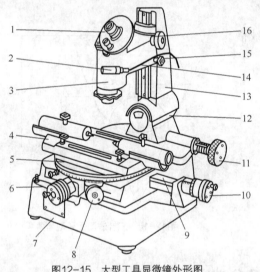

图12-15　大型工具显微镜外形图

1. 目镜　2. 灯泡光源　3. 镜筒　4. 旋转支座　5. 工作台
6. 横向调节手轮（横向千分尺）　7. 底座　8. 旋转手轮
9. 横向导轨　10. 纵向调节手轮（纵向千分尺）
11. 摆动调节手轮　12. 支座　13. 立柱　14. 悬臂
15. 锁紧螺钉　16. 升降调节旋钮

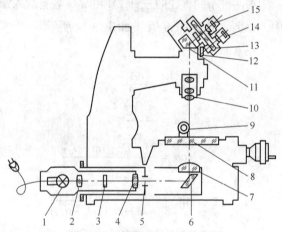

图12-16　工具显微镜的光学系统图

1. 光源　2. 聚光镜　3. 滤色片　4. 透镜　5. 光阑
6. 反射镜　7. 透镜　8. 工作台　9. 被测工件
10. 物镜　11、12. 反射棱镜　13. 分划板
14. 角度读数目镜　15. 中央目镜

仪器的目镜外形如图12-17（a）所示。它由玻璃分划板、中央目镜、角度读数目镜、反射镜和手轮等组成。目镜的结构原理如图12-17（b）所示，从中央目镜可观察到被测工件的轮廓影像和分划板的米字刻线，如图12-17（c）所示。从角度读数目镜中，可以观察到分划板上0°～360°的度值刻线和固定游标分划板上0′～60′的分值刻线，如图12-17（d）所示。转动手轮可使刻有米字刻线的度值刻线的分划板转动，它转过的角度，可从角度读数目镜中读出。当该目镜中固定游标的零刻线与度值刻线的零位对准时，则米字刻线中间虚线 $A—A$ 正好垂直于仪器工作台的纵向移动方向。

步骤如下。

（1）擦净仪器及被测螺纹，将工件小心地安装在两顶尖之间，拧紧顶尖的固紧螺钉（要当心工件掉下砸坏玻璃工作台）。同时，检查工作台圆周刻度是否对准零位。

（2）接通电源。用调焦筒（仪器专用附件）调节主光源 1（见图 12-16），旋转主光源外罩上的三个调节螺钉，直至灯丝于光轴中央成像清晰，则表示灯丝已位于光轴上，并在聚光镜 2 的焦点上。

（3）根据被测螺纹尺寸，从仪器说明书中查出适宜的光阑直径，然后调好光阑的大小。

（4）旋转手轮 11（见图 12-15），按被测螺纹的螺旋升角度 ϕ，调整立柱 13 的倾斜度。

（5）调整目镜 14、15 上的调节环（见图 12-16），使米字刻线和度值、分值刻线清晰。松开螺钉 15（见图 12-15，旋转手柄 16，调整仪器的焦距，使被测轮廓影像清晰（若要求严格，可用专用的调焦棒在两顶尖中心线的水平内调焦）。然后旋紧螺钉 15。

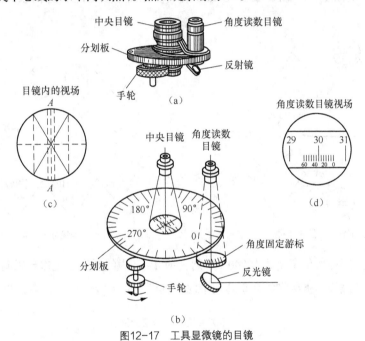

图 12-17　工具显微镜的目镜

（6）测量螺纹主要参数。

① 测量中径。螺纹中径 d_2 是指螺纹截成牙凸和牙凹宽度相等并和螺纹轴线同心的假想圆柱面直径。

对于单线螺纹，它的中径也等于在轴截面内，沿着与轴线垂直的方向量得的两个相对牙形侧面间的距离。

为了使轮廓影像清晰，须将立柱顺着螺旋线方向倾斜一个螺旋升角度，其值按下式计算。

$$\tan\phi = \frac{nP}{\pi d_2}$$

式中：P——螺纹螺距（mm）；

　　　d_2——螺纹中径公称值（mm）；

　　　n——螺纹线数。

测量时，转动纵向千分尺 10 和横向千分尺 6（见图 12-15），并移动工作台，使目镜中的 A—A

虚线与螺纹投影牙型的一侧重合，如图 12-18 所示，记下横向千分尺的第一次读数。转动横向千分尺，使 A—A 虚线与对面牙型轮廓重合，如图 12-18 所示，记下横向千分尺第二次读数。两次读数之差，即为螺纹的实际中径。为了消除被测螺纹安装误差的影响，需测出 $d_{2左}$ 和 $d_{2右}$，测量 $d_{2右}$ 值，应先将显微镜立柱反向倾斜螺旋升角 ϕ。取两者的平均值作为实际中径，即

$$d_{2实际}=\frac{d_{2左}+d_{2右}}{2}$$

② 测量牙型半角。螺纹牙型半角 $\alpha/2$ 是指在螺纹牙型上，牙侧与螺纹轴线的垂线间的夹角。

测量时，转动纵向和横向千分尺并调节目镜的手轮（见图 12-17），使目镜中的 A—A 虚线与螺纹投影牙型的某一侧面重合，如图 12-19 所示。此时，角度读数目镜中显示的读数，即为该牙侧的半角数值。

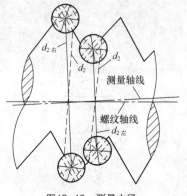

图12-18　测量中径

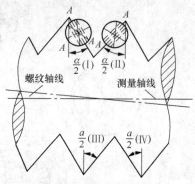

图12-19　测量牙形半角（一）

在角度读数目镜中，当角度读数为 000 时，则表示 A—A 虚线垂直于工作台纵向轴线，如图 12-20（a）所示。当 A—A 虚线与被测螺纹牙型边对准时，如图 12-20（b）所示，得该半角的数值为

$$\frac{\alpha}{2}_{(右)}=360°-330°4'=29°56'$$

（a）　　　　　　　　　（b）　　　　　　　　　（c）

图12-20　测量牙形半角（二）

同理，当 A—A 虚线与被测螺纹牙型另一边对准时，如图 12-20（c）所示，则得另一半角的数值为

$$\frac{\alpha}{2}_{(左)} = 30°8'$$

为了消除被测螺纹的安装误差的影响，须分别测出：

$$\frac{\alpha}{2}(\text{I})、\frac{\alpha}{2}(\text{II})、\frac{\alpha}{2}(\text{III})、\frac{\alpha}{2}(\text{IV})$$

并按下述方式处理

$$\frac{\alpha}{2}_{(左)} = \frac{\frac{\alpha}{2}(\text{II}) + \frac{\alpha}{2}(\text{IV})}{2}$$

$$\frac{\alpha}{2}_{(右)} = \frac{\frac{\alpha}{2}(\text{I}) + \frac{\alpha}{2}(\text{III})}{2}$$

将它们与牙型半角公称值 $\frac{\alpha}{2}$ 比较，则得牙型半角偏差为

$$\Delta\frac{\alpha}{2}_{(左)} = \frac{\alpha}{2}_{(左)} - \frac{\alpha}{2}$$

$$\Delta\frac{\alpha}{2}_{(右)} = \frac{\alpha}{2}_{(右)} - \frac{\alpha}{2}$$

$$\Delta\frac{\alpha}{2} = \frac{\left|\Delta\frac{\alpha}{2}_{(左)}\right| + \left|\Delta\frac{\alpha}{2}_{(右)}\right|}{2}$$

为了使轮廓影像清晰，测量牙型半角时，同样要使立柱倾斜一个螺旋升角 ϕ。

③ 测量螺距。螺距 P 是指相邻两牙在中径线上对应两点间的轴向距离。

测量时，转动纵向和横向千分尺，且移动工作台，利用目镜中的 A—A 虚线与螺纹投影牙型的一侧重合，记下纵向千分尺第一次读数。然后移动纵向工作台，使牙型纵向移动几个螺距的长度，以同侧牙型与目镜中的 A—A 虚线重合，记下纵向千分尺第二次读数。两次读数之差，即为 n 个螺距的实际长度，如图 12-21 所示。

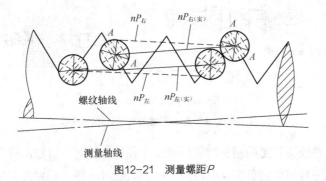

图12-21　测量螺距 P

为了消除被测螺纹安装误差的影响，同样要测量出 $nP_{左(实)}$ 和 $nP_{右(实)}$。然后，取它们的平均值作为螺纹 n 个螺距的实际尺寸，即

$$nP_{实} = \frac{nP_{左(实)} + nP_{右(实)}}{2}$$

n 个螺距的累积偏差为　　　　　　$\Delta nP_{实} = nP_{实} - nP$

（7）按图样给定的技术要求，判断被测螺纹塞规的适用性。

4. 填写实验报告十五

实训报告十五见附录Ⅲ（P321）。

5. 思考题

（1）用影像法测量螺纹时，立柱为什么要倾斜一个螺旋升角度？

（2）用工具显微镜测量外螺纹的主要参数时，为什么测量结果要取平均值？

实训十六　外螺纹中径的单项测量

1. 实训目的

熟悉测量外螺纹中径的测量原理和方法。

2. 实训设备

螺纹千分尺、三针、被测零件。

3. 实训步骤

实训内容：用螺纹千分尺测量外螺纹中径；用三针测量外螺纹中径。

测量原理及计量器具说明如下。

螺纹千分尺是生产车间测量较低精度外螺纹中径的常用量具。螺纹千分尺的读数方法与普通千分尺相同。螺纹千分尺的外形如图 12-22 所示。它的构造与外径千分尺基本相同，只是在测量砧和测量头上装有特殊、可更换的锥形测量头 1 和对应的 V 形槽测头 2。用它来直接测量外螺纹的中径。螺纹千分尺的分度值为 0.01 mm。测量前，用尺寸样板 3 来调整零位。每对测量头只能测量一定螺距范围内的螺纹，使用时根据被测螺纹的螺距大小，按螺纹千分尺附表来选择。测量时可由螺纹千分尺直接读出螺纹中径的实际尺寸。

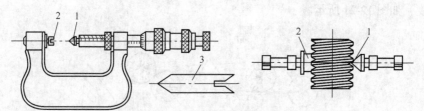

图12-22　螺纹千分尺外形图

1. 锥形测量头　2. V形槽测头　3. 尺寸样板

三针法测量是一种较为常见的精密测量外螺纹中径的方法。三针法测量外螺纹中径的原理如图 12-23 所示，这是一种间接测量螺纹中径的方法。测量时，将 3 根精度很高、直径相同的量针

放在被测螺纹的牙凹中,用测量外尺寸的计量器具如千分尺、机械比较仪、光较仪、测长仪等测量出尺寸 M,再根据被测螺纹的螺距 P、牙形半角 $\alpha/2$ 和量针直径 d_m,计算出螺纹中径 d_2。

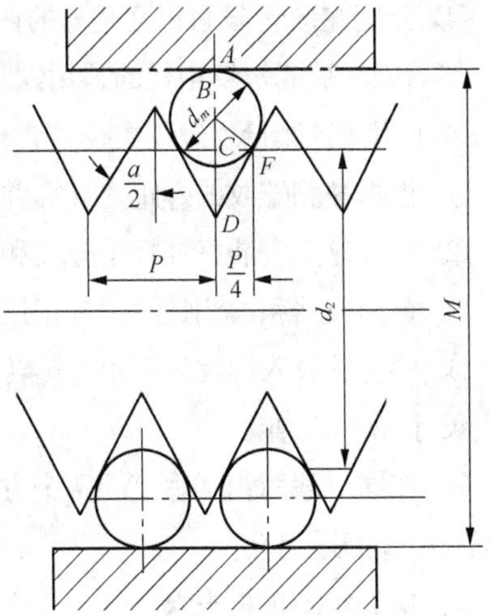

由图 12-23 可知

$$d_2 = M - 2AC = M - 2(AD - CD)$$

而

$$AD = AB + BD = \frac{d_m}{2} + \frac{d_m}{2\sin\frac{\alpha}{2}} = \frac{d_m}{2}\left(1 + \frac{1}{\sin\frac{\alpha}{2}}\right)$$

图12-23　三针法测量外螺纹中径的原理

$$CD = \frac{P\cot\frac{\alpha}{2}}{4}$$

将 AD 和 CD 值代入上式,得

$$d_2 = M - d_m\left(1 + \frac{1}{\sin\frac{\alpha}{2}}\right) + \frac{P}{2}\cot\frac{\alpha}{2}$$

对于公制螺纹, $\alpha = 60°$, 则 $d_2 = M - 3d_m + 0.866P$ 。

为了减少螺纹牙形半角偏差对测量结果的影响,应选择合适的量针直径,使该量针与螺纹牙形的切点恰好位于螺纹中径处,此时所选择的量针直径 d_m 为最佳量针直径。由图 12-23 可知

$$d_m = \frac{P}{2\cos\frac{\alpha}{2}}$$

对公制螺纹, $\alpha = 60°$, 则 $d_m = 0.577P$ 。

在实际工作中,如果成套的三针中没有所需的最佳量针直径时,可选择与最佳量针直径相近的三针来测量。

量针的精度分成 0 级和 1 级两种: 0 级用于测量中径公差为 4～8μm 的螺纹塞规; 1 级用于测量中径公差大于 8μm 的螺纹塞规或螺纹工件。

实训步骤如下。

(1)用螺纹千分尺测量外螺纹中径。

① 根据被测螺纹的螺距选取一对测量头。

② 擦净仪器和被测螺纹,校正螺纹千分尺零位。

③ 将被测螺纹放入两测量头之间,找正中径部位。

④ 分别在同一截面相互垂直的两个方向上测量螺纹中径，取它们的平均值作为螺纹的实际中径，然后判断被测螺纹中径的适用性。

（2）用三针测量外螺纹中径。

① 根据被测螺纹的螺距，计算并选择最佳量针直径 d_m。

② 在尺座上安装好杠杆千分尺和三针。

③ 擦净仪器和被测螺纹，校正仪器零位。

④ 将三针放入螺纹牙凹中，旋转杠杆千分尺的微分筒，使两端测量头 1、2 与三针接触，然后读出尺寸 M 的数值。

⑤ 在同一截面相互垂直的两个方向上测出尺寸 M，并按平均值用公式计算螺纹中径，然后判断螺纹中径的适用性。

4．填写实验报告十六

实训报告十六见附录Ⅲ（P322）。

5．思考题

（1）用三针测量螺纹中径时，有哪些测量误差？

（2）用三针测得的中径是否是作用中径？

（3）用三针测量螺纹中径的方法属于哪一种测量方法？为什么要选用最佳量针直径？

12.3　平键与花键的检测

12.3.1　平键的检测

对于平键连接，需要检测的项目有键宽、轴槽和轮毂槽的宽度、深度及槽的对称度。

（1）键和槽宽。单件小批量生产，一般采用通用计量器具测量，如千分尺、游标卡尺等。大批量生产时，用极限量规控制，如图 12-24（a）所示。

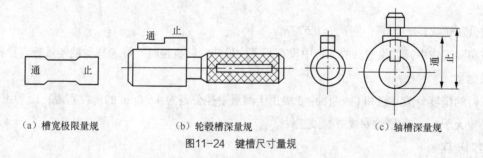

（a）槽宽极限量规　　　　　（b）轮毂槽深量规　　　　　（c）轴槽深量规

图11-24　键槽尺寸量规

（2）轴槽和轮毂槽深。单件小批量生产，一般用游标卡尺或外径千分尺测量轴尺寸 $d-t_1$，用游标卡尺或内径千分尺测量轮毂尺寸 $d+t_2$。大批量生产时，用专用量规，如轮毂槽深极限量规和轴槽深极限量规测量，如图 12-24（b）、图 12-24（c）所示。

（3）键槽对称度。单件小批量生产时，可用分度头、V型块和百分表测量。大批量生产一般用综合量规检验，如对称度极限量规。只要量规通过即为合格，如图12-25（a）和图12-25（b）所示。

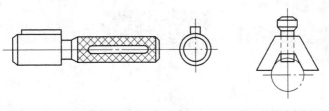

（a）轮毂槽对称度量规　　　　　（b）轴槽对称度量规

图12-25　键槽对称度量规

12.3.2　矩形花键的检测

矩形花键的检测包括尺寸检测和形位误差的检测。

单件小批量生产时，花键的尺寸和位置误差用千分尺、游标卡尺、指示表等通用计量器具分别测量。大批量生产时，内（外）花键用花键综合塞（环）规测量，同时检验内（外）花键的小径、大径、各键槽宽（键宽）、大径对小径的同轴度和键（键槽）的位置度等项目。此外，还要用单项止端塞（卡）规或普通计量器具检测其小径、大径、各键槽宽（键宽）的实际尺寸是否超越其最小实体尺寸。

检测内、外花键时，如果花键综合量规能通过，而单项止端量规不能通过，则表示被检测的内、外花键合格。反之，即为不合格。

内外花键综合量规的形状如图12-26所示，图12-26（a）、图12-26（b）所示为花键塞规，图12-26（c）所示为花键环规。

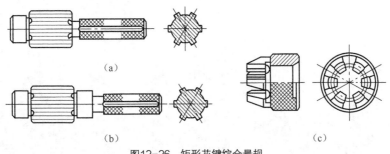

（a）

（b）　　　　　　　　　　　　　　（c）

图12-26　矩形花键综合量规

本章主要介绍了常见典型零件的测量，包括：圆锥角及锥度的测量，螺纹的检测，平键与花键的检测等。重点介绍了各种零件的检测方法及相应的常用测量器具的使用方法。在成批生产中，采

用量规检验（综合、测量）；单件、小批生产时，可采用螺纹千分尺、单针或三针、游标万能角度尺等通用量具检测（单项测量）。当测量精度要求较高时，采用工具显微镜进行测量（单项测量）。

1．判断题

（1）由于游标万能角度尺是万能的，因而 I 型游标万能角度尺可以测量 0°～360° 内任意角度。

（2）利用游标万能角度尺的基尺和直尺、直角尺、扇形板的不同搭配，可测量不同范围内的角度。

（3）正弦规只能测量外圆锥角，而不能测量内圆锥角。

（4）正弦规量角度采用的是间接测量法。

（5）正弦规有很高的精度，可以作精密测量用。

2．应用题

读出图 12-27 所示的游标角度尺的角度数值。

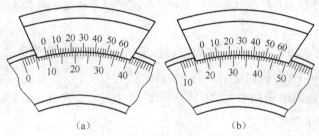

（a）　　　　　　　　　　（b）

图12-27　游标万能角度尺读数练习

附录

附录I 常用几何公差术语的汉英对照及书写符号

第0章

1．术语的汉英对照

几何参数公差：tolerance of geometrical quantity

几何参数误差：errors of geometrical quantity

互换性：Interchangeability

标准化：standardization

标准：standard

技术标准：technical standard

优先数：preferred number

优先数系：series of preferred numbers

2．术语的书写符号

优先数系：R_n

第1章

1．术语的汉英对照

公称尺寸：nominal size

实际（局部）尺寸：actual (local)size

极限尺寸：limit size

零线：zero line

极限偏差：limit deviation

实际偏差：actual deviation

基本偏差：fundamental deviations

公差：tolerance

标准公差：standard tolerance

公差带：tolerance zone

间隙配合：clearance fit

过盈配合：interference fit

过渡配合：transition fit

配合公差：variation of fits

公差单位：tolerance unit

公差等级：tolerance grade

基孔制：hole-base system of fits

基准孔：datum hole

基轴制：shaft-base system of fits

基准轴：datum shaft

2．术语的书写符号

公称尺寸：D　　d

实际（局部）尺寸：D_a　　d_a

上极限尺寸：D_{max}　　d_{max}

下极限尺寸：D_{min}　　d_{min}

上极限偏差：ES　　　es

下极限偏差：EI　　　ei

公差：T_h　　　T_s

最大间隙：X_{max}

最小间隙：X_{min}

最大过盈：Y_{max}

最小过盈：Y_{min}

配合公差：T_f

公差单位：i

公差等级：IT

第2章

1．术语的汉英对照

公称组成要素：nominal compositive feature

公称导出要素：nominal derivative feature

实际（组成）要素：actual (compositive) feature

理想要素：true feature

提取组成要素：extracted compositive feature

提取导出要素：extracted derivative feature

拟合组成要素：fitting compositive feature

拟合导出要素：fitting derivative factor

单一要素：single feature

关联要素：related feature

被测要素：toleranced feature

基准要素：datum feature

几何公差：geometric tolerances

形状公差：form tolerances

方向公差：orientation tolerances

位置公差：location tolerances

跳动公差：runout tolerances

直线度公差：straightness tolerance

平面度公差：flatness tolerance

圆度公差：roundness tolerance

圆柱度公差：cylindricity tolerance

线轮廓度公差：profile tolerance of any line

面轮廓度公差：profile tolerance of any surface

平行度公差：parallelism tolerance

垂直度公差：perpendicularity tolerance

倾斜度公差：angularity tolerance

同轴度公差：coaxially tolerance

对称度公差：symmetry tolerance

位置度公差：position tolerance

基准体系：datum system

圆跳动公差：circular run-out tolerance

全跳动公差：total run-out tolerance

体外作用尺寸：external function size

体内作用尺寸：internal function size

最大实体状态：maximum material condition（MMC）

最小实体状态：least material condition（LMC）

最大实体尺寸：maximum material size（MMS）

最小实体尺寸：least material size（LMS）

最大实体实效状态：maximum material virtual condition（MMVC）

最小实体实效状态：least material virtual condition（LMVC）

最大实体实效尺寸：maximum material virtual size（MMVS）

最小实体实效尺寸：least material virtual size（LMVS）

边界：boundary

最大实体边界：maximum material boundary（MMB）

最小实体边界：least material boundary（LMB）

最大实体实效边界：maximum material virtual boundary（MMVB）

最小实体实效边界：least material

virtual boundary（LMVB）

独立原则：principle of independency（IP）

包容要求：envelope requirement（ER）

最大实体要求：maximum material requirement（MMR）

最小实体要求：least material requirements（LMR）

可逆要求：reciprocity requirement（RR）

2．术语的书写符号

体外作用尺寸：D_{fe}　d_{fe}

体内作用尺寸：D_{fi}　d_{fi}

最大实体尺寸：D_M　d_M

最小实体尺寸：D_L　d_L

最大实体实效尺寸：D_{MV}　d_{MV}

最小实体实效尺寸：D_{LV}　d_{LV}

第3章

术语的汉英对照

尺寸链：dimensional chain

封闭环：closed link

组成环：consisting link

增环：increasing link

减环：decreasing link

线性尺寸链：linear dimensional chain

平面尺寸链：plane dimensional chain

空间尺寸链：spacewise dimensional chain

零件尺寸链：dimensional chain of machinery parts

装配尺寸链：assemble dimensional chain

工艺尺寸链：technologicaless dimensional chain

第4章

1．术语的汉英对照

表面粗糙度：surface roughness

取样长度：sampling length

评定长度：evaluation length

轮廓最小二乘中线：least squares mean line of the profile

轮廓算术平均中线：centre arithmetical mean line of the profile

轮廓算术平均偏差：arithmetical mean deviation of the profile

轮廓最大高度：maximum height of the profile

轮廓单元的平均间距：mean spacing local peaks of the profile

轮廓支承长度率：bearing length ratio of the profile

2．术语的书写符号

取样长度：l_r

评定长度：l_n

轮廓算术平均偏差：R_a

轮廓最大高度：R_z

轮廓单元的平均间距：RS_m

轮廓支承长度率：$R_{mr(c)}$

第5章

术语的汉英对照

测量：measurement

被测几何量：measured geometrical quantity

计量单位：unit of measurement

测量方法：method of measurement

计量器具：measuring instrument

量值：value of quantity

长度基准：lenth standard

量块：gauge block

测量范围：measuring range

测量误差：error of measurement

系统误差：systematic error

随机误差：random error

粗大误差：parastic error

精密度：precision

正确度：correctness

准确度：accuracy

不确定度：uncertainty

第6章

1．术语的汉英对照

光滑极限量规：plain limit gauge

通规：go gauge

止规：not go gauge

泰勒原则：taylor principle

验收极限：limits of acceptance

安全裕度：safety margin

最小条件：minimum condtion

最小包容区域：minimum zone

2．术语的书写符号

不确定度允许值：u

上验收极限：K_s

下验收极限：K_i

安全裕度：A

第7章

1．术语的汉英对照

内圆锥：inner cone

外圆锥：external cone；outer cone

圆锥直径：cone diameter

圆锥长度：cone lenth

圆锥角：cone angle

锥度：taper；conical degree

圆锥配合：cone fit

正弦规：sine bar

2．术语的书写符号

圆锥最大直径：D_i D_e

圆锥最小直径：d_i d_e

任意截面圆锥直径：d_x

圆锥长度：L

圆锥角：α

锥度：C

圆锥直径公差：T_D

圆锥角公差：AT_α（弧/角度）；AT_D（长度）

第8章

1．术语的汉英对照

内螺纹：inside thread

外螺纹：outside thread

大径：major diameter

小径：minor diameter

中径：pitch diameter

顶径：crest diameter

底径：root diameter

单一中径：single pitch diameter

作用中径：virtual pitch diameter

螺距：thread pitch

牙型角：thread form angle

螺纹旋合长度：length of thread engagement

2．术语的书写符号

大径：D d

小径：D_1 d_1

中径：D_2 d_2

实际中径：D_a d_a

作用中径：D_{2m} d_{2m}

螺距：P

牙型角：α

螺纹旋合长度：L

第9章

1．术语的汉英对照

滚动轴承：rolling bearing

外壳：housing

轴承内径：bearing inner diameter

轴承外径：bearing outer diameter

径向游隙：end play

轴向游隙：axial play

当量径向动负荷：dynamic equivalent radial load

额定动负荷：dynamic rated load

2．术语的书写符号

当量径向动负荷：F_r

额定动负荷：C_r

第 10 章

1．术语的汉英对照

键：key

普通平键：prismatic key

花键：splines

矩形花键：rectangular splines

2．术语、符号对照

平键键宽：b

键高：h

槽深：t_1(轴)　　t_2(毂)

键长：L

键数：N

小径：d

大径：D

花键键宽：B

第 11 章

1．术语的汉英对照

切向综合误差：tangential composite error

一齿切向综合误差：tangential tooth-to-tooth composite error

齿距累积误差：total cumulative pitch error

k 个齿距累积误差：cumulative cumular pitch error over a sector of k pitches

齿圈径向跳动：radial runout of gear

径向综合误差：radial composite error

一齿径向综合误差：radial tooth-to-tooth composite error

公法线长度变动：variation of base tangent length

齿形误差：total profile error

基节偏差：base pitch deviation

齿距偏差：circular pitch andividual deviation

齿向误差：total alignment error

接触线误差：contact line error

齿厚偏差：deviation of width of teeth

公法线平均长度偏差：deviation of mean base tangent lenth over a give number of teeth

齿轮副的切向综合误差：tangential composite error of gear pair

齿轮副的一齿切向综合误差：tangential tooth-to-tooth composite error of gear pair

齿轮副的接触斑点：contact tracks of gear pair

圆周侧隙：circular backlash

法向侧隙：normal backlash

齿轮副的中心距偏差：center distance deviation of gear pair

x 方向轴线的平行度误差：inclination error of axes

y 方向轴线的平行度误差：deviation error of axes

2．术语的书写符号

切向综合总偏差/切向综合误差：F_i'

一齿切向综合偏差/一齿切向综合误差：f_i'

齿距累积总偏差/齿距累积误差：F_p

k 个齿距累积偏差/ k 个齿距累积误差：F_{kp}

径向跳动/齿圈径向跳动：F_r

径向综合总偏差/径向综合误差：F_i''

一齿径向综合偏差/一齿径向综合误差：f_i''

接触线误差：f_b

公法线长度变动：F_w

齿廓总偏差/齿形误差：F_α

基圆齿距偏差/基节偏差：f_{pb}

单个齿距偏差/齿距偏差：f_{pt}

螺旋线总偏差/齿向误差：F_β

齿厚偏差：f_{sn}

圆周侧隙：$j_{\omega t}$

法向侧隙：j_{bn}

齿轮副的中心距偏差：f_a

x 方向轴线的平行度误差：$f_{\Sigma\delta}$

y 方向轴线的平行度误差：$f_{\Sigma\beta}$

附录Ⅱ　常用国家标标准代号

序号	国家标准代号	意　义
1	GB/T 321—2005	优先数和优先数系[S]
2	GB/T 1800.1—2009	产品几何技术规范（GPS）极限与配合　第1部分：公差、偏差和配合的基础[S]
3	GB/T 1800.2—2009	产品几何技术规范（GPS）极限与配合　第2部分：标准公差等级和孔、轴极限偏差表[S]
4	GB/T 1801—2009	产品几何技术规范（GPS）极限与配合　公差带和配合的选择[S]
5	GB/T 1804—2000	一般公差　未注公差的线性和角度尺寸的公差[S]
6	GB/T 1182—2008	产品几何技术规范（GPS）几何公差　形状、方向、位置和跳动公差标注[S]
7	GB/T 1184—1996	形状和位置公差　未注公差值[S]
8	GB/T 4249—2009	产品几何技术规范（GPS）公差原则 [S]
9	GB/T 16671—2009	产品几何技术规范（GPS）几何公差　最大实体要求、最小实体要求和可逆要求 [S]
10	GB/T 18780.1—2002	产品几何技术规范（GPS）几何要素　第1部分：基本术语和定义[S]
11	GB/T 1958—2004	产品几何技术规范（GPS）形状和位置公差　检测规定[S]
12	GB/T 3505—2009	产品几何技术规范（GPS）表面结构　轮廓法　术语、定义及表面参数 [S]
13	GB/T 10610—2009	产品几何技术规范(GPS)表面结构　轮廓法　评定表面结构的规则和方法 [S]
14	GB/T 131—2006	产品几何技术规范（GPS）技术产品文件中表面结构的表示方法 [S]
15	GB/T 1031—2009	产品几何技术规范（GPS）表面结构　轮廓法　表面粗糙度参数及其数值 [S]
16	GB/T 6093—2001	几何量技术规范（GPS）长度标准　量块[S]
17	GB/T 3177—2009	产品几何技术规范（GPS）光滑工件尺寸的检验[S]
18	GB/T 10920—2008	螺纹量规和光滑极限量规　型式与尺寸[S]
19	GB/T 1957—2006	光滑极限量规　技术要求[S]
20	GB/T 14791—1993	螺纹术语[S]
21	GB/T 197—2003	普通螺纹　公差[S]
22	GB/T 275—1993	滚动轴承与轴和外壳的配合 [S]
23	GB/T 307.1—2005	滚动轴承　向心轴承　公差[S]
24	GB/T 4604—2006	滚动轴承　径向游隙[S]
25	GB/T 1095—2003	平键、键槽的剖面尺寸[S]
26	GB/T 1144—2001	矩形花键尺寸、公差和检验[S]
27	GB/T 10095.1-2008	渐开线圆柱齿轮　精度制　第1部分：轮齿同侧齿面偏差的定义和允许值[S]
28	GB/T 10095.2-2008	渐开线圆柱齿轮　精度制　第2部分：径向综合偏差与径向跳动的定义和允许值[S]
29	GB/Z 18620.1—2008	圆柱齿轮　检验实施规范　第1部分：轮齿同侧齿面的检验[S]
30	GB/Z 18620.2—2008	圆柱齿轮　检验实施规范　第2部分：径向综合偏差、径向跳动、齿厚和侧隙的检验[S]
31	GB/Z 18620.3—2008	圆柱齿轮　检验实施规范　第3部分：齿轮坯、轴中心距和轴线平行度的检验[S]
32	GB/Z 18620.4—2008	圆柱齿轮　检验实施规范　第4部分：表面结构和轮齿接触斑点的检验[S]

附录Ⅲ 实训报告格式范例

实训报告一 游标卡尺测量尺寸

班　级		姓　名		学　号	
被测零件图					
尺寸代号 如：$\phi20g6$	轴尺寸代号 1			轴尺寸代号 2	
设计尺寸 如：$\phi20^{-0.007}_{-0.020}$					
局部实际尺寸	$da\ 1$	$da\ 2$	$da\ 3$	$da\ 1$	$da\ 2$	$da\ 3$
尺寸公差带图					
结论分析					
教师评语					

实训报告二				外径千分尺测量轴径尺寸					
班　级			姓　名				学　号		

被测零件图									
尺寸代号 如：$\phi 20g6$	轴尺寸代号 1			轴尺寸代号 2					
设计尺寸 如：$\phi 20^{-0.007}_{-0.020}$									
局部实际尺寸	*da 1*	*da 2*	*da 3*	*da 1*	*da 2*	*da 3*			
尺寸公差带图									
结论分析									
教师评语									

实训报告三 内径百分表测量孔径

班 级			姓 名			学 号		

仪器	名 称		分度值（mm）		示值范围（mm）		测量范围（mm）	

被测工件	零件尺寸代号 如：$\phi20g6$		图样上给出的极限尺寸（mm）		验收极限尺寸（mm）			
			最大（d_{max}）	最小（d_{min}）	最大（$d_{max}-A$）		最小（$d_{min}+A$）	

测量简图	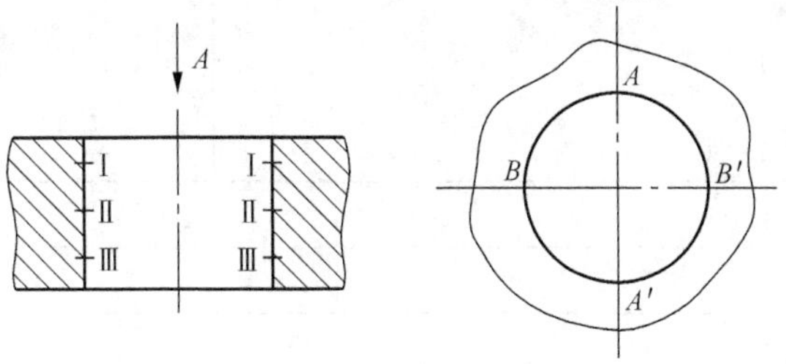

A 向视图

测量数据	测量位置		实际偏差			局部实际尺寸		
			Ⅰ－Ⅰ	Ⅱ－Ⅱ	Ⅲ－Ⅲ	Ⅰ－Ⅰ	Ⅱ－Ⅱ	Ⅲ－Ⅲ
	测量方向	$A—A'$						
		$B—B'$						
		$A'—A$						
		$B'—B$						

结论分析	被测元件孔径 （mm）	最大			
		最小			
	合格性结论			理由	

教师评语	

实训报告四   量规检验工件尺寸

班级		姓　名		学　　号	
被测零件图	孔			轴	
塞规	通端				
	止端				
卡规	通端				
	止端				
结论分析					
教师评语					

实训报告五　　　　　　　　　　**直线度误差检测**

班　　级			姓　　名			学　　号	

仪器	名　称		分度值（mm/m）			桥板工作跨距 L（mm）	

被测工件	件　号		直线度公差（μm）				

测量数据	测点序号 i		α	1	2	3	4	5	6
	仪器读数 α_i（格）	顺测							
		回测							
		平均							
	相对差（格）$\Delta\alpha_i=\alpha_i-\alpha$		0						

数据处理

测量结果	被测元件直线度误差				
	合格性结论		理由		

教师评语

实训报告六　　　　　　　　　　　　平面度误差检测

班　级		姓　名		学　号	

仪器	名　称		分度值（mm）	

被测件	件　号		平面度公差（μm）	

测量数据	序号 i	a_1	a_2	a_3	b_1	b_2	b_3	c_1	c_2	c_3
	数值									

数据处理	1. 最小区域法： 2. 对角线法：

测量结果	被测元件平面度误差			
	合格性结论		理由	

教师评语	

实训报告七　　　　　　　　圆度误差检测

班　级		姓　名		学　号	

被测零件图	

测量简图	

被测要素

公差值		误差值	

结论分析	

教师评语	

实训报告八　　　　　　　　　　线轮廓度误差检测

班　级		姓　名		学　号	

被测零件图	

公差带形状与大小	

被测要素

公差值		误差值	

结论分析	

教师评语	

实训报告九		平行度、垂直度误差检测			
班　级		姓　名		学　号	

被测零件图	

公差带形状与大小		

测量项目	平行度（1）	平行度（2）	垂直度（1）	垂直度（2）
被测要素				
基准要素				
公差值				
误差值				

结论分析	

教师评语	

实训报告十			位置度误差检测			
班　级			姓　名		学　号	

被测零件图	
被测要素	
基准要素	
公差值	
误差值	

公差带形状与大小

结论分析	

教师评语	

实训报告十一　　径向圆跳动和端面圆跳动误差检测

班　级		姓　名		学　号	

被测零件图	

被测要素	

基准要素	

测量数据	径向圆跳动（μm）			端面圆跳动（μm）	
	$a—a$	$b—b$	$c—c$	点 A	点 B

公差带形状与大小		

结论分析		

教师评语	

实训报告十二　　　　　径向全跳动和端面全跳动误差检测

班　级		姓　名		学　号	

被测零件图	

被测要素	
基准要素	

测量数据	径向全跳动（μm）			端面全跳动（μm）		
	（1）	（2）	（3）	（1）	（2）	（3）

公差带形状与大小		

结论分析		

教师评语	

实训报告十三　　　　　　　　　双管显微镜测量表面粗糙度

班　级			姓　名		学　号	
仪器	名　称		测量范围	物镜放大倍数（β）		套筒分度值（mm）
被测工件	件　号		微观不平度十点高度 R_z 的允许值（μm）			

测量记录	测得值	测量读数（$\dfrac{ch_1''}{2}=\dfrac{5h_1''}{\beta}=$ 格数 $\times \dfrac{5}{\beta}$）	
	序号	$h_{峰}$（波峰值）	$H_{谷}$（波谷值）
	1		
	2		
	3		
	4		
	5		
	累加值	$\displaystyle\sum_1^5 h_{峰}=$	$\displaystyle\sum_1^5 h_{谷}=$

数据处理	$R_z=\dfrac{\displaystyle\sum_1^5 h_{峰}-\sum_1^5 h_{谷}}{5}=$	$R_z(平均)=\dfrac{\displaystyle\sum_1^n R_z}{n}=$

测量结果	合格性结　论		理由	

教师评语	

实训报告十四　　　　　　　　正弦规测量圆锥角偏差

班　级		姓　名		学　号	

被测零件图

测量简图

公差值		误差值	

结论分析

教师评语

实训报告十五 影像法测量螺纹主要参数

班　级		姓　名		学　号	
被测零件图					

测量数据	（1）螺纹中径	零件图螺纹中径尺寸		
		实际螺纹中径尺寸		
	（2）牙形半角	零件图牙型半角尺寸		
		实际牙型半角尺寸		
	（3）螺距	零件图螺距尺寸		
		实际螺距尺寸		

结论分析	
教师评语	

实训报告十六　　　　　　　外螺纹中径的单项测量

班　级		姓　名		学　号	

被测零件图					

测量数据	（1）螺纹千分尺测量	零件图螺纹中径尺寸			
		实际螺纹中径尺寸			
	（2）三针测量	零件图螺距 P		计算量针直径 d_m	
		实际长度尺寸 M			
		实际螺纹中径尺寸			

结论分析	

教师评语	

参考文献

［1］王增春. 王倩. 公差配合与技术测量. 北京：机械工业出版社，2012

［2］王萍辉. 公差配合与技术测量. 北京：机械工业出版社，2009

［3］刘忠伟. 公差配合与测量技术实训. 北京：国防工业出版社，2007

［4］徐茂功. 公差配合与技术测量. 北京：机械工业出版社，2009

［5］刘霞. 公差配合与测量技术. 北京：机械工业出版社，2010

［6］张信群. 互换性与测量技术. 北京：北京航空航天大学出版社，2006

［7］王红. 公差与测量技术. 北京：机械工业出版社，2012

［8］张莉. 公差配合与测量. 北京：化学工业出版社，2011

［9］黄云清. 公差配合与测量技术. 北京：机械工业出版社，2012

［10］GB/T 1800.1—2009 产品几何技术规范（GPS）极限与配合 第1部分： 公差、偏差和配合的基础[S]. 北京：中国标准出版社，2009

［11］GB/T 1800.2—2009 产品几何技术规范（GPS）极限与配合 第2部分： 标准公差等级和孔、轴极限偏差表[S]. 北京：中国标准出版社，2009

［12］GB/T 1801—2009 产品几何技术规范（GPS）极限与配合 公差带和配合的选择[S]. 北京：中国标准出版社，2009

［13］GB/T 1182—2008 产品几何技术规范（GPS）几何公差 形状、方向、位置和跳动公差标注[S]. 北京：中国标准出版社，2008

［14］GB/T 4249—2009 产品几何技术规范（GPS）公差原则[S]. 北京：中国标准出版社，2009

［15］GB/T 16671—2009 产品几何技术规范（GPS）几何公差 最大实体要求、最小实体要求和可逆要求[S]. 北京：中国标准出版社，2009

［16］GB/T 18780.1—2002 产品几何技术规范（GPS）几何要素 第1部分： 基本术语和定义[S]. 北京：中国标准出版社，2002

［17］GB/T 3505—2009 产品几何技术规范（GPS）表面结构 轮廓法 术语、定义及表面参数

[S]. 北京：中国标准出版社，2009

[18] GB/T 10610—2009 产品几何技术规范（GPS）表面结构　轮廓法　评定表面结构的规则和方法[S]. 北京：中国标准出版社，2009

[19] GB/T 131—2006 产品几何技术规范（GPS）技术产品文件中表面结构的表示方法 [S]. 北京：中国标准出版社，200

[20] GB/T 14791—1993 螺纹术语[S]. 北京：中国标准出版社，1993

[21] GB/T 197—2003 普通螺纹公差[S]. 北京：中国标准出版社，2003

[22] GB/T 275—1993 滚动轴承与轴和外壳的配合 [S]. 北京：中国标准出版社，1993

[23] GB/T 4604—2006 滚动轴承　径向游隙[S]. 北京：中国标准出版社，2006

[24] GB/T 1095—2003 平键键槽的剖面尺寸[S]. 北京：中国标准出版社，2003

[25] GB/T 10095.1-2008 渐开线圆柱齿轮　精度制　第 1 部分：轮齿同侧齿面偏差的定义和允许值[S]. 北京：中国标准出版社，2008

[26] GB/T 10095.2-2008 渐开线圆柱齿轮　精度制　第 2 部分：径向综合偏差与径向跳动的定义和允许值[S]. 北京：中国标准出版社，2008

[27] GB/Z 18620.1—2008 圆柱齿轮　检验实施规范　第 1 部分：轮齿同侧齿面的检验[S]. 北京：中国标准出版社，2008

[28] GB/Z 18620.2—2008 圆柱齿轮　检验实施规范　第 2 部分：径向综合偏差、径向跳动、齿厚和侧隙的检验[S]. 北京：中国标准出版社，2008